高等学校应用型新工科创新人才培养计划指定教材

高等学校云计算与大数据专业“十三五”课改规划教材

大数据开发与应用

青岛英谷教育科技股份有限公司
山东工商学院　编著

西安电子科技大学出版社

内 容 简 介

本书系统讲解了目前大数据开发领域的主流技术与实用技能，尤其侧重于对 Hadoop 生态系统的讲解，包括 Hadoop 框架的运作流程、执行原理及数据工具等内容。

全书共分 12 章，分别对大数据概论、Hadoop 集群环境搭建以及 HDFS、MapReduce、ZooKeeper、HBase、Hive、Storm、Sqoop、Kafka、Spark 和 ElasticSearch 的核心知识进行了介绍，同时辅以对各种 API 及实例的深入解析与实践指导，旨在使读者迅速理解并掌握大数据的相关知识框架体系，提高动手能力，熟练使用 Hadoop 集成环境等大数据开发工具，完成大数据相关应用的开发、调试和运行工作。

本书适用面广，可作为高等学校大数据专业、计算机类专业的教材，也可作为大数据从业者、软件开发人员以及程序设计爱好者的参考用书。

图书在版编目(CIP)数据

大数据开发与应用 / 青岛英谷教育科技股份有限公司，山东工商学院编著. —西安：西安电子科技大学出版社，2018.8

ISBN 978-7-5606-5015-9

Ⅰ. ① 大… Ⅱ. ① 青… ② 山… Ⅲ. ① 数据处理—研究 Ⅳ. ① TP274

中国版本图书馆 CIP 数据核字(2018)第 163984 号

策　　划　毛红兵

责任编辑　刘炳桢　毛红兵

出版发行　西安电子科技大学出版社(西安市太白南路 2 号)

电　　话　(029)88242885　88201467　　邮　　编　710071

网　　址　www.xduph.com　　电子邮箱　xdupfxb001@163.com

经　　销　新华书店

印刷单位　陕西天意印务有限责任公司

版　　次　2018 年 8 月第 1 版　2018 年 8 月第 1 次印刷

开　　本　787 毫米×1092 毫米　1/16　印　张　18

字　　数　421 千字

印　　数　1～3000 册

定　　价　50.00 元

ISBN 978-7-5606-5015-9/TP

XDUP 5317001-1

高等学校云计算与大数据专业
“十三五”课改规划教材编委会

❖❖❖ 前　　言 ❖❖❖

当今社会是一个高速发展的时代，也是一个数据爆炸的时代，企业内部的经营信息、互联网中的商品物流信息、人与人的交互信息和位置信息等，每时每刻都产生着大量的数据，而这些数据的集合就被称为大数据。如今，大数据已在全球得到广泛应用，包括金融、汽车、餐饮、电信、能源、体能和娱乐等在内的各行各业都已经融入了大数据生态圈当中。

大数据相关产业在世界范围内发展迅猛。美国在 2012 年就开始着手大数据的开发与利用工作，奥巴马政府投入 2 亿美元支持大数据相关产业的发展，并强调大数据会是“未来的石油”，是在国与国的竞争当中具有重要战略意义的资源。2014 年 3 月，“大数据”一词首次写入我国《政府工作报告》，李克强总理在多个场合反复强调：要开发应用好大数据这一基础性战略资源。2015 年 8 月 31 日，国务院正式发布《促进大数据发展行动纲要》，从政府大数据、大数据产业、大数据安全保障体系三个方面提出了未来 5～10 年我国大数据发展的具体目标和任务，是我国大数据行业发展的权威性、纲领性、战略性文件，为我国大数据应用、产业和技术的发展提供了行动指南，标志着我国大数据战略部署的基本确立。

大数据的迅猛发展是数字设备计算能力增长的必然结果，但巨大的数据量也给数据的存储、管理以及分析带来了极大的挑战。一天之中，互联网产生的全部内容可以刻满 1.68 亿张 DVD，发出的邮件有 2940 亿封之多（相当于美国两年的纸质信件数量），发出的社区帖子达 200 万个（相当于《时代》杂志 770 年的文字量）。显然，依赖单个设备处理能力的传统数据处理技术早已无法满足如此大规模数据的存储和处理需求，数据管理方式的变革已呼之欲出。

鉴于此，以 Google 等为代表的一些数据处理公司研发了横向的分布式文件存储、分布式数据处理和分布式数据分析技术，很好地解决了数据爆炸所产生的各种问题，并由此开发了以 Hadoop 为核心的开源大数据处理系统和以 HBase 为核心的开源数据库系统等。这些系统的共同特点是：通过采用计算机节点集群横向扩展数据处理能力，使程序能在集群上并行执行，从而实现了对海量数据的存储、处理和检索。目前，这些系统已成为大数据开发领域的主流技术。

本书共分为 12 章，分别对大数据概论、Hadoop 集群环境搭建以及 HDFS、MapReduce、ZooKeeper、HBase、Hive、Storm、Sqoop、Kafka、Spark 和 ElasticSearch 的核心知识点进行了介绍，并侧重讲解 Hadoop 生态系统的相关理论与实践知识，包括 Hadoop 框架的执行原理、运作流程以及各组成部分的功能等。本书兼顾系统性与实用性，在全面介绍当前大数据开发的主流技术与实用技巧的基础上，通过对各种 API 和实例的讲解、剖析及上机练习，注重实践能力的提升，旨在使读者通过对本书的学习，深入理解和掌握大数据开发的相关知识，并能熟练使用 Hadoop 集成环境完成大数据应用的开发、调试和运行工作。

本书由青岛英谷教育科技股份有限公司和山东工商学院共同编写，参与本书编写工作的有张伟洋、焦裕朋、侯方超、孟洁、刘鹰子、韩小雨、刘峰吉、金成学、王燕等。本书在编写期间得到了各合作院校专家及一线教师的大力支持。在此，要特别感谢给予我们开发团队大力支持和帮助的领导和同事，感谢合作院校的师生给予我们的支持和鼓励，更要感谢开发团队每一位成员所付出的艰辛劳动。

由于水平有限，书中难免有不足之处，欢迎大家批评指正。读者在阅读过程中如发现问题，可通过邮箱(yinggu@121ugrow.com)联系我们，或扫描右侧二维码进行反馈，以期不断完善。

教材问题反馈

本书编委会

2018 年 3 月

❖❖❖ 目　　录 ❖❖❖

第1章 概论

本章目标

- 了解大数据技术的来源和应用领域
- 了解大数据基础设施的基本架构
- 了解大数据开发的概念
- 了解大数据开发的作用
- 了解大数据开发所涉及的主要技术和分类
- 了解大数据开发和大数据分析之间的关系

大数据指规模超出了传统技术工具收集、存储、管理、分析能力的数据集。随着信息技术的发展，越来越多的信息以数据的形式被记录下来，人类正在步入“大数据时代”。为了应对大数据所带来的挑战，把握其中的机遇，大数据处理技术应运而生，其中，大数据开发技术占有非常重要的地位。

本章将带领读者初步了解大数据开发技术，希望在学习完本章内容之后，读者能够对大数据开发的技术版图有一个清晰的认识，从而明确自己的学习目标和学习路径，在后续的学习过程中能够做到心中有数、事半功倍。

1.1 大数据技术简介

学习大数据开发首先要了解大数据技术。本节将从大数据技术的起源、应用领域和基础设施三个方面对大数据技术进行简要介绍。

1.1.1 大数据技术的起源

传统的数据处理技术究竟是如何过渡为大数据处理技术的？搞清楚这个问题，有助于我们更加清晰地理解大数据技术的概念。

大约在 2000 年前后，互联网行业高速发展，全球范围内各种网站、网页数量急剧增加，全球最大的全文搜索引擎公司 Google 不得不考虑如何应对和处理急剧增长的海量数据(爬虫获取的网页、Web 请求日志等)和各种类型的衍生数据(索引、元数据、网页的各种图结构等)。因为，虽然相关计算工作的大部分复杂度都不是太高，但由于数据的量很大，仍然需要非常多的计算资源来支持，但在那个年代，计算资源是非常昂贵的。于是，为了节省开支，Google 开始寻求其他的数据处理方法。

此时，有人提出了一种思路——把计算任务拆分，然后分布到不同的机器上进行，最后再将各个机器的计算结果汇总起来，由此便实现了分布式的并行数据处理。为了实现这个想法，Google 的科学家们开始对如何进行并行计算、如何分配数据以及如何处理失败等技术问题进行研究和探索。最终，Google 公司在对这些研究成果进行总结的基础上，发表了一篇经典的论文——《MapReduce：Simplied Data Processing on Large Clusters》，奠定了现代大数据处理技术的基础。

相应地，Google 还需要设计一套抽象计算模型来实践这种数据处理方式，为了降低使用门槛，这套模型必须能够隐藏并发、容错、数据和均衡负载等方面的细节。MapReduce 计算模型由此诞生。

MapReduce 模型使得大规模的并行计算变得简单，但事实上，MapReduce 对大数据计算的最大贡献并非是它名字中直观显示的 Map 和 Reduce 思想(类似的计算思想在 Lips 等函数式编程语言中早已存在)，而是这个计算框架可以运行在一群廉价的 PC 机上(注意这里的“廉价”是相对于配备有超高频率中央处理器的大型计算机而言的)。

MapReduce 的伟大之处在于向大众普及了工业界对于大数据计算的认识——良好的横向扩展性和容错处理机制。从前，想对更多的数据进行计算，只能通过制造更快的计算

机，而现在只需要不断添加计算节点就能处理等量的数据。从此，大数据计算的主流模式由集中式开始过渡至分布式。

MapReduce、GFS 和 BigTable 是当时 Google 大数据处理技术的三个核心工具，但是，虽然这些工具很强大，其他的公司或个人却无法使用，原因很简单——这些工具都不开源。但在 2006 年，一个叫 Doug Cutting 的人将该技术的开源框架——Hadoop——贡献给了开源社区。初代 Hadoop 中的 MapReduce 和 HDFS 即为 Google 的 MapReduce 和 GFS 的开源实现，而 BigTable 的开源实现则是同样知名的 HBase。自此，大数据处理工具开始逐渐普及，“大数据时代”的历史大幕正式拉开。

1.1.2　大数据应用领域

大数据技术发展迅速，各行各业都在积极探索大数据的应用领域，其中的许多应用已经日趋成熟。本小节简要介绍当前主要的大数据应用领域。

1. 搜索引擎

大数据技术来源于 Google，而 Google 公司的最核心业务就是它的搜索引擎，因此，可以说搜索引擎是大数据最早的成熟应用领域。

一个成熟的商用搜索引擎，需要具备海量的多元数据、高效的索引、复杂的数据处理模型和应对大量并发的能力，因此需要非常强大的计算能力作为支持。如果想要获取足够的计算能力，一种方式是购买大型服务器，但这样做成本非常高。相比之下，大数据技术为搜索引擎提供了廉价的计算资源，大大节省了搜索引擎的开发和维护成本，因此，目前搜索引擎与大数据技术的结合非常紧密。

2. 推荐引擎

推荐引擎需要对海量用户数据进行实时采集、实时处理，并基于复杂的推荐算法生成相应的模型，然后再利用该模型向特定用户群体推荐他们可能感兴趣的内容。

在这个过程中，推荐引擎需要采集、存储和处理大量的复杂数据，计算的复杂度也比较高，更重要的是它必须具备较高的实时性。针对这些需求，大数据技术都能提供较为成熟的解决方案。因此，当前的各大主流推荐引擎也都普遍基于大数据技术开发，如亚马逊的商品推荐、百度的推荐产品组合、豆瓣电台、优酷的猜你喜欢、网易云音乐的私人 FM 等。

3. 分布式爬虫

爬虫技术是一项非常重要的数据采集和处理技术。例如，在搜索引擎技术体系中，海量的网页信息通常需要通过爬虫来获取。随着互联网的高速发展，网页的数量爆炸式增长，爬虫需要面对越来越多的数据，而大数据技术可以高效支持高并发的网页数据爬取作业，还可以根据作业要求对大数据集群进行弹性伸缩，方便管理计算和存储资源，分布式文件系统和非关系型数据库也都非常适合爬虫业务场景的要求。

大名鼎鼎的 Hadoop 项目就是由一个叫做 Nutch 的分布式爬虫项目衍化而来的，可见大数据技术与分布式爬虫技术之间有着非常紧密的联系。

4. 电信和金融

电信运营商拥有多年的数据积累，其中既有诸如财务收入、业务发展量等结构化数据，也有图片、文本、音频、视频等非结构化数据。这些数据来源于移动语音、固定电话、固网接入和无线上网等各种电信业务，以及运营商收集的实体渠道、电子渠道、直销渠道等各种类型渠道的接触信息，涉及公众客户、政企客户和家庭客户。

整体来看，电信行业的大数据应用仍处在探索阶段。目前，国内运营商对大数据的应用主要集中在五个方面：

(1) 网络管理和优化，包括基础设施建设优化和网络运营管理与优化。

(2) 市场与精准营销，包括客户画像、关系链研究、精准营销、实时营销和个性化推荐。

(3) 客户关系管理，包括客服中心优化和客户生命周期管理。

(4) 企业运营管理，包括业务运营监控和经营分析。

(5) 数据商业化，指将数据作为商品来交易，单独营利。

在金融行业，大数据的应用范围较广。典型的案例如花旗银行利用 IBM 沃森电脑为财富管理客户推荐产品；美国银行利用客户点击数据集为客户提供特色服务(如有竞争的信用额度)；招商银行利用客户的刷卡、存取款、电子银行转账、微信评论等行为数据分析顾客可能感兴趣的产品和优惠信息，每周给客户发送针对性广告，等等。

5. 机器学习

人类大脑本身可看做是一台模式分类器，接收各种传感器(眼、耳、鼻、舌、皮肤)输入的信息，加以融合处理后进行正负反馈，在信息塑造神经元结构以及神经元信息处理结构的反复迭代过程中，最终诞生了人类的智能。

作为人工智能的核心技术之一，机器学习模仿了人类大脑的工作方式：计算机程序可以不断从经验中获取知识、学习策略，当再次遇到类似的问题时，能运用经验知识解决问题并积累新的经验。显然，经验越多，越有利于机器学习模型解决问题能力的提升，人工智能也就越聪明。而经验本质上就是数据，数据的量很大时，就需要用大数据技术来处理，因此机器学习离不开大数据技术。

机器学习的重要分支——深度学习技术——为强人工智能的实现提供了一种极大的可能。深度学习是指通过神经网络的方式，基于大量标注后的数据集进行监督学习，通过训练数据的前向拟合和反向传播，迭代训练、获得模型，然后利用模型在生产环节中进行数据推理。深度学习对数据量和计算能力的依赖性极强，一个成熟的深度学习模型需要海量的经验数据，并且要经历长时间的迭代计算去训练，数据越多，训练的时间越长，塑造培养出的神经网络性能就越强。因此，基于大数据技术的深度学习技术成为当前非常流行的机器学习解决方案。

1.1.3 大数据基础设施

大数据基础设施包括进行大数据处理时需要用到的各种资源、载体、硬件、软件和功能，由物理层和平台层两部分组成。

当前，大数据基础设施都是以大数据集群的方式呈现的。所谓集群，是指将一组相互独立的计算机通过网络互相连接，并使用软件使其中的所有计算机协同工作、共同对外提供服务的资源和功能集合。

本书中所提到的“大数据集群”和“大数据平台”是等价的，可以互相替换。

1. 物理层

大数据集群的物理层指为大数据处理提供硬件保障的部分，是数据存储和计算的底层载体。通常来说，大数据物理层由若干台计算机以及支持它们进行通信的网络设备组成。

每台计算机就是基础设施中的一个计算或存储单元，构成这些计算机的各种硬件(如中央处理器、内存、磁盘等)是具体承载计算和存储等各项功能的组件。这些组件可以由真实的硬件设备提供，也可以通过虚拟化技术实现的虚拟设备(当然虚拟化的背后仍然需要底层的硬件提供资源)提供。如果这些设备是虚拟的，则该计算机被称为虚拟机，否则被称为实体机或物理机。

网络通信设备通常包括路由器、交换机等硬件设备，这些设备同样可以通过虚拟化技术实现。当计算机通过网络通信设备连接到一起可以互相通信时，无论它们是否在空间上被组织在一起，实际上就已经形成了一个计算机网络，大数据基础设施的物理层也就形成了。

2. 平台层

平台层即大数据平台，是指部署在物理层之上的框架和软件的集合，用于实现管理集群资源、分配集群任务、承载集群功能、协调集群角色、监控集群状态等功能。在整个大数据技术体系中，大数据平台主要为基础设施提供功能服务，使数据在其内部流动、算法在其中运行、应用在其上实现。

典型的大数据平台架构如图 1-1 所示，其中标明了该平台涉及的所有组件及其相互关系。

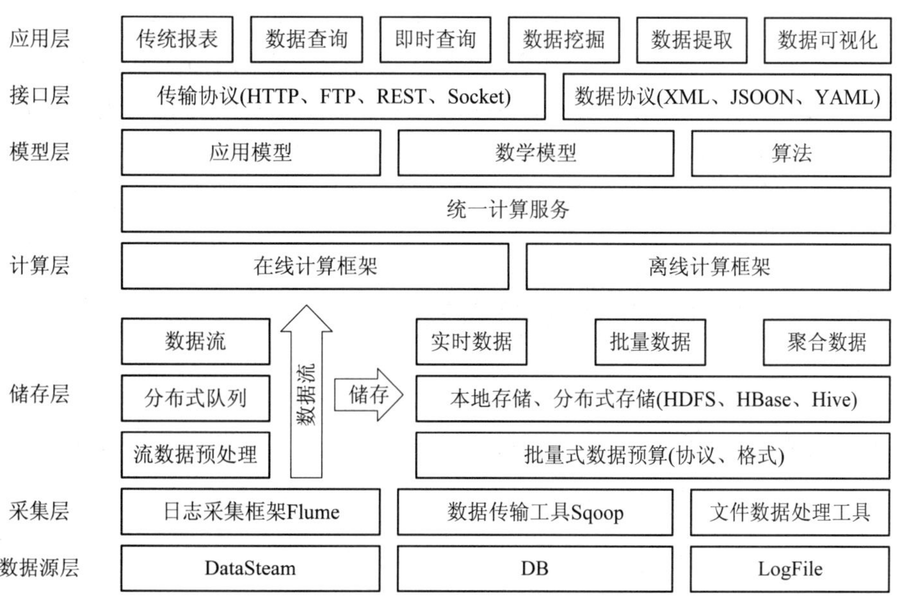

图 1-1　大数据平台架构图

下面按照数据的流动方向，依次介绍大数据平台中各组件的功能：

(1) 数据源层。该层是原始数据存在的地方。这些原始数据往往是在业务过程中产生的(例如程序或设备的日志数据等)，里面既包含了有价值的信息，也包含了大量噪音以及错误的脏数据。这些数据或是被储存在第三方的数据库或存储器中，或是被储存在我们自己的设备中，或是在采集到的时候就被直接发送到大数据平台中。

(2) 采集层。用于将数据源中的数据引入平台中。根据不同的数据源类型和业务需求，应选择不同的工具进行采集。例如爬虫用于采集网页数据，日志采集工具用于采集日志，数据传输工具用于从数据库中获取数据等。

(3) 储存层。用于对平台的存储资源进行管理，并将数据储存在大数据平台中。在这一层中，通常要至少包含一个缓存器(消息队列)和一个存储器(分布式文件系统、分布式数据库或数据仓库)，同时进行数据的初步清洗工作，主要作用是去除明显错误或没有价值的数据。

(4) 计算层。完成数值计算任务。当前大数据计算的模式主要分为流式计算(也称在线计算)和批量计算(也称为离线计算)两种。在流式计算中，数据是流动着的，因此无法确定某一组数据会在何时到来，也无法在计算过程中将数据储存到硬盘中或者进行二次读取；而批量计算要求数据已经被静态地储存在硬盘中，然后才能将数据读取出来进行计算。

(5) 模型层。该层定义了相关应用模型和算法模型的接口，主要用于给计算层提供逻辑支持，完成特定的数值计算。例如数据挖掘算法、机器学习算法等都位于该层。

(6) 接口层。对外提供接入协议，将平台内的数据处理结果向外输出。

(7) 应用层。图 1-1 中的最顶层，主要承载基于大数据平台的各种应用。

事实上，一个大数据平台可以看做是一个容器，它将大量的服务器节点有机地组织起来，形成一个集群，这个集群基于自身的计算与储存的性能优势，承载了两大核心内容：数据和功能。相对应的，大数据平台最核心的部分就是储存层(承载数据)和计算层(承载功能)。

储存层不仅用于保存最重要的资源——数据，同时还承担了数据 I/O 的功能，而数据 I/O 将数据源源不断地输送到平台的各个角落，是平台效率的关键决定因素之一，可谓是整个平台的心脏；计算层则承载了数据处理模块，即从数据中寻找规律和价值的功能模块，决定了平台的核心功能，其运算能力也是大数据平台整体效率的重要决定因素，因此可谓是整个平台的大脑。大数据平台的其他部分都是围绕这两层展开的，或是为这两层服务，或是这两层的延伸。

1.2 大数据技术与大数据开发

在对大数据技术有了一定了解之后，应对大数据开发的内容有一个整体的认识。本节详细介绍大数据开发的概念、作用、技术分类，并比较大数据开发与大数据分析之间的异同。

1.2.1 什么是大数据开发

截至目前为止，我们已经对大数据基础设施、大数据集群、大数据平台等相关概念进

行了介绍，对大数据的应用领域也有了一定了解。在此基础上，我们给出本书中大数据开发的明确定义，即：使用程序语言和大数据技术框架，将与大数据相关的需求实现为一个系统、软件或模块的开发过程。

为了进一步明确这个概念，请注意以下几种情况：

(1) 不使用程序开发语言的，不属于大数据开发的范畴。例如用 Excel 分析数据的过程。

(2) 功能需求与大数据无关的，不属于大数据开发的范畴。例如用一台服务器就可以承载所有功能的需求。

(3) 最终产品并非是一个系统、软件或模块的，不属于大数据开发的范畴。例如最终产品是一份数据分析报告，或使用 Spark Shell 命令行完成的数据处理过程。

(4) 需求被明确前或需求被满足后的工作，不属于大数据开发的范畴。例如大数据平台已经按照需求开发完成，数据分析师利用平台中储存的数据进行算法研发。

值得注意的是，大数据开发是一个完整的系统性工程，应该用整体观念来看待，不能把其中的某项工作单独割裂出来进行界定。例如，操作 Linux Shell 或使用图形界面来部署调试集群、查看日志等工作，虽然不符合上述定义，但却是整个系统性开发工作中不可分割的一部分，因此仍然在大数据开发工作的范畴之中；另一方面，虽然我们试图尽可能清晰地界定大数据开发与其他工作之间的边界，但这个边界仍然是模糊的，需要在实际开发工作中灵活变通，如向 Hadoop 集群中提交一个实现某种数据挖掘功能的 MapReduce 任务，即便该任务与整个平台的耦合性并不强，可以被割裂出来界定为数据挖掘工作，但若被界定为数据开发工作，也并没有明显的不妥。

1.2.2 大数据开发的作用

从 1.1.3 小节中我们得知，大数据基础设施的核心——大数据平台——要包含诸多模块、承载若干功能，本质上可以看做是一个容器。而大数据开发就是对这个容器的实现，也就是将这些模块和功能进行搭建和实现，并保证其正常运行。

准确地说，大数据开发涵盖了图 1-1 中从下到上各层的实现，其中主要的部分是采集层、储存层、计算层、模型层和接口层，核心部分是储存层和计算层。各层中功能模块的技术实现会根据实际业务场景不同而有所变化，但仍然是围绕着储存数据和数值计算这两大核心功能来进行的。因此，大数据开发的作用主要集中在以下几个方面。

1. 资源配置

大数据处理系统面向的是大体量、多来源、多类型的数据。因此，大数据开发需要综合考虑系统资源的合理设计和分配，综合考虑节点数量和角色的分配、硬盘容量和可能的扩展、后台任务和内存空间的分配以及程序设计时内存和并发量等问题。如果这些资源问题没有处理好，会导致整个大数据集群性能和稳定性下降，极端情况下可能会导致集群部分服务异常关闭，甚至整个集群宕机。

2. 数据移动

数据移动问题包括数据从外部流入到平台、数据从平台流出到外部、数据在平台内的移动以及平台之间的数据移动。在这个过程中，大数据开发需要充分考虑数据量大小和对数据实时性的要求，避免数据积压和数据丢失。

3．计算性能

如何保障大数据处理平台的计算性能是开发人员在大数据开发过程中需要考虑的问题。根据不同的业务场景和数据类型，选择合适的计算方式，合理地设计数据存储机制与数据结构，可以在一定程度上保持并优化大数据计算的效率。

4．数据安全

数据安全指的是数据的可用性、完整性和保密性。在进行大数据开发时可以充分利用大数据技术框架所提供的相关数据安全机制，保障数据安全。

5．灵活性和容错性

灵活性是指大数据平台的应变能力，使其在面对不同应用需求时可以不用进行过多的改动和重构；容错性是指在大数据平台出现部分功能故障时，仍能保证平台的主体功能不失效，或能够在主体功能受到严重影响前重启功能服务或启动替代功能服务。大数据处理系统的基础设施规模通常比较庞大，采用的又都是廉价的商用设备，因此必须经过大数据开发工作的仔细设计，才能保证存储系统的灵活性和容错性，使其能够随应用一起扩容及扩展，并且稳定运行。

1.2.3　大数据开发技术框架

相较于一些传统的开发技术，大数据开发技术的涉及面更为广泛，对某些领域的理论深度要求也比较高。本章简单介绍进行大数据开发需要掌握的基础技术和常用框架，这些框架也是本书中将要重点介绍的内容。

1．基础技术

表 1-1 列出了大数据开发需要掌握的主要基础技术，只有掌握了这些技术，才能进一步驾驭大数据开发使用的各种技术框架，基础打得越牢固，今后的学习过程就越轻松，个人的技术水平也才可能达到更高的层次。

表 1-1　大数据基础技术一览表

操作系统	Linux
开发语言	Java、Python、Scala
数学基础	微积分、代数、算法等
程序设计	数据结构、网络开发、设计模式等

大数据开发主要需掌握的基础技术如下：

1) 操作系统

云平台服务器都是部署在 Linux 服务器中的，大数据处理框架和工具多数也只支持 Linux 操作系统，因此，大数据开发人员必须熟练掌握 Linux 操作系统的基本使用方法。

2) 开发语言

当前大数据常用的开发语言主要有 Java、Python 和 Scala 三种。Java 作为当前最流行

的开发语言之一，这里不再做过多介绍；Python 作为一种简洁、优雅、跨平台的高级语言，凭借其强大的数据处理类库，得到了数据科学界和工程界的普遍认可，许多大数据计算框架都开放 Python 接口，因此每一位大数据开发人员和分析人员都应该掌握 Python；Scala 是当前最主流的大数据计算框架 Spark 的指定语言，它与 Java 一样基于 JVM，因此拥有与 Java 同样强大的跨平台性。最重要的是，Scala 同时具备命令式编程、面向对象编程和面向函数编程三种模式，甚至有人将 Scala 视为下一代 Java，其重要性和实用性可见一斑。

3) 数学基础

数学对于程序开发人员的重要性众所周知，一个有着良好数学素养的开发人员，在开发能力上往往具有更大的优势。而对于专注大数据处理的开发人员，数学知识更是显得尤为重要，特别是经常接触大数据挖掘和分析算法的技术人员，往往要求具备数学专业背景。所以，如果要做好大数据开发工作，数学是一项必备技能。

4) 程序设计

程序设计的各项基础课程是每一位程序开发人员必须具备的基础素质，对大数据开发人员而言自然也不例外。

总而言之一句话：根深而枝叶茂。优秀的技术人员都十分清楚基础的重要性。作为一名有志于从事大数据开发的技术人员，不仅要珍惜在学校中的学习机会，尽可能把理论基础打牢，在未来长期的技术工作和实践过程中也要时常反思和回顾，不断巩固所学到的基础知识，只有这样，才能在技术这条道路上走得深、走得远。

2. 常用框架及其分类

大数据处理平台需要将诸多类型的组件或框架有机整合在一起，相互配合、协同工作，才能形成完整的功能架构。大数据开发的常用框架大致可以分为以下几类：

1) 调度系统

使大数据平台中的大量计算机节点协同工作，成为一个有机整体，是大数据调度系统所承担的工作，典型代表如 YARN 和 ZooKeeper。其中，YARN 可以为数据处理作业提供统一的资源管理和调度，主要用于管理服务器的资源(主要是 CPU 和内存)，并负责调度作业的运行；ZooKeeper 是一个为分布式应用程序提供一致性协调服务的软件，其主要功能包括配置维护、域名服务、分布式同步、组服务等。

2) 存储系统

分布式存储系统是指运行在由多台相互通信的计算机组成的集群上，通过某种方式将集群内各计算机的存储空间资源整合，从而对外提供数据存储服务的软件系统。分布式存储系统主要包括以 HDFS 为代表的分布式文件系统，以 HBase 为代表的分布式数据库，以 Hive 为代表的分布式数据仓库等。

3) 数据传输系统

分布式数据传输系统用于在分布式系统内部与外部之间以及分布式系统内部组件之间传输数据。主要包括以 Redis 为代表的分布式缓存，以 Kafka 为代表的分布式消息队列，以 Sqoop 为代表的用于特定文件系统和数据库之间的数据传输器等。

4) 分布式计算系统

分布式计算系统运行在由多台计算机组成的计算集群上，将计算任务分发至多台计算机中并行完成，从而提高计算效率。当前主流的分布式计算系统可分为三类：以 MapReduce 为代表的批量计算系统(包括基于 MapReduce 的辅助计算工具 Pig、Mahout 等)，以 Storm 为代表的流式计算系统，以 Spark 为代表的基于内存的计算系统。

5) 搜索引擎

搜索引擎是一个对特定数据集进行搜集和整理后提供查询服务的系统。分布式搜索引擎借助分布式技术的优势，可以提高搜索任务的效率。ElasticSearch 和 Solr 是当前最常见的两大分布式搜索引擎。

1.2.4 大数据开发与大数据分析的异同

当前的大数据技术总体上可以分为两个方向：大数据开发与大数据分析。当两者有机结合在一起的时候，就可以构建一个完整的大数据应用。之所以将大数据技术作如此的划分，是因为大数据开发与大数据分析在理论基础、技术方向、面向问题等方面有着明显的界限，但同时两者也存在一些交叉。

1. 相同点

大数据开发与大数据分析的相同点主要有以下几个方面。

1) 数据

两者所面对的核心对象都是数据。在大数据领域，数据是一切的基础，数据是一切的中心，一切服务都围绕着数据，一切价值都来源于数据，脱离了数据，不管是开发还是分析，都是没有意义的。

2) 分布式环境

大数据的应用离不开分布式处理环境，而在分布式环境中处理数据必须借助相应的工具(如 Hadoop 等开源框架)，不管是开发工作还是分析工作，都需要用到此类框架。

3) 编程

不管是作为核心技术还是作为辅助工具，大数据开发和大数据分析都要编写程序，以实现功能模块或者完成数据分析的结论，因此编程也是开发与分析工作都需要用到的基本技能。

2. 不同点

大数据开发与大数据分析的主要不同点包括如下几项。

1) 数学

两者被划分为不同的技术方向，其本质原因是对数学理论的依赖程度不同。大数据开发对数学的依赖相对较低，大部分情况下只需要具备一些基本的数学素养，在一些特殊情况下，也许要使用一些简单的数学理论；而大数据分析对数学的依赖度较高，从比较基础的统计学、计算科学、运筹学与系统科学，到比较高级的数理统计学、实变和泛函乃至测度论等，具体到不同的领域可能还要使用领域内的专业数学知识，如生物医学统计、精算

学、金融数学、机器学习等，可以说数学知识贯穿着整个大数据分析工作，如果想要能够灵活、全面地解决实际工作中的各种大数据分析问题，就必须要深入掌握数学方面的专业知识。

2) 计算机科学

大数据开发本质上属于一种计算机应用开发技术，因此相对于大数据分析，它对计算机科学相关知识的依赖性要高很多，系统性地掌握操作系统、计算机网络和协议、编译原理、数据结构等理论知识，对大数据开发工作有很大助益。尤其是需要对产品的性能、稳定性、安全性等进行优化和定制，或者因为业务场景的需要必须对现有的开源框架进行局部或整体的二次开发工作时，这些理论知识更是显得尤其重要。

3) 工具

大数据开发与大数据分析所使用的工具有重叠的部分，但同时也有所区别。开发工作与网络后端部分结合紧密，常常会向 Web 开发、数据库开发等方向延伸，因此对各种 Web 开发框架、数据库技术等的熟悉程度要求较高；而分析工作则要借助许多专业的统计分析和数值计算工具，如 R、SPSS 等统计分析软件，TensorFlow、Caffe 等深度学习库和 Python 的数值计算库等。

4) 技术发展方向

大数据开发技术的上层通常是大数据架构技术，而大数据分析技术的上层通常是算法。

5) 分工

大数据开发与大数据分析的所有不同点，最终都落脚到分工不同。大数据开发负责将整个框架搭建起来，并且让数据在里面流动和储存，此后大数据分析师就可以利用框架的储存、计算能力，借助相关的工具，从这些数据中发现规律和价值，为应用提供支持。

如果把大数据处理比作烹饪，那么数据就是食材。开发工程师负责把厨房建好，并把食材运进来储存好；分析师就是厨师，利用厨房的各种工具和资源将食材加工成菜肴。换句话说，如果大数据开发负责的是容器，那么大数据分析负责的则是内容。

1.3　本书中你将学习到的内容

本书作者拥有丰富的大数据开发实践经验，在编写本书时，调研了大量大数据相关企业，并听取了众多大数据一线工程师的建议，最终选择了业界使用频率最高的十余种大数据框架纳入本书范围。可以说，本书涵盖了几乎所有当下最主流的大数据处理工具，可以构建一个完整的大数据开发体系，是目前市面上最为系统全面的大数据开发技术入门教材。

本书涉及的技术框架如表 1-2 所示。首先，本书带领大家搭建集群的基础环境，包括配置 SSH 免密码登录权限，安装 JDK，以及搭建 Hadoop 框架；之后，本书会逐个讲解各种主流的大数据技术框架。鉴于某些框架间有一定的依赖关系，所以总体上会按照从底层到上层的顺序进行讲解。例如，由于 Hadoop HDFS 在许多框架中都会被用做底层文件系统，因此它被做为第一个讲解的框架放在了第 3 章。

表 1-2　本书技术框架一览表

调度系统	ZooKeeper
存储系统	HDFS、HBase、Hive
数据传输系统	Kafka、Sqoop
数据处理系统	MapReduce、Storm、Spark
搜索引擎	ElasticSearch

为了让学习者能够快速上手，本书对每个框架的搭建和部署过程都进行了完整详细地介绍，在讲解具体开发技术时，也穿插安排了大量的示例代码和应用案例，旨在使读者在学习理论知识的同时，实践能力也得到一定的锻炼，从而对大数据开发技术有一个系统、深入、鲜活的了解。

最新更新

本 章 小 结

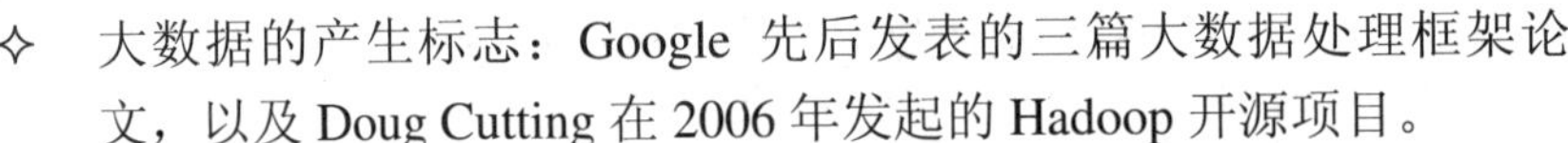

✧ 大数据的产生标志：Google 先后发表的三篇大数据处理框架论文，以及 Doug Cutting 在 2006 年发起的 Hadoop 开源项目。
✧ 大数据基础设施包括进行大数据处理时需要用到的各种资源、载体、硬件、软件和功能等，由物理层和平台层两部分组成。
✧ 规模超出了传统技术的收集、存储、管理、分析能力的数据集称为大数据。
✧ 使用程序语言和大数据技术框架，将与大数据相关的需求实现为一个系统、软件或模块的开发过程称为大数据开发。
✧ 大数据开发与大数据分析被划分为不同的技术方向，对数学理论的依赖程度不同是根本原因。
✧ 大数据开发涉及操作系统、程序语言、数学基础和程序设计等基础理论和技术。
✧ 大数据开发常用框架可以分为以下几类：调度系统、存储系统、数据传输系统、分布式计算系统、搜索引擎。

本 章 练 习

1. 简述什么是大数据。
2. 简述什么是大数据基础设施。
3. 大数据开发所使用的框架可分为哪几类？
4. 思考：你认为如何才能学好大数据开发？

第 2 章　Hadoop 集群环境搭建

本章目标

- 了解 Hadoop 的优点
- 掌握 Hadoop 的核心架构
- 掌握 SSH 无密码登录的配置方法
- 掌握在 CentOS 操作系统上搭建 Hadoop 集群环境的方法

Hadoop 是大数据开发所使用的一个核心框架。借助 Hadoop 可以方便地管理分布式集群，将海量数据分布式地存储在集群中，并使用分布式并行程序来处理这些数据。本章将重点介绍在 CentOS 操作系统上搭建 Hadoop 集群环境的方法。

2.1 Hadoop 简介

Hadoop 起源于 Apache Nutch，Apache Nutch 是 Apache Lucene 创始人 Doug Cutting 开发的一个开源的网络搜索引擎，其本身也是 Apache Lucene 的一部分。目前，几乎所有的主流厂商都围绕 Hadoop 进行工具开发、软件开源以及工具和技术服务的商业化。

2.1.1 Hadoop 的优点

Hadoop 是一个易用的分布式计算平台。它以一种可靠、高效、可伸缩的方式进行数据处理。用户可以轻松地在 Hadoop 上开发和运行处理海量数据的应用程序。

Hadoop 主要有以下优点：

- ✧ 高可靠性。Hadoop 按位存储和处理数据的能力值得人们信赖。它假设计算元素和存储会失败，因此同时维护着多个工作数据的副本，确保能够针对失败的节点重新进行分布处理。
- ✧ 高扩展性。Hadoop 是在可用的计算机集群间分配数据并完成计算任务的，这些集群可以方便地扩展到数以千计的节点中。
- ✧ 高效性。Hadoop 以并行的方式工作，能够在节点之间动态地移动数据，并保证各个节点的动态平衡，因此数据处理速度非常快。
- ✧ 高容错性。Hadoop 能够自动保存数据的多个副本，并且能够自动将失败的任务重新分配。
- ✧ 低成本。与一体机、商用数据仓库以及 QlikView、Yonghong Z-Suite 等数据集市相比，Hadoop 是开源的，依赖于社区服务，允许任何人使用，能大大地降低项目的软件成本。

2.1.2 Hadoop 生态系统

Hadoop 由许多层子系统构成，如图 2-1 所示。

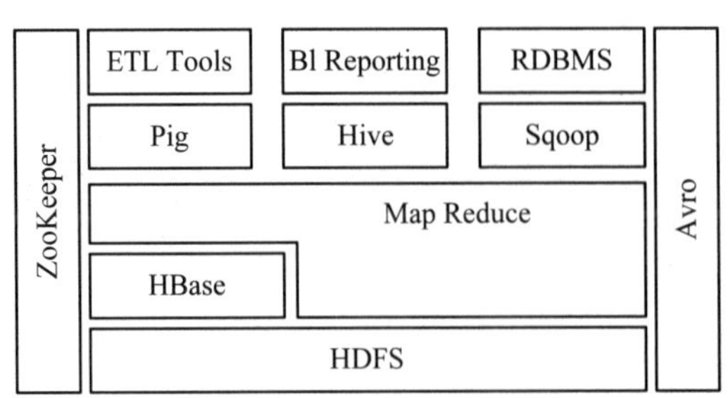

图 2-1　Hadoop 生态系统图

Hadoop 系统的最底部是 HDFS(Hadoop Distributed File System)，它存储 Hadoop 集群中所有存储节点上的文件，基于 Java 语言开发的 HDFS 具备高容错的特性，这使得 Hadoop 可以部署在价格低廉的计算机集群中，且不限于某个操作系统。

HDFS 的上一层是 MapReduce 引擎，它是一种编程模型，主要用于大规模数据集的并行运算。

Hadoop 的其他子系统介绍如下：

- ✧ HBase：类似 Google BigTable 的分布式 NoSQL 列数据库。(HBase 和 Avro 已经于 2010 年 5 月成为顶级 Apache 项目)。
- ✧ ZooKeeper：分布式锁设施，提供类似 Google Chubby 的功能，由 Facebook 贡献。
- ✧ Avro：新的数据序列化格式与传输工具，将逐步取代 Hadoop 原有的 IPC 机制。
- ✧ Pig：大数据分析平台，为用户提供多种接口。
- ✧ Hive：数据仓库工具，由 Facebook 贡献。
- ✧ Sqoop：数据导入/导出工具，用来在 Hadoop 与传统的数据库间进行数据传递。

HDFS 强大的数据管理能力、MapReduce 处理任务时的高效率，以及整体的开源特性，使 Hadoop 在同类的分布式系统中大放异彩，并在众多行业以及科研领域中得到广泛应用。

2.2　Hadoop 集群环境搭建

本例将讲解在三个节点上搭建 Hadoop 集群环境的方法。已知三个节点的 IP 分别为 192.168.170.128、192.168.170.129 和 192.168.170.130，各节点均已安装 CentOS 7.4 操作系统。为了操作方便，默认使用 root 用户权限执行所有命令。

2.2.1　修改主机名

在分布式集群中，主机名用于区分不同的节点，并方便节点之间相互访问，因此需要首先修改各节点的主机名。

在 IP 为 192.168.170.128 的节点上执行以下命令，编辑 hostname 文件：

```
vi /etc/hostname
```

hostname 文件中只有一个值，就是操作系统安装时设置的主机名，我们将其修改为“master”。

同理，在其他两个节点上执行同样的操作，分别将主机名改为“slave1”、“slave2”。

2.2.2　修改主机 IP 映射

通过修改各节点的主机 IP 映射，可以方便地通过主机名访问集群中的其他主机。CentOS 操作系统的域名 IP 映射文件为/etc/hosts，需要在 master 节点上执行以下命令，修改 master 的 IP 映射文件：

```
vi /etc/hosts
```

在 hosts 文件中加入以下内容，使 master 可通过主机名访问集群中任何一台主机：

```
192.168.170.128        master
192.168.170.129        slave1
192.168.170.130        slave2
```

同理，对其他节点的 hosts 文件也进行同样修改。修改完毕，重启节点使其生效。

2.2.3 配置 SSH 无密码登录

Hadoop 的进程间通信使用 SSH(Secure Shell)方式。SSH 是一种通信加密协议，使用非对称加密方式，可以避免网络窃听。为了使 Hadoop 各节点之间能够无密码相互访问，需要将 SSH 配置为免密码登录。

1，配置各节点无密码登录本机

CentOS 操作系统默认已安装了 SSH client，但配置无密码登录还需要安装 SSH server。执行以下命令，可在 master 节点上安装 SSH server：

```
yum insatll openssh-server –y
```

安装完毕后，执行以下命令，重启 SSH 服务：

```
service sshd restart
```

重启过后，可以使用以下命令登录本机：

```
ssh localhost
```

此时会出现是否想继续连接的提示，输入“yes”，然后按提示输入当前用户的密码，就可以登录到本机了。

但现在仍有一个问题，即每次使用 SSH 登录的时候都需要输入密码，不便于 master 节点与其他子节点的通信，因此需要将 SSH 进一步配置为无密码登录，步骤如下：

(1) 退出刚才的 SSH，回到原先的终端窗口，然后使用 ssh-keygen 命令生成密钥，并将密钥加入到授权中，整个过程所使用的命令如下：

```
exit                              # 退出刚才的 ssh localhost
cd ~/.ssh/                        # 若没有该目录，请先执行一次ssh localhost
ssh-keygen -t rsa                 # 会有提示，都按回车就可以
cat ./id_rsa.pub >> ./authorized_keys   # 加入授权
```

(2) 再执行 ssh localhost 命令，就可以实现无密码登录本机了。

使用上述方法，将 slave1、slave2 节点都配置为无密码登录本机。

2. 配置节点间无密码相互登录

若想在 master 节点上无密码登录 slave1 节点，只要将 master 节点的公钥追加到 slave1 节点的 authorized_keys 文件中即可。步骤如下：

(1) 将 master 节点上的 id_rsa.pub 文件复制到 slave1 节点上，并重命名为 id_rsa.pub.master，命令如下：

```
scp ~/.ssh/id_rsa.pub root@192.168.170.129:~/.ssh/id_rsa.pub.master
```

(2) 将 slave1 节点上的 id_rsa.pub.master 文件的内容追加到 authorized_keys 文件中，命令如下：

```
cat ~/.ssh/id_rsa.pub.master>>~/.ssh/authorized_keys
```

(3) 验证 master 节点无密码登录 slave1 节点是否成功，命令如下：

```
ssh 192.168.170.129
```

第一次登录时需要输入“yes”，之后不需输入任何信息即可登录。

同理，如果想让 master 节点与 slave1 节点实现无密码相互登录，则在 slave1 节点上进行相同配置，即将 slave1 节点的公钥追加到 master 节点的 authorized_keys 文件中。

用同样的方法，将 master 与 slave2、slave1 与 slave2 配置为无密码相互登录。

2.2.4 安装 JDK

Hadoop 的运行依赖于 Java 环境，因此在安装 Hadoop 之前需要先安装 JDK。此处以一个节点的安装为例进行讲解，其他节点进行同样的配置即可。

1. 下载安装包

从 Oracle 官网下载 JDK 安装包，选择适用于当前操作系统的版本，本书选择适用于 Linux x64 系统的安装包 jdk-8u131-linux-x64.tar.gz。JDK 下载页面如图 2-2 所示。

Java SE Development Kit 8u131

You must accept the Oracle Binary Code License Agreement for Java SE to download this software.

○ Accept License Agreement　◉ Decline License Agreement

Product / File Description	File Size	Download
Linux ARM 32 Hard Float ABI	77.87 MB	jdk-8u131-linux-arm32-vfp-hflt.tar.gz
Linux ARM 64 Hard Float ABI	74.81 MB	jdk-8u131-linux-arm64-vfp-hflt.tar.gz
Linux x86	164.66 MB	jdk-8u131-linux-i586.rpm
Linux x86	179.39 MB	jdk-8u131-linux-i586.tar.gz
Linux x64	162.11 MB	jdk-8u131-linux-x64.rpm
Linux x64	176.95 MB	jdk-8u131-linux-x64.tar.gz
Mac OS X	226.57 MB	jdk-8u131-macosx-x64.dmg
Solaris SPARC 64-bit	139.79 MB	jdk-8u131-solaris-sparcv9.tar.Z
Solaris SPARC 64-bit	99.13 MB	jdk-8u131-solaris-sparcv9.tar.gz
Solaris x64	140.51 MB	jdk-8u131-solaris-x64.tar.Z
Solaris x64	96.96 MB	jdk-8u131-solaris-x64.tar.gz
Windows x86	191.22 MB	jdk-8u131-windows-i586.exe
Windows x64	198.03 MB	jdk-8u131-windows-x64.exe

Back to top

图 2-2　Oracle 官网 JDK 下载页面

2. 上传并解压安装包

将安装包上传到 CentOS 系统的/usr/java 目录下(默认没有此目录，需要手动创建)，在其中执行以下命令，解压安装包，并将解压后的文件夹重命名为“jdk”：

```
tar -zxvf jdk-8u131-linux-x64.tar.gz
mv jdk1.8.0_131 jdk
```

3. 配置环境变量

可以通过修改 profile 文件对全局环境变量进行配置，步骤如下：

(1) 执行以下命令，编辑文件 profile：

```
vi /etc/profile
```

(2) 在文件 profile 末尾添加以下内容，配置环境变量：

```
export JAVA_HOME=/usr/java/jdk
export PATH=$JAVA_HOME/bin:$PATH
export CLASSPATH=.:$JAVA_HOME/lib
```

(3) 执行以下命令，使修改立即生效：

```
source /etc/profile
```

(4) 执行 java -version 命令，如果能正确输出 JDK 的版本信息，则说明 JDK 安装成功。输出信息如下：

```
java version "1.8.0_131"
Java(TM) SE Runtime Environment (build 1.8.0_101-b13)
Java HotSpot(TM) 64-Bit Server VM (build 25.101-b13, mixed mode)
```

2.2.5 安装 Hadoop

所有节点都建议按照以下步骤进行配置，可以先配置一个节点，然后将配置复制到其他节点(要确保节点之间环境一致，如 JDK 的路径和版本一致，且 Hadoop 的路径一致)，这样不仅省时省力，也便于以后的修改和管理。

1. 下载 Hadoop 并解压

从官网下载 Hadoop 的最新稳定版本的安装包 hadoop-2.8.0.tar.gz，将其复制到/usr 目录下，并解压到当前目录。解压命令如下：

```
tar -zxvf hadoop-2.8.0.tar.gz
```

然后使用以下命令，重命名解压后的文件夹：

```
mv hadoop-2.8.0 hadoop
```

2. 修改 Hadoop 配置文件

Hadoop 的配置文件都放在安装目录下的 etc/hadoop 文件夹中，通过修改这些文件，可以对 Hadoop 的环境变量、HDFS 访问参数等进行配置：

(1) 配置 Hadoop 环境变量。修改/etc/profile 文件，在其中加入以下内容，允许在任意目录下执行 Hadoop 命令：

```
export PATH=/usr/hadoop/bin: /usr/hadoop/sbin:$PATH
```

(2) 修改 hadoop-env.sh 文件。将 hadoop-env.sh 文件中的 JAVA_HOME 变量修改为 JDK 的安装路径，代码如下：

```
export JAVA_HOME=/usr/java/jdk
```

(3) 修改 yarn-env.sh 文件。将 yarn-env.sh 文件中的 JAVA_HOME 变量修改为 JDK 的安装路径，代码如下：

```
export JAVA_HOME=/usr/java/jdk
```

(4) 修改 slaves 文件。slaves 文件原本无任何内容。修改 slaves 文件，将 DataNode(存放 HDFS 数据的节点，后续章节会详细讲解)的主机名都添加进去，每个主机名占一整行，代码如下：

```
slave1
slave2
```

(5) 修改 core-site.xml 文件，修改内容如下：

```
<configuration>
        <property><!--Hadoop临时文件的存放目录，可自定义-->
              <name>hadoop.tmp.dir</name>
              <value>file:/usr/hadoop/tmp</value>
        </property>
        <property><!--HDFS默认访问路径-->
              <name>fs.defaultFS</name>
              <value>hdfs://master:9000</value>
        </property>
</configuration>
```

(6) 修改 hdfs-site.xml 文件，修改内容如下：

```
<configuration>
<property><!--文件在 HDFS 系统中的副本数-->
<name>dfs.replication</name>
<value>2</value>
</property>
<property><!--HDFS 对应的 HTTP 服务器地址和端口-->
<name>dfs.namenode.secondary.http-address</name>
<value>master:9001</value>
</property>
<property><!--HDFS 名称节点在本地文件系统的位置-->
<name>dfs.namenode.name.dir</name>
<value>file:/usr/hadoop/tmp/dfs/name</value>
</property>
<property><!--HDFS 数据节点在本地文件系统的位置-->
<name>dfs.datanode.data.dir</name>
<value>file:/usr/hadoop/tmp/dfs/data</value>
</property>
</configuration>
```

(7) 复制 maprred-site.xml.template 文件，并将副本重命名为“mapred-site.xml”，然后修改此文件，修改内容如下：

```
<configuration>
    <property>  <!--使用 YARN 集群进行资源的分配-->
        <name>mapreduce.framework.name</name>
        <value>yarn</value>
    </property>
</configuration>
```

(8) 修改 yarn-site.xml 文件，修改内容如下：

```
<configuration>
    <property>
        <name>yarn.nodemanager.aux-services</name>
        <value>mapreduce_shuffle</value>
    </property>
    <property>
        <name>yarn.resourcemanager.address</name>
         <value>master:8032</value>
    </property>
    <property>
         <name>yarn.resourcemanager.scheduler.address</name>
         <value>master:8030</value>
    </property>
    <property>
        <name>yarn.resourcemanager.resource-tracker.address</name>
         <value>master:8031</value>
    </property>
</configuration>
```

上述代码中的 ResourceManager(资源管理器)相关参数解析如下：

- ✧ yarn.resourcemanager.address：ResourceManager 为客户端提供的访问地址。客户端通过该地址完成向 ResourceManager 提交应用程序等操作。
- ✧ yarn.resourcemanager.scheduler.address：ApplicationMaster 通过该地址向 ResourceManager 申请资源、释放资源等。
- ✧ yarn.resourcemanager.resource-tracker.address：ResourceManager 为 NodeManager 提供的访问地址，NodeManager 通过该地址向 ResourceManager 汇报心跳、领取任务等。

3. 格式化 NameNode

格式化 NameNode 可以初始化 HDFS 文件系统的一些目录和文件，防止后续操作出错。

执行以下命令，将 NameNode 进行格式化：

```
hadoop namenode -format
```

若输出以下信息，则格式化成功：

```
Storage directory /usr/local/hadoop/tmp/dfs/name has been successfully formatted。
```

注意：Hadoop 配置文件中的 name 和 value 属性之间不能有空格，否则格式化会报错。

4．启动 HDFS

执行以下命令，可以启动 HDFS 集群：

```
start-dfs.sh
```

5．启动 YARN

执行以下命令，可以启动 YARN 集群：

```
start-yarn.sh
```

6．查看进程

在各节点上分别执行 jps 命令，可以查看运行的 Java 进程。

master 节点的执行结果如下：

```
root@master:~# jps
2880 Jps
2467 SecondaryNameNode
2188 NameNode
2621 ResourceManager
```

slave1 节点的执行结果如下：

```
root@slave1:~# jps
2019 DataNode
2405 Jps
2137 NodeManager
```

slave2 节点的执行结果如下：

```
root@slave2:~# jps
2037 DataNode
2423 Jps
2155 NodeManager
```

从执行结果中可以看到，在 master 节点上运行的进程有 NameNode、SecondaryNameNode 和 ResourceManager，在 slave1 和 slave2 节点上运行的进程有 DataNode 和 NodeManager。

至此，Hadoop 集群环境搭建成功。

最新更新

本 章 小 结

✧ Hadoop 具备高可靠性、高扩展性、高效性、高容错性、低成本等优点。

✧ Hadoop 由许多层子系统构成。最底部是 HDFS(Hadoop Distributed File

System)，它存储 Hadoop 集群中所有存储节点上的文件；HDFS 的上一层是 MapReduce 引擎，它是一个分布式计算框架。

本 章 练 习

1. 简述 Hadoop 的核心组成架构。
2. 简述 Hadoop 有哪些优点。
3. 在 CentOS 操作系统上搭建 Hadoop 分布式集群环境，至少使用三个节点。

第3章　HDFS

本章目标

■ 了解 HDFS 的基本概念

■ 了解 HDFS 的原理

■ 掌握 HDFS 的命令行操作

■ 掌握 HDFS 的常用 Java 接口

HDFS 是 Hadoop 项目的核心子项目，在大数据开发中通过分布式计算对海量数据进行存储与管理，它基于流数据模式访问和处理超大文件的需求而开发，可以运行在廉价的商用服务器上。HDFS 具有的高容错、高可靠性、高可扩展性、高获得性、高吞吐率等特性，为海量数据提供了不怕故障的存储方法，进而为超大数据集(Large Data Set)的应用处理带来了很多便利。

3.1 HDFS 的概念

HDFS 是一个主从(Master/Slave)式的结构：一个 HDFS 集群由一个元数据节点(NameNode)和一些数据节点(DataNode)组成。NameNode 是一个用来管理文件命名空间和调节客户端访问文件的主服务器；DataNode 则用来管理对应节点的数据存储，通常是一台计算机安装一个节点。

HDFS 允许将用户数据以文件的形式存储，并对外开放这些文件的命名空间。其内部机制是将一个文件分割成一个或多个默认大小为 64M 的数据块，并将这些数据块存储在一组 DataNode 中。HDFS 的数据存储架构如图 3-1 所示。

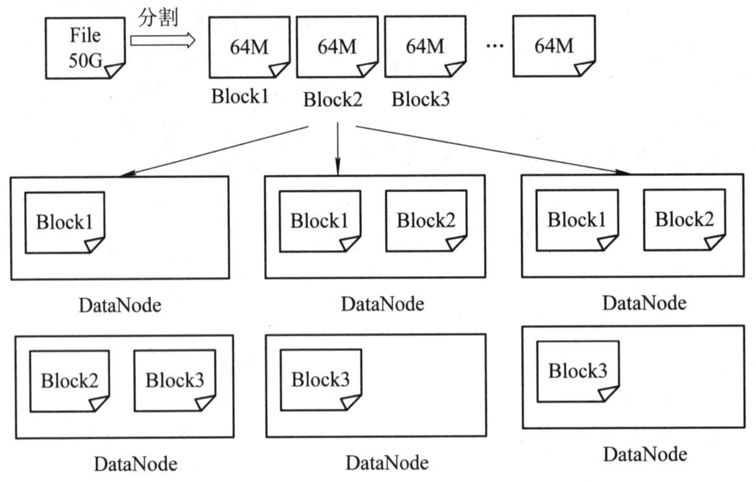

图 3-1 HDFS 数据存储架构图

3.2 HDFS 的特点

HDFS 的主要特点和优势如下。

1. 支持大型数据集

HDFS 在具有大数据集的应用场景中被普遍使用。一个典型的 HDFS 数据文件可从千兆字节到兆兆字节不等，可以为具有数百个节点的单个集群提供高聚合的数据带宽和规模，同时承载数千万个文件。

2. 遵循简单一致性模型

HDFS 被设计用来响应“一次写入、多次读取”的任务，遵循简单一致性模型，即文

件一旦被建立、写入、关闭，就不能被改变，以此来保持数据的一致性。当一个数据集在进入 HDFS 之后，它会被复制分发到不同的储存节点之中，然后用于响应各种各样的数据读取任务请求，以支持数据分析等业务场景。这样可以提高数据访问的吞吐量，尤其适用于网络爬虫类型的应用场景。

3. 运行于廉价的商用服务器上

HDFS 对硬件的要求比较低，可以运行在廉价的商用硬件集群上，而不需购置昂贵的高性能服务器。然而廉价的商用服务器同时也意味着随着集群规模的扩大，故障节点的出现概率也会上升，因此 HDFS 集群必须有充分的可靠性、安全性和高可用性。

4. 不适合低延迟数据访问

HDFS 被设计用于批处理模式而不是交互模式，它更加强调高吞吐量而不是低延时。此外，HDFS 应用程序需要通过流数据模式来访问它们的数据，这与运行在一般文件系统上的应用不同。

5. 储存大量小文件的效率不高

随着系统中的文件数量增多，NameNode 检索处理元数据所需的时间会增加。如果系统中储存了大量的小文件，则 NameNode 的工作压力会非常大，导致效率显著下降。

6. 不支持多用户写入、不支持修改文件

HDFS 中每个文件只有一个写入者，而且写入操作只能在文件末尾完成，即只能对文件执行追加写入操作。目前，HDFS 尚不支持多个用户对同一文件的写入操作，也不支持在文件任意位置修改文件。

3.3 HDFS 的原理

下面从 HDFS 的体系结构和构成组件两个方面，介绍 HDFS 系统的运行原理。

3.3.1 HDFS 体系结构

HDFS 体系结构中有两类节点，一类是 NameNode，又叫“元数据节点”；另一类是 DataNode，又叫“数据节点”。

整个 HDFS 体系的结构如图 3-2 所示。

HDFS 就像传统的文件系统一样，可以通过目录路径对文件执行 CRUD(增加(Create)、读取查询(Retrieve)、更新(Update)和删除(Delete)，即增、删、查、改)操作。由于其分布式存储的特性，HDFS 拥有一个 NameNode 和一些 DataNode。NameNode 管理文件系统的元数据，DataNode 存储实际的数据，而客户端通过与 NameNode 和 DataNode 的交互来访问文件系统。

以使用客户端访问一个文件为例：首先，客户端从 NameNode 中获得组成该文件数据块的位置列表，即知道数据块被存储在哪些 DataNode 上；然后，客户端直接从 DataNode 上读取文件数据。在此过程中，NameNode 并不参与文件的传输。

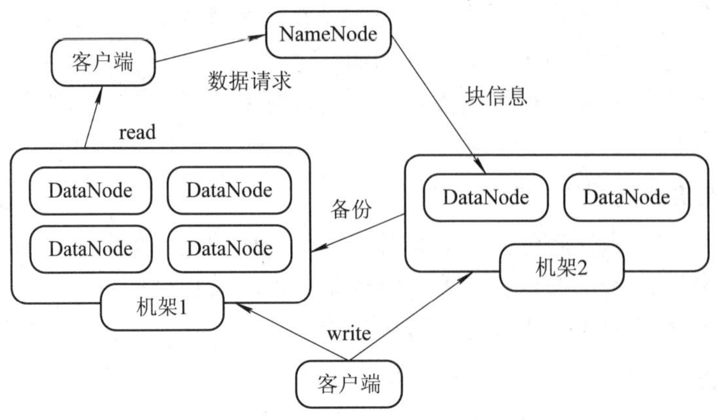

图 3-2　HDFS 体系结构图

HDFS 的一种典型部署是在集群中某个专用的机器上运行 NameNode，而在集群中的其他机器上各运行一个 DataNode(当然，也可以在运行 NameNode 的机器上同时运行 DataNode，或者在一个机器上运行多个 DataNode)。一个集群中只有一个 NameNode 的设计大大简化了 HDFS 系统。

NameNode 和 DataNode 都被设计为可以在普通商用计算机上运行，这些计算机通常运行的是 GNU/Linux 操作系统。不过，由于 HDFS 采用 Java 语言开发，因此理论上任何支持 Java 的机器都可以部署 NameNode 和 DataNode。

3.3.2　HDFS 主要组件

HDFS 的主要构成组件及相关解析如下：

1．数据块(Block)

HDFS 默认的最基本存储单位是 64 M 的数据块。和普通文件系统相同的是，HDFS 中的文件是被分成 64 M 一块的数据块存储的。但不同于普通文件系统的是，如果 HDFS 中的一个文件小于一个数据块的大小，该文件并不占用整个数据块的存储空间。

2．NameNode 和 DataNode

NameNode 管理文件系统的命名空间，它将所有的文件和文件夹的元数据保存在一个文件系统树中。这些元数据主要包括 edits 和 fsimage 两类文件。fsimage 是截止到自身被创建为止的 HDFS 的最新状态文件；而 edits 是自 fsimage 创建后的文件系统操作日志。NameNode 每次启动的时候，都要合并这两类文件，按照 edits 的记录把 fsimage 更新到最新。

DataNode 是文件系统中真正存储数据的地方。客户端(Client)或者 NameNode 可以向 DataNode 请求写入或读出数据块；DataNode 则周期性地向 NameNode 汇报其存储的数据块信息。

客户端通过 NameNode 的引导来获取最合适的 DataNode 地址，然后直接连接 DataNode 读取数据。这样的好处首先是可以将 HDFS 的应用扩展到更大规模的客户端并行处理中，因为数据的流动是在所有 DataNode 之间分散进行的。同时也减轻了

NameNode 的处理压力，因为 NameNode 只提供请求块所在的位置信息就可以了，并不用提供数据，避免了 NameNode 随着客户端数量的增长而成为系统瓶颈。

3. 从元数据节点(SecondaryNameNode)

SecondaryNameNode 并不是 HDFS 的第二个 NameNode，它并不提供 NameNode 服务，而仅是 NameNode 的一个工具，用于帮助 NameNode 管理元数据。

一般情况下，当 NameNode 重启的时候，会合并硬盘上的 fsimage 文件和 edits 文件，得到完整的元数据信息。但是，如果集群规模十分庞大，操作频繁，那么 edits 文件就会非常大，合并过程会非常缓慢，导致 HDFS 长时间无法启动。而如果定时将 edits 文件合并到 fsimage 文件，重启 NameNode 的过程就能加快，SecondaryNameNode 承担的正是这一合并工作。

SecondaryNameNode 会定期从 NameNode 上获取元数据。当准备获取元数据的时候，它会通知 NameNode 暂停写入 edits 文件，NameNode 收到请求后，会停止写入 edits 文件，并将之后的 log 记录写入一个名为 edits.new 的文件。SecondaryNameNode 获取到元数据以后，将 edits 文件和 fsimage 文件在本机上进行合并，创建出一个新的 fsimage 文件，然后把新的 fsimage 文件发回 NameNode。NameNode 收到 SecondaryNameNode 发回的 fsimage 文件后，用它覆盖掉原来的 fsimage 文件，并删除原有的 edits 文件，将 edits.new 文件重命名为“edits”。上述操作避免了 NameNode 的 edits 日志的无限增长，从而加速了 NameNode 的启动过程。整个过程如图 3-3 所示。

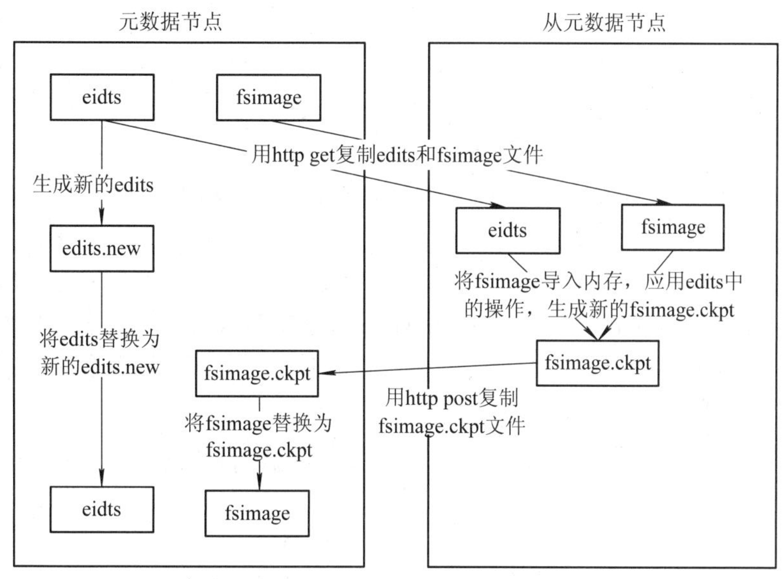

图 3-3　SecondaryNameNode 工作过程

4. CheckpointNode

由于 SecondaryNameNode 这个名称容易对人产生误导，因此，Hadoop 1.0.4 之后的版本中使用 CheckPointNode 来代替 SecondaryNameNode。CheckpointNode 和 Secondary NameNode 的作用及配置完全相同，只是启动命令不同。

5. BackupNode

BackupNode 在内存中维护着一份从 NameNode 同步过来的 fsimage 文件，同时还从 NameNode 接收 edits 文件的日志流，并把它们持久化存入硬盘。BackupNode 会将收到的 edits 文件和内存中的 fsimage 文件进行合并，创建一份元数据备份。虽然 BackupNode 可以看做一个备份的 NameNode，但目前 BackupNode 还无法直接代替 NameNode 提供服务，即当前版本的 BackupNode 并不具备热备功能——也就是说，如果 NameNode 发生故障，目前依然只能通过重启 NameNode 的方式来恢复服务。

6. JournalNode

Hadoop 中的 NameNode 如同人的心脏一样重要，不能停止运作。因此，Hadoop 2.X 版本允许 HDFS 同时启动 2 个 NameNode，其中一个处于工作状态，另一个则处于随时待命状态，NameNode 之间通过共享数据保证数据的状态一致。当一个 NameNode 所在的服务器宕机时，Hadoop 可以在数据不丢失的情况下，自动切换到另一个 NameNode，继续为用户提供服务，如图 3-4 所示。

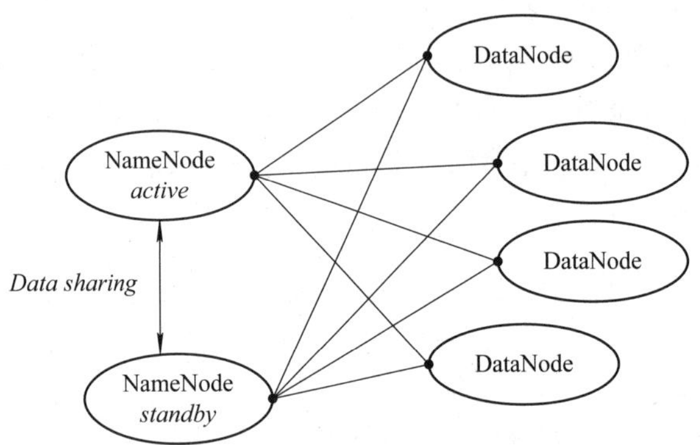

图 3-4　Hadoop 2.X 版本的 HDFS 的结构图

Hadoop 中的两个 NameNode 为了同步数据会通过一组称做 JournalNodes 的独立进程进行相互通信：当 active 状态的 NameNode 的命名空间发生修改时，会告知大部分的 JournlNodes 进程；而 standby 状态的 NameNode 则会读取 JournalNodes 中的变更信息，同时一直监控 edit log 的变化，并将变化应用于自己的命名空间，确保在集群出错时，命名空间状态已经完全同步了，如图 3-5 所示。

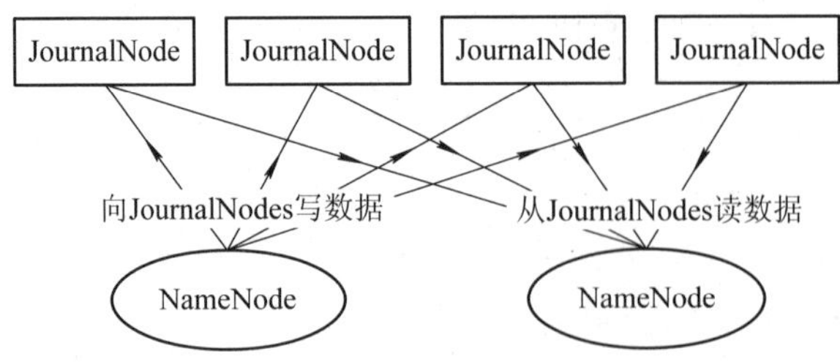

图 3-5　两个 NameNode 的同步过程

为确保快速切换，standby 状态的 NameNode 必须知道集群中所有数据块的位置。为此所有的 DataNodes 必须配置这两个 NameNode 的地址，以将数据块位置信息和心跳信息

发送给它们。

对 Hadoop 集群而言，确保同一时刻只有一个 NameNode 处于 active 状态至关重要，否则两个 NameNode 的数据状态就可能产生分歧，导致丢失数据或者产生错误结果。因此，JournalNodes 必须确保同一时刻只有一个 NameNode 可以向自己写数据。

3.4　HDFS 中的文件读/写

本小节介绍 HDFS 读/写数据的流程、原理和步骤。

3.4.1　HDFS 读数据

客户端从 HDFS 中读出数据块的处理过程如图 3-6 所示。

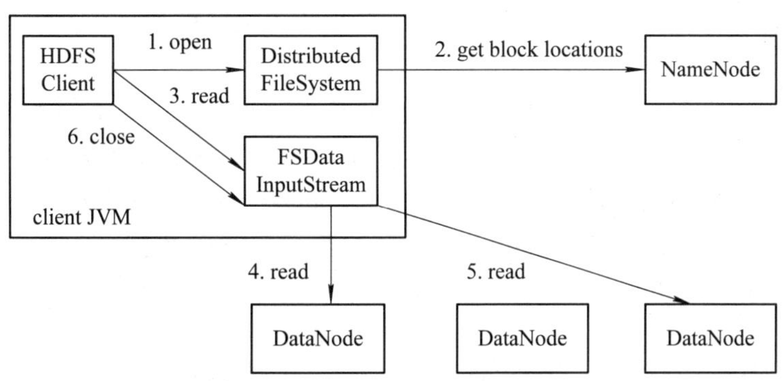

图 3-6　客户端从 HDFS 读取数据

客户端从 HDFS 读取数据的过程如下：

(1) 客户端通过调用 FileSystem 对象中的 open()方法来打开需要读取的文件。

(2) DistributedFileSystem 对象通过 RPC 协议，调用 NameNode 来确定请求文件块所在的位置。

(3) DFSInputStream 对象中包含文件开始部分数据块所在的 DataNode 地址，它首先会连接距离客户端最近的一个存储数据块的 DataNode，随后在数据流中重复调用 read()方法，直到这个块完全读完为止。

(4) 当第一个块读取完毕时，DFSInputStream 会关闭连接，并查找下一个距客户端最近的存储数据块的 DataNode。以上(1)～(4)步对于客户端来说都是透明的。

(5) 客户端按照 DFSInputStream 打开连接和 DataNode 返回数据流的顺序读取该块，并会调用 NameNode 来检索下一组块所在的 DataNode 的位置信息。

(6) 当完成所有文件的读取时，客户端需要调用 DFSInputStream 中的 close()方法来释放资源。

3.4.2　HDFS 写数据

客户端向 HDFS 的 DataNode 请求写入数据时的处理过程如图 3-7 所示。

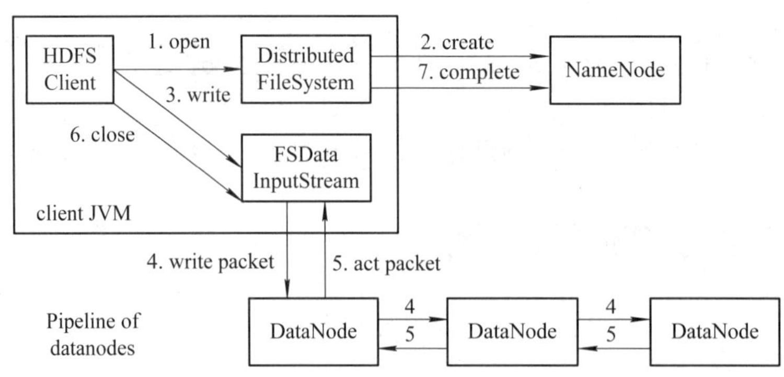

图 3-7　客户端向 HDFS 中写入数据

客户端向 HDFS 的 DataNode 请求写入数据的过程如下：

(1) 客户端调用 DistributedFileSystem 对象中的 create()方法，创建一个文件。

(2) DistributedFileSystem 通过 RPC 协议，在 NameNode 的文件系统命名空间中创建一个新文件，此时没有 DataNode 与之相关。

(3) NameNode 会进行多种验证，以确保新建的文件不存在于文件系统中，并确保发出请求的客户端拥有创建文件的权限。当所有验证通过时，NameNode 会创建一个新文件的记录，如果创建失败，会抛出一个 IOException 异常；如果成功，则 DistributedFile System 会返回一个 FSDataOutputStream 用于给客户端写入数据。这里的 FSDataOutput Stream 和读取数据时的 FSDataInputStream 一样，都包含一个数据流对象 DFSInput Stream，客户端将使用它来处理 DataNode 与 NameNode 之间的通信。

(4) 当客户端写入数据时，DFSOutputStream 会将文件分割成包，然后放入一个内部队列，该队列被称为 DataStreamer。DataStreamer 的作用是将这些文件包放入数据流中，并请求 NameNode 为新的文件包分配合适的 DataNode 存放副本，返回的 DataNode 列表会形成一个“管道”。例如，假设副本数是 3，那么这个“管道”中就会有 3 个 DataNode。DataStreamer 将文件包以流的方式传送给“管道”中的第一个 DataNode，第一个 DataNode 会存储这个包，然后将它推送到第二个 DataNode 中，依此类推，直到最后一个 DataNode。

(5) 在 DataStreamer 传送文件的同时，DFSOutputStream 也会保存一个内部的文件包队列，用于等待“管道”中的 DataNode 返回确认信息，这个队列被称为确认队列。只有当“管道”中的所有 DataNode 都返回了文件包写入成功的信息，DFSOutputStream 才会将该包从确认队列中删除。

(6) 客户端成功完成数据写入操作后，需要调用 close()方法关闭数据流。

(7) 客户端通知 NameNode 写入成功。

3.5　HDFS 的安全性措施

HDFS 具备较为完善的冗余备份和故障恢复机制，能够在集群中可靠地存储海量文件。下面介绍 HDFS 的主要安全措施。

1. 报告块

HDFS 将每个文件存储为一系列的数据块，默认块大小为 64 MB(可以自定义配置)。为了容错，文件的所有数据块都可以有副本(默认为 3 个，可以自定义配置)。当 DataNode 启动的时候，会遍历本地文件系统，产生一份 HDFS 数据块和本地文件对应关系的列表，并把这个报告发送给 NameNode，这就是报告块(BlockReport)。报告块中包含了 DataNode 上所有块的位置信息。

2. 机架感知

副本的存放策略很关键，它会影响 HDFS 的可靠性和性能。

HDFS 集群一般运行在多个机架上，不同机架上机器的通信需要通过交换机。通常情况下，机架内节点之间的带宽比跨机架节点之间的带宽要大。

HDFS 采用一种称为机架感知(Rack-Aware)的策略，以提高数据的可靠性、可用性和网络带宽的利用率：由于多数情况下 HDFS 的副本系数默认为 3，因此 HDFS 的机架感知策略就是将一个副本存放在本地节点上，另一个副本存放在同一机架的另一个节点上，最后一个副本则存放在不同机架的节点上。这种策略减少了机架间的数据传输，提高了写操作的效率，而且由于机架的错误远远少于节点，这种策略并不会影响数据的可靠性和可用性。HDFS 的副本存放策略如图 3-8 所示。

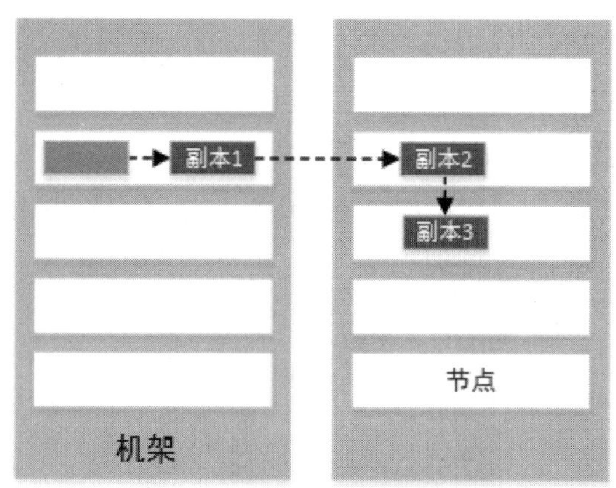

图 3-8　HDFS 副本存放策略

3. 心跳检测

心跳在分布式架构中有着非常重要的作用，它维持着集群中各节点之间的关系。

NameNode 会周期性地从集群中的每个 DataNode 中接受心跳信息和块报告。如果收到心跳信息，说明该 DataNode 工作正常；如果最近未收到某些 DataNode 的心跳信息，NameNode 就会标记这些 DataNode 为宕机，并且不再给它们发送任何 I/O 请求。

4. 安全模式

安全模式是 Hadoop 的一种保护机制。Hadoop 系统启动时会首先进入到安全模式，在安全模式下，系统会检查数据块的完整性，如果 DataNode 实际存储的副本数小于设置的副本数，则会进一步对比设置的最小副本率(实际存储的副本数/设置的副本数)，如果没有达到 hdfs-default.xml 中定义的最小副本率，系统就会自动地复制副本到 DataNode 上。

在安全模式下，不允许客户端进行任何修改文件的操作，包括上传文件、删除文件、重命名、创建文件夹等操作，直到系统完成数据块的完整性检查，并退出安全模式。

3.6 HDFS 命令行操作

可以通过命令行接口与 HDFS 系统进行交互，这样更加简单直观。下面就介绍一些 HDFS 系统的常用操作命令。

1. ls

使用 ls 命令可以查看 HDFS 系统中的目录和文件。例如，查看 HDFS 文件系统根目录下的目录和文件，命令如下：

```
hadoop fs –ls /
```

递归列出 HDFS 文件系统根目录下的所有目录和文件，命令如下：

```
hadoop fs –ls -R /
```

2. put

将本地文件上传到 HDFS 系统中。例如，将本地文件 a.txt 上传到 HDFS 的 input 文件夹中，命令如下：

```
hadoop fs –put a.txt /input/
```

3. moveFromLocal

将本地文件移动到 HDFS 系统中，可以一次移动多个文件。与 put 命令类似，不同的是该命令执行后源文件将被删除。例如，将本地文件 a.txt 移动到 HDFS 的 input 文件夹中，命令如下：

```
hadoop fs –moveFromLocal a.txt /input/
```

4. get

将 HDFS 系统中的文件下载到本地，注意下载时的文件名不能与本地文件相同，否则会提示文件已存在。下载多个文件或目录到本地时，要将本地路径设置为文件夹。例如，将 HDFS 根目录中 input 文件夹中的文件 a.txt 下载到本地，命令如下：

```
hadoop fs -get /input/a.txt a.txt
```

将 HDFS 根目录中的 input 文件夹下载到本地，命令如下：

```
hadoop fs -get /input/ input
```

注意：如果用户没有 root 权限，则本地路径要为用户文件夹下的路径，否则会出现权限问题。

5. rm

删除 HDFS 系统中的文件或文件夹，每次可以删除多个文件或目录。例如，删除 HDFS 中 input 文件夹中的文件 a.txt，命令如下：

```
hadoop fs -rm /input/a.txt
```

6. mkdir

在 HDFS 系统中创建文件或目录。例如，在 HDFS 根目录下创建文件夹 input，命令

如下：

```
hadoop fs -mkdir /input/
```

也可使用-p 参数，创建多级目录，如果父目录不存在，则会自动创建父目录。命令如下：

```
hadoop fs -mkdir -p /input/file
```

7．cp

拷贝文件到另一个文件，相当于给文件重命名并保存，但源文件还存在。例如，将 a.txt 拷贝到 b.txt，并保留 a.txt，命令如下：

```
hadoop fs -cp a.txt b.txt
```

8．mv

移动文件到另一个文件，相当于给文件重命名并保存，源文件已不存在。例如，将 a.txt 移动到 b.txt，命令如下：

```
hadoop fs -mv a.txt b.txt
```

3.7　常用 HDFS Java API 详解

在大数据开发中，往往需要通过远程 API 对 HDFS 文件系统进行操作，包括目录文件的创建、查询、删除等。本节将介绍如何使用 Java API 与 HDFS 文件系统进行交互。

3.7.1　新建 Hadoop 项目

在编写 Java API 之前，我们需要先新建一个 Hadoop 项目。Hadoop 项目的结构与普通的 Java 项目一样，只是依赖的 jar 包不同。为了开发方便，我们在当前比较流行的 Java 开发工具 eclipse 中新建一个 Maven 项目(Maven 项目的搭建此处不做过多讲解)，然后在该项目的 pom.xml 文件中添加以下代码，以引入 HDFS 的 Java API 依赖包：

```
<dependency>
        <groupId>org.apache.hadoop</groupId>
        <artifactId>hadoop-common</artifactId>
        <version>2.7.1</version>
    </dependency>
     <dependency>
        <groupId>org.apache.hadoop</groupId>
        <artifactId>hadoop-hdfs</artifactId>
        <version>2.7.1</version>
    </dependency>
    <dependency>
        <groupId>jdk.tools</groupId>
        <artifactId>jdk.tools</artifactId>
        <version>1.7</version><!—引入 JDK 工具包-->
```

```
        <scope>system</scope><!--需要本地提前配置好环境变量 JAVA_HOME-->
        <systemPath>${JAVA_HOME}/lib/tools.jar</systemPath>
</dependency>
```

配置好 pom.xml 后，即可进行 HDFS Java API 的编写。

3.7.2 读取数据

FileSystem 是 HDFS Java API 的核心工具类，使用 FileSystem API 可以轻松地操作 HDFS 中的文件。例如，在 HDFS 文件系统中的根目录有一个文件 test.txt，可以直接使用 FileSystem API 读取该文件的内容，代码如下：

```
public class FileSystemCat {
    public static void main(String[] args) throws Exception {
        //指定要读取的文件路径，根据文件实际路径进行指定
        String uri="hdfs://192.168.170.128:9000/test.txt";
        Configuration conf=new Configuration();
        FileSystem fs=FileSystem.get(URI.create(uri), conf);
        //打开输入流
        InputStream in=fs.open(new Path(uri));
        //输出文件内容
        IOUtils.copyBytes(in, System.out, 4096,false);
        //关闭输入流
        IOUtils.closeStream(in);
    }
}
```

上述代码关键部分的解析如下：

(1) 运行 HDFS 程序之前，需要先初始化 Configuration 类，该类的主要作用是读取 HDFS 的系统配置信息，也就是 Hadoop 安装时的配置文件(例如 core-site.xml、hdfs-site.xml 和 mapred-site.xml 等)，代码如下：

```
Configuration conf=new Configuration();
```

(2) 由于 FileSystem 是一个普通的文件系统 API，可以使用静态工厂方法获得 FileSystem 实例，其中的参数 uri 是需要读取的文件在 HDFS 系统中的路径，代码如下：

```
FileSystem fs=FileSystem.get(URI.create(uri), conf);
```

(3) HDFS 系统中的 Path 对象代表文件，通过调用 FileSystem 对象的 open()方法，可以取得文件的输入流，代码如下：

```
InputStream in=fs.open(new Path(uri));
```

实际上，FileSystem 对象中的 open()方法返回的是 FSDataInputStream 对象，而不是标准的 java.io 包中类的对象。FSDataInputStream 类是继承了 java.io.DataInputStream 类的一个特殊类，且支持随机访问，因此可以从流的任意位置读取数据。

3.7.3　创建目录

FileSystem API 也提供了创建目录的方法 mkdirs()，该方法可以按照客户端的请求创建尚不存在的父目录，就像 java.io 包中 File 类的 mkdirs()方法一样。如果目录创建成功，mkdirs()会返回 true。例如，在 HDFS 文件系统根目录下创建一个名为“mydir”的文件夹，代码如下：

```
public class CreateDir {
    public static void main(String[] args) throws IOException {
        Configuration conf = new Configuration();
        //HDFS 文件系统访问地址，根据实际地址进行指定
        conf.set("fs.default.name", "hdfs://192.168.170.128:9000");
        FileSystem hdfs = FileSystem.get(conf);
        //创建目录
        boolean isok = hdfs.mkdirs(new Path("hdfs:/mydir"));
        if(isok){
            System.out.println("创建目录成功!");
        }else{
            System.out.println("创建目录失败！ ");
        }
        hdfs.close();
    }
}
```

3.7.4　创建文件

FileSystem API 提供了方法 create()，调用这个方法，可以在 HDFS 文件系统中的指定路径下创建一个文件，然后可以通过输出流对文件进行写入。示例如下：

```
public static void createFile() throws Exception {
    Configuration conf = new Configuration();
    //HDFS 文件系统访问地址，根据实际地址进行指定
    conf.set("fs.default.name", "hdfs://192.168.170.128:9000");
    FileSystem fs = FileSystem.get(conf);
    //打开一个输出流
    FSDataOutputStream outputStream = fs.create(new Path("hdfs:/newfile2.txt"));
    //写入文件内容
    outputStream.write("我是文件内容".getBytes());
    //关闭输出流
    outputStream.close();
    fs.close();
```

```
        System.out.println("文件创建成功！");
}
```

create()方法是一个重载方法，可以指定是否强制覆盖现有文件、写入文件所用缓冲区大小、文件块大小以及文件权限等。

FileSystem API 还提供了另一种创建文件的方法 append()，该方法允许在一个已有文件的末尾追加数据。代码如下：

```
public FSDataOutputStream append(Path path) throws IOException
```

利用 append()方法，可以创建无边界文件。例如，可以让应用在关闭日志文件以后继续追加日志。但需要注意的是，append()方法与 create()方法返回的都是 FSDataOutputStream 对象，而 FSDataOutputStream 类不允许在文件中间增加数据，因为 HDFS 只允许对一个已打开的文件顺序写入，或在现有的文件末尾追加数据。

3.7.5 删除文件

FileSystem API 提供了 deleteOnExit()方法，可以删除 HDFS 文件系统中已存在的文件。例如，删除 HDFS 系统根目录下的文件 newfile.txt，代码如下：

```
public static void deleteFile() throws Exception{
    Configuration conf = new Configuration();
    //HDFS 文件系统访问地址，根据实际地址进行指定
    conf.set("fs.default.name", "hdfs://192.168.170.128:9000");
    FileSystem fs = FileSystem.get(conf);
    //指定文件路径
    Path path = new Path("hdfs:/newfile.txt");
    //删除文件
    boolean isok = fs.deleteOnExit(path);
    if(isok){
        System.out.println("删除成功!");
    }else{
        System.out.println("删除失败！");
    }
    fs.close();
}
```

3.7.6 遍历文件和目录

FileSystem API 提供了 listStatus()方法，可以对 HDFS 文件系统中指定路径下的所有目录和文件进行遍历。例如，递归遍历 HDFS 系统根目录下所有文件与文件夹，并输出其路径，代码如下：

```
public class ListStatus {
    private static FileSystem hdfs;
```

```
    public static void main(String[] args) throws Exception {
        Configuration conf = new Configuration();
        //HDFS 文件系统访问地址，根据实际地址进行指定
        conf.set("fs.default.name", "hdfs://192.168.170.128:9000");
        hdfs = FileSystem.get(conf);
        //遍历 HDFS 上的文件和目录
        FileStatus[] fs = hdfs.listStatus(new Path("hdfs:/"));
        if (fs.length > 0) {
            for (FileStatus f : fs) {
                showDir(f);
            }
        }
    }
    private static void showDir(FileStatus fs) throws Exception {
        Path path = fs.getPath();
        //输出文件或目录的路径
        System.out.println(path);
        //如果是目录，进行递归遍历该目录下的所有子目录或文件
        if (fs.isDirectory()) {
            FileStatus[] f = hdfs.listStatus(path);
            if (f.length > 0) {
                for (FileStatus file : f) {
                    showDir(file);
                }
            }
        }
    }
}
```

假设 HDFS 文件系统的根目录下有文件夹 input、文件 newfile.txt，文件夹 input 中有文件 test.txt，则上述代码的输出结果为：

```
hdfs://192.168.170.128:9000/input
hdfs://192.168.170.128:9000/input/test.txt
hdfs://192.168.170.128:9000/newfile.txt
```

listStatus()方法是一个重载方法。当传入的参数是一个文件时，它会返回长度为 1 的 FileStatus 对象数组；当传入的参数是一个目录时，则返回长度大于或等于 0 的 FileStatus 对象数组，表示此目录中包含的文件和目录。传入目录的示例代码如下：

```
FileStatus[] fs = hdfs.listStatus(new Path("hdfs:/"));
```

另外，当 listStatus()方法传入的参数是一组路径时(一个 Path 对象的数组)，其相当于依次轮流传递每条路径并对其调用 listStatus()方法，最终结果会累积到一个 FileStatus 数组中。代码如下：

```
Path[] paths=new Path[args.length];
for(int i=0;i< args.length;i++){
  paths[i]=new Path(args[i]);
}
FileStatus[] fs = hdfs.listStatus(paths);
```

有时候，需要查询大量的文件，比如短期内产生的日志文件，调用 listStatus()方法传入一组路径显然比较麻烦，此时就可以使用通配符来匹配多个文件。FileSystem API 为执行通配提供了一个 globStatus()方法，格式如下：

```
public FileStatus[] globStatus(Path path) throws IOException
public FileStatus[] globStatus(Path path,PathFilter filter) throws IOException
```

globStatus()方法是一个重载方法，返回一个与传入路径相匹配的所有文件的 FileStatus 对象数组。如果传入 PathFilter 参数，可以进一步限制匹配结果。可以在 PathFilter 参数中加入通配符，常用的通配符及其含义如表 3-1 所示。

表 3-1　HDFS 常用通配符及其含义

通配符	含　义
*	匹配 0 或多个字符
?	匹配单一字符
[ab]	匹配{a,b}集合中的一个字符
[a-b]	匹配一个在{a,b}集合中的一个字符(包括 ab)
{a,b}	匹配包含 a 或 b 中的一个表达式

例如，一个通配符路径中包含“/200[78]”字符，则可以匹配包含“/2007”与“/2008”的两个路径。

3.7.7　复制上传本地文件

FileSystem API 提供了 copyFromLocalFile()方法，可以将本地操作系统的文件上传到 HDFS 文件系统中。例如，将 Windows 系统中 D 盘的 copy_test.txt 文件上传到 HDFS 文件系统的根目录下，代码如下：

```
public static void copyFromLocalFile() throws Exception{
    //1.创建配置器
    Configuration conf = new Configuration();
    conf.set("fs.default.name", "hdfs://192.168.170.128:9000");
    //2.取得 FileSystem 文件系统实例
    FileSystem fs = FileSystem.get(conf);
    //3.创建可供 Hadoop 使用的文件系统路径
    Path src = new Path("D:/copy_test.txt"); //本地目录/文件
    Path dst = new Path("hdfs:/");  //目标目录/文件
    //4.拷贝上传本地文件(本地文件，目标路径) 至 HDFS 文件系统中
```

```
        fs.copyFromLocalFile(src, dst);
        System.out.println("文件上传成功!");
    }
```

3.7.8　复制下载文件

FileSystem API 提供了 copyToLocalFile()方法，可以将 HDFS 文件系统中的文件下载到本地操作系统。例如，将 HDFS 文件系统根目录下的文件 newfile.txt 下载到 Windows 系统的 D 盘根目录下，并重命名为“new.txt”，代码如下：

```
public static void copyToLocalFile() throws Exception{
 //1.创建配置器
    Configuration conf = new Configuration();
    conf.set("fs.default.name", "hdfs://192.168.170.128:9000");
    //2.取得 FileSystem 文件系统实例
    FileSystem fs = FileSystem.get(conf);
    //3.创建可供 Hadoop 使用的文件系统路径
    Path src = new Path("hdfs:/newfile2.txt"); //目标目录/文件
    Path dst = new Path("D:/new.txt");   //本地目录/文件
    //4.从 HDFS 文件系统中拷贝下载文件(目标路径，本地文件)至本地
    fs.copyToLocalFile(false,src,dst,true);
    System.out.println("文件下载成功!");
}
```

上述代码中，方法 copyToLocalFile()传入了四个参数 false、src、dst、true。其中，第一个参数用于表示是否删除 HDFS 中的文件，最后一个参数用于表示是否使用本地文件系统。如果不加最后一个参数，由于 Windows 默认不使用本地文件系统，文件下载将失败。

本 章 小 结

最新更新

- ✧ HDFS 是一个主从(Master/Slave)式的结构，一个 HDFS 集群由一个元数据节点(NameNode)和一些数据节点(DataNode)组成。
- ✧ HDFS 允许将用户数据以文件的形式存储，并对外开放这些文件的命名空间，其内部机制是将一个文件分割成一个或多个默认大小为 64M 的数据块，并将这些数据块存储在一组 DataNode 中。
- ✧ HDFS 的构成组件有：数据块(Block)、NameNode、DataNode、CheckpointNode、BackupNode、JournalNode 等。
- ✧ HDFS 的特点主要有：支持大型数据集；采用简单一致性模型；运行于廉价的商用服务器上；不适合低延迟数据访问；储存大量小文件的效率不高；不支持多用户写入；不支持修改文件。

本 章 练 习

1. 简述 HDFS 的原理。
2. 简述 HDFS 的文件读/写流程。
3. 使用常用 Java API 对 HDFS 系统进行操作。

第4章 MapReduce

本章目标

- 了解 MapReduce 的核心内容
- 了解 MapReduce 的技术特征和工作流程
- 掌握 MapReduce 的任务执行阶段
- 掌握 MapReduce 的核心工作组件

在大数据开发中，MapReduce 常用于对大规模数据集(大于 1 TB)的并行运算，或对大数据进行加工、挖掘和优化等处理。MapReduce 中的“Map(映射)”和“Reduce(归约)”的概念以及二者的主要思想皆是从函数式编程语言里借用而来，同时，MapReduce 也包含了矢量编程语言的特性。MapReduce 极大地方便了编程人员，使他们即使没有掌握分布式并行编程的方法，也能将自己的程序运行在分布式系统上。

4.1 MapReduce 概述

MapReduce 是 Google 公司的核心计算模型，它将复杂的、运行于大规模集群上的并行计算过程高度地抽象到了两个函数 Map 和 Reduce 之中。适合用 MapReduce 来处理的数据集(或者任务)需要满足一个基本要求，即：待处理的数据集可以分解成许多小的数据集，且每一个小数据集都可以完全并行地进行处理。

MapReduce 计算模型的核心是 Map 和 Reduce 两个函数，这两个函数由用户负责实现，作用是按照一定的映射规则，将输入的键值对转换成另一个或一批键值对并输出。

在 MapReduce 框架里，一个 MapReduce 任务(或称 MapReduce 作业)也叫做一个 MapReduce 的 Job，而具体的 Map 和 Reduce 运算则被称为 Task。一个 MapReduce 作业(Job)通常会把输入的数据集切分为若干独立的数据块，由 Map 任务(Task)以完全并行的方式进行处理。MapReduce 框架会对 Map 的输出先进行排序，然后把结果输入给 Reduce 任务，通常作业的输入和输出都会被存储在文件系统中，而整个框架负责任务的调度和监控，并重新执行已经失败的任务。

通常而言，MapReduce 框架和分布式文件系统运行在一组相同的节点上，也就是说，MapReduce 的计算节点和存储节点通常在一起。这种配置允许 MapReduce 框架在那些已经存储了数据的节点上高效地调度任务，使整个集群的网络带宽得到非常高效的利用。

基于 MapReduce 计算模型编写分布式并行程序非常简单，程序员只需负责 Map 和 Reduce 函数的主要编写工作，而并行编程中的其他种种复杂问题(如分布式存储、工作调度、负载均衡、容错处理、网络通信等)均可由 MapReduce 框架(如 Hadoop)代为处理，程序员完全不用操心。

4.2 MapReduce 技术特征

MapReduce 具有以下主要技术特征。

1. 横向扩展，而非纵向扩展

在进行大规模数据处理时，由于有存储大量数据的需要，基于低端服务器的集群在成本上会远低于基于高端服务器的集群。因此，MapReduce 集群的构建完全选用价格便宜、易于扩展的低端商用服务器，而非价格昂贵、不易扩展的高端服务器。

2. 失效被认为是常态

MapReduce 集群中使用大量的低端服务器，因此，节点硬件失效和软件出错是常态，

但一个设计良好、具有高容错性的并行计算系统不能因节点失效而影响计算服务的质量，任何节点失效都不应当导致计算结果的不一致或不确定性。一个节点失效时，其他节点要能无缝接管失效节点的计算任务。失效节点恢复后也应该能够自动无缝加入集群，而不需要管理员手工进行系统配置。

为此，MapReduce 并行计算软件框架使用了多种有效的错误检测和恢复机制(如节点自动重启技术)，使集群和计算框架具有应对节点失效的健壮性，能对失效节点的检测和恢复进行有效处理。

3. 将处理向数据迁移

传统高性能计算系统通常有很多处理器节点与外存储器节点相连，如用存储区域网络(Storage Area，SAN Network)连接的磁盘阵列。因此，在进行大规模数据处理时，外存文件数据 I/O 访问会成为一个制约系统性能的瓶颈。

为了减少大规模并行计算系统中的数据通信开销，MapReduce 采用了数据与代码互定位的技术方法：计算节点将首先尽量负责计算其本地存储的数据，以发挥数据本地化的优势，仅当节点无法处理本地数据时，方采用就近原则寻找其他可用计算节点，并把数据传送到该可用计算节点。

4. 顺序处理数据

大规模数据处理的特点决定了大量的数据记录难以全部存放在内存中，而通常只能放在外存中进行处理。由于磁盘的顺序访问要远比随机访问快得多，因此 MapReduce 主要设计为面向顺序式大规模数据的磁盘访问处理。

为了实现面向大数据集批处理的高吞吐量的并行处理，MapReduce 可以利用分布式集群中的大量数据存储节点同时访问数据，以此利用其中节点上的磁盘集合提供高带宽的数据访问和传输。

5. 隐藏系统层细节

程序员认为写程序之所以困难，是因为需要记住太多的编程细节(从变量名到复杂算法的边界情况处理)，这对大脑是一个巨大的负担，需要注意力的高度集中。并行程序编写面临的困难则更多，例如需要考虑多线程同步这种复杂繁琐的细节；而且由于并发执行过程中的不可预测性，程序的调试查错也十分困难；除此之外，在进行大规模数据处理时，程序员还需要考虑诸多细节问题，如数据分布存储管理、数据分发、数据通信和同步、计算结果收集等。

因此，MapReduce 提供了一种抽象机制将程序员与系统层细节隔离开来，程序员仅需描述需要计算什么(What to compute)，而具体怎么去计算(How to compute)就交由 MapReduce 系统的执行框架去处理，这样程序员就可从系统层的细节中解放出来，而致力于应用本身计算问题的算法设计。

6. 平滑无缝的可扩展性

这里说的可扩展性主要包括两层意义上的扩展性：数据扩展性和系统规模扩展性。

理想的软件算法应当能随着数据规模的扩大而表现出持续的有效性，性能的下降程度应与数据规模扩大的倍数相当。在集群规模上，要求算法的计算性能应能随着节点数的增

加保持接近线性程度的增长。绝大多数现有的单机算法都达不到以上的理想要求，把中间结果数据维护在内存中的单机算法在进行大规模数据处理时都会很快失效，因此，从单机到基于大规模集群的并行计算多需要从根本上完全不同的算法设计。而 MapReduce 在很多情形下能实现上述理想的扩展性特征。例如，多项研究发现，对于很多计算问题，基于 MapReduce 的计算性能可以随节点数目增长而保持近似于线性的增长。

4.3 MapReduce 工作流程

MapReduce 本质上是分治算法的一种实现。所谓分治算法，就是“分而治之”，将大的问题分解为相同类型的子问题，对子问题进行求解，然后合并成大问题的解。

4.3.1 MapReduce 工作原理

MapReduce 处理大数据集时的计算过程是将大数据集分解为成百上千的小数据集，每个(或若干个)数据集分别由集群中的一个节点(通常就是一台普通的计算机)进行处理并生成中间结果，然后将这些由大量节点生成的中间结果进行合并，从而得到最终结果，如图 4-1 所示。

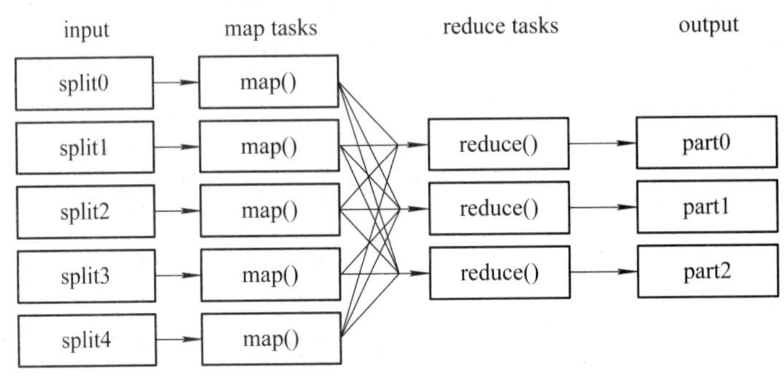

图 4-1　MapReduce 计算过程示意图

MapReduce 的输入数据一般来自 HDFS 中的文件，这些文件分布存储在集群内的节点上。一个 MapReduce 程序会运行在集群的许多节点甚至所有节点上。Mapping 是 MapReduce 程序执行的第一个阶段，在这个阶段中，经 split 对象分割后的数据被传递给映射函数 map()来产生输出值，即执行 Map 任务。Mapping 包含很多 Map 任务，每一个 Map 任务都是平等的，因为 Mappers(映射器)没有特定“标识物”与其关联，所以任意的 Mapper(执行 MapReduce 程序第一阶段中的用户定义工作的函数)可以处理任意的输入文件，具体来说，每一个 Mapper 都会加载一些存储在本地运行节点上的文件集来进行处理(注：此处是移动计算，即把计算移动到数据所在节点，可以避免额外的数据传输开销)。

当 Mapping 阶段完成后，此阶段所生成的中间键值对数据必须在节点间进行交换，把具有相同键的数值发送到同一个 Reducer(对传入的中间结果进行进一步处理的函数)那里。Reduce 任务在集群内的分布节点与 Mappers 的一样，这是 MapReduce 中唯一的任务节点间的通信过程。

在 MapReduce 中，Map 任务之间不会进行任何的信息交换，也不会去关心别的 Map 任务的存在，相似地，不同的 Reduce 任务之间也不会有通信。用户不能显式地从一台机器发送信息到另外一台机器，所有数据传送都由 MapReduce 平台自身完成，这些传送过程通过关联到数值上的不同键来隐式引导，是 MapReduce 可靠性的基础。

4.3.2　MapReduce 任务流程

一个简单的 MapReduce 任务执行流程如图 4-2 所示。

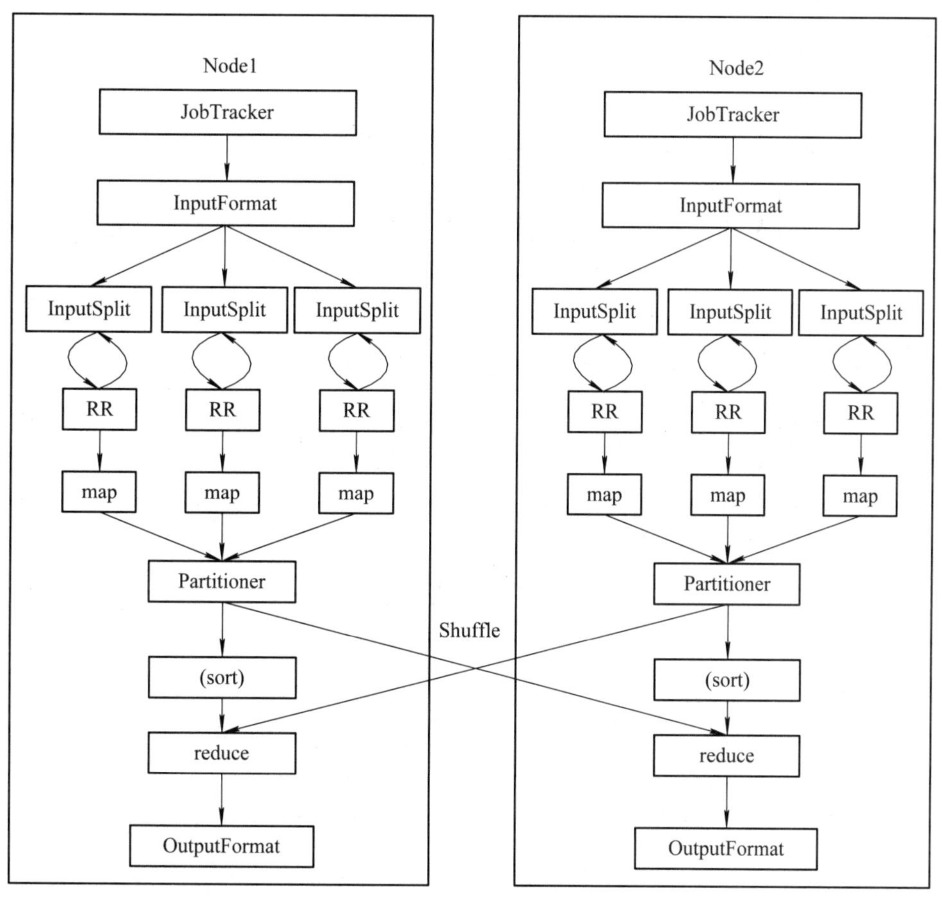

图 4-2　MapReduce 任务执行流程

通常来说，一个完整的 MapReduce 任务主要包括任务的创建和提交、Map 前的预处理、Map 阶段、Map 结果合并和 Reduce 阶段。下面对这几个阶段进行详细的讲解：

(1) JobTracker 线程负责在分布式环境中实现客户端任务的创建和提交。

(2) InputFormat 模块负责进行 Map 任务前的预处理，主要包括以下工作：

✧ 验证输入数据的格式是否与 JobConfig 对输入数据的定义相符，输入数据可以是专门定义的类或是 Writable 的子类。

✧ 将输入的文件切分为多个逻辑上的 InputSplit(输入分片)，因为在分布式文件系统

中，数据块大小是有限制的，所以大文件需被划分为多个较小的数据块。

✧ 使用 RecordReader(RR)处理切分为 InputSplit 的一组记录，并将结果输出给 Map。因为 InputSplit 只是第一步的逻辑切分结果，根据文件中的信息进行具体切分还需要 RecordReader 完成。

(3) 将 RecordReader 处理后的结果作为 Map 函数的输入数据，然后由 Map 任务执行预先定义的 Map 逻辑，将处理后的键值对结果输出到临时中间文件。

(4) Shuffle&Partitioner：在 MapReduce 流程中，为了让 Reduce 能并行处理 Map 结果，必须对 Map 的输出结果进行一定的排序和分割，然后再交给对应的 Reduce，而这个将 Map 输出做进一步整理并交给 Reduce 的过程，就称为 Shuffle。Partitioner 是一个分区组件，主要作用是在有多个 Reduce 的情况下，指定 Map 的结果由某一个 Reduce 处理。每一个 Reduce 都会有单独的输出文件。

(5) Reduce 执行具体的业务逻辑，即用户编写的处理数据并得到结果的业务，并将处理结果输出给 OutputFormat。OutputFormat 的作用是：验证输出目录是否已经存在，并检查输出结果类型是否符合 Config 中配置的类型，如果这两项都验证通过，则输出 Reduce 汇总后的结果。

4.4 MapReduce 工作组件

MapReduce 框架主要包含以下几个独立的大类组件，如图 4-3 所示。

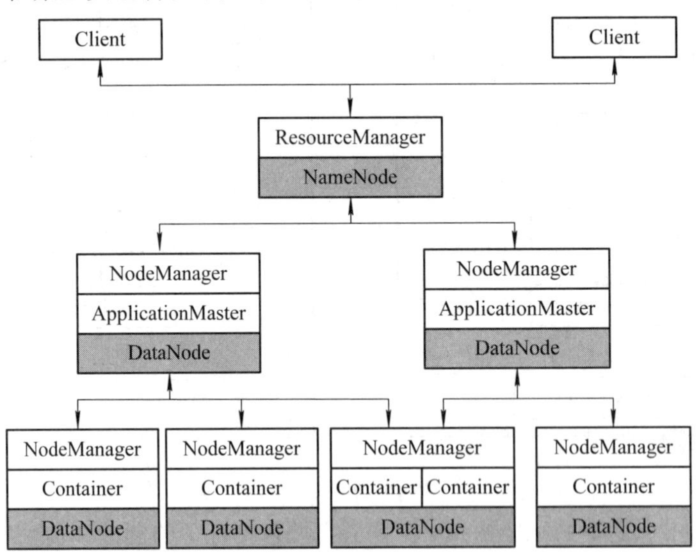

图 4-3　MapReduce 工作组件

(1) Client：此节点上运行着 MapReduce 程序和 JobClient，主要作用是提交 MapReduce 作业并为用户显示处理结果。

(2) ResourceManager：主要进行 MapReduce 作业执行的协调工作，是 MapReduce 运行机制中的主控节点。ResourceManager 的功能包括制定 MapReduce 作业计划、将任务分配给 Map() 和 Reduce() 执行、执行节点监控任务、重新分配失败的任务等。

ResourceManager 对集群中所有资源进行统一管理与分配，将各类资源(计算、内存、带宽等)精心安排给基础 NodeManager(YARN 的每节点代理)。除此之外，ResourceManager 还与 ApplicationMaster 一起分配资源，并接收 NodeManager 的资源汇报信息，然后把这些信息按照一定的策略分配给各个应用程序。ResourceManager 是 Hadoop 集群中十分重要的节点，并且每个集群只能有一个 ResourceManager。

(3) NameNode：文件管理系统中的中心服务器，负责管理文件系统的命名空间(元数据)，维护整个文件系统的文件目录树以及这些文件的索引目录，并记录文件和目录的拥有者和权限、文件包含的数据块、块的个数以及块的副本数，以及决定数据块(Block)到具体 DataNode 节点的映射等，同时也负责管理客户端对文件的访问，例如打开、关闭、重命名文件和目录。

(4) ApplicationMaster：管理在 YARN 内运行的应用程序实例，协调来自 ResourceManager 的资源，并通过 NodeManager 来监视程序的执行和资源使用情况(如 CPU、内存等资源的分配)。

(5) NodeManager：执行应用程序的容器，监控单个节点上应用程序的资源使用情况(如 CPU、内存、硬盘、网络等)并向调度器汇报。

(6) DataNode：负责处理文件系统的读/写请求，在 NameNode 的指挥下进行数据块的创建、删除和复制。HDFS 会把文件分成一个或多个数据块，这些数据块存储在 DataNode 中，DataNode 启动时会对本地磁盘进行扫描，将本 DataNode 上保存的数据块信息汇报给 NameNode，并通过向 NameNode 发送心跳信息与其保持联系(3 秒一次)，如果 NameNode 过了 10 分钟仍没有收到 DataNode 的心跳信息，则会认为后者已经失效，并拷贝其备份的数据块到其他 DataNode 上。

(7) Container：YARN 中资源的抽象，封装了某个节点上一定量的资源(CPU 和内存两类资源)。一个应用程序所需的 Container 分为两大类：一类是运行 ApplicationMaster 的 Container，由 ResourceManager 向内部的资源调度器申请并启动，用户提交应用程序时，可手动指定 ApplicationMaster 所需的这些资源；另一类是运行各类任务的 Container，由 ApplicationMaster 向 ResourceManager 申请，并由 ApplicationMaster 与 NodeManager 通信以启动。以上两类 Container 的位置一般是随机的，可能在任意节点上，即 ApplicationMaster 可能与它管理的任务运行在同一节点上。

4.5 MapReduce 错误处理机制

我们已经知道，HDFS 文件系统有很强的容错性，能够利用冗余数据方式来解决硬件故障，保证数据安全。那么，MapReduce 在执行作业中遇到硬件故障又会如何处理呢？本节将介绍 MapReduce 对硬件故障和任务失败的错误处理机制。

4.5.1 硬件故障处理

MapReduce 的硬件故障解决方法主要有以下两种：

(1) 创建多个备用的 JobTracker 节点，以备在主 JobTracker 节点失效后采用领导选举算法来重新确定主 JobTracker 节点。

(2) 对于硬件故障中的 TaskTracker 错误，MapReduce 的解决办法是重新执行任务：在正常情况下，TaskTracker 会不断与 JobTracker 通过心跳机制进行通信，如果某 TaskTracker 出现故障，它会停止向 JobTracker 发送心跳。因此，如果某 TaskTracker 在一定时间段内没有与 JobTracker 通信，那么 JobTracker 就会将此 TaskTracker 从等待任务调度的 TaskTracker 集合中移除。

如果发生故障的 TaskTracker 任务是在 Mapping 阶段，那么 JobTracker 会要求其他的 TaskTracker 重新执行所有原本由故障 TaskTracker 执行的 Map 任务；如果发生故障的 TaskTracker 任务是 Reduce 阶段，那么 JobTracker 则会要求其他的 TaskTracker 重新执行未完成的 Reduce 任务，因为 Reduce 任务一旦完成就会将数据写到 HDFS 上，所以只有未完成的 Reduce 需要重新执行。

4.5.2 任务失败处理

用户代码缺陷会导致 MapReduce 作业在执行过程中抛出异常。此时，任务的 JVM 进程会自动退出，并向 TaskTracker 父进程发送错误消息，同时将错误信息写入 log 文件，最后 TaskTracker 将此次任务标记为失败。对于执行时间太长的程序或者死循环程序，由于 TaskTracker 没有接收到进度更新，它也会将此次任务标记为失败。

TaskTracker 将任务标记为失败之后，会向 JobTracker 申请新的任务。JobTracker 也会重新分配任务给 TaskTracker 执行。如果此任务尝试了 4 次(次数可以进行设置)仍没有完成，就不会再被重试，整个作业也就执行失败了。

4.6 案例分析一：单词计数

假如有这样一个例子：需要统计过去 10 年计算机论文中出现次数最多的几个单词，以分析当前的热点研究议题是什么。那么，在将论文样本收集完毕之后，接下来应该怎样做呢？

这一经典的单词计数案例可以采用 MapReduce 处理，用到的程序称为 WordCount。如同 Java 中的“HelloWorld”经典程序一样，WordCount 是 MapReduce 自带的统计单词出现次数的 Java 类，是 MapReduce 的入门程序。该程序要求计算出文件中各个单词的频数，并将输出结果按照单词的字母顺序进行排序，每个单词和其频数占一行，且单词和频数之间有间隔。

例如，输入内容如下的文件：

```
hello world hello hadoop hello mapreduce
```

其符合要求的输出结果为：

```
hadoop 1
hello 3
mapreduce 1
world 1。
```

下面以统计 Hadoop 安装目录下的 LICENSE.txt 文件中的单词频数为例，讲解如何编写上述的单词计数程序 WordCount。

4.6.1 设计思路

WordCount 对于单词计数问题的解决方案很直接：先将文件内容切分成单词，然后将所有相同的单词聚集到一起，最后计算各个单词分别出现的次数，将计算结果排序并输出。

根据 MapReduce 并行程序设计的原则可知：解决方案中的内容切分步骤和内容不相关，可以并行化处理，每一个拿到原始数据的节点只要将输入数据切分成单词就可以了，因此可由 Mapping 阶段完成单词切分的任务；另外，根据实例要求来看，不同单词之间的频数也并不相关，所以对相同单词频数的计算也可以并行化处理，将相同的单词交由同一个节点来计算频数，然后输出最终结果，该任务可由 Reduce 阶段完成；至于将 Mapping 阶段的输出结果根据不同单词进行分组，然后再发送给 Reduce 节点的任务，则可由 MapReduce 中的 Shuffle 阶段完成。

由于 MapReduce 中传递的数据都是键值对形式的，而且 Shuffle 的排序、聚集和分发也是按照键值进行的，因此，可以将上述解决方案中 Map 的输出结果设置成以单词作为键，1 作为值的形式，表示某单词出现了 1 次(输入 Map 的数据则采用 Hadoop 默认的输入格式，即文件的一行作为值，行号作为键)。由于 Reduce 的输入是 Map 的输出聚集后的结果，因此格式为<key,value-list>，例如，上述实例中单词“word”的频数计算结果的格式即为<word,{1,1,1,1,…}>；Reduce 的输出则可以设置成与 Map 的输出相同的形式，只是后面的数值不再是固定的 1，而是具体计算出的某单词所对应的频数。

4.6.2 程序源代码

WordCount 类程序的源代码如下所示：

```
import java.io.IOException;
import java.io.PrintStream;
import java.util.StringTokenizer;
import org.apache.hadoop.conf.Configuration;
import org.apache.hadoop.fs.Path;
import org.apache.hadoop.io.IntWritable;
import org.apache.hadoop.io.Text;
import org.apache.hadoop.mapreduce.Job;
import org.apache.hadoop.mapreduce.Mapper;
import org.apache.hadoop.mapreduce.Mapper.Context;
import org.apache.hadoop.mapreduce.Reducer;
import org.apache.hadoop.mapreduce.Reducer.Context;
import org.apache.hadoop.mapreduce.lib.input.FileInputFormat;
```

```
import org.apache.hadoop.mapreduce.lib.output.FileOutputFormat;
import org.apache.hadoop.util.GenericOptionsParser;

public class WordCount
{
  public static void main(String[] args)
    throws Exception
  {
    Configuration conf = new Configuration();
    String[] otherArgs = new GenericOptionsParser(conf, args).getRemainingArgs();
    if (otherArgs.length < 2) {
      System.err.println("Usage: wordcount <in> [<in>...] <out>");
      System.exit(2);
    }
    Job job = Job.getInstance(conf, "word count");
    job.setJarByClass(WordCount.class);
    job.setMapperClass(TokenizerMapper.class);
    job.setCombinerClass(IntSumReducer.class);
    job.setReducerClass(IntSumReducer.class);
    job.setOutputKeyClass(Text.class);
    job.setOutputValueClass(IntWritable.class);
    for (int i = 0; i < otherArgs.length - 1; i++) {
      FileInputFormat.addInputPath(job, new Path(otherArgs[i]));
    }
    FileOutputFormat.setOutputPath(job, new Path(otherArgs[(otherArgs.length - 1)]));

    System.exit(job.waitForCompletion(true) ? 0 : 1);
  }

  public static class IntSumReducer extends Reducer<Text, IntWritable, Text, IntWritable>
  {
    private IntWritable result = new IntWritable();

    public void reduce(Text key, Iterable<IntWritable> values, Reducer<Text, IntWritable, Text, 
IntWritable>.Context context)
      throws IOException, InterruptedException
    {
      int sum = 0;
      for (IntWritable val : values) {
        sum += val.get();
```

```
            }
            this.result.set(sum);
            context.write(key, this.result);
        }
    }

    public static class TokenizerMapper extends Mapper<Object, Text, Text, IntWritable>
    {
        private static final IntWritable one = new IntWritable(1);
        private Text word = new Text();

        public void map(Object key, Text value, Mapper<Object, Text, Text, IntWritable>.Context context) throws
IOException, InterruptedException
        {
            StringTokenizer itr = new StringTokenizer(value.toString());
            while (itr.hasMoreTokens()) {
                this.word.set(itr.nextToken());
                context.write(this.word, one);
            }
        }
    }
}
```

4.6.3　程序解读

下面对上述的 WordCount 程序进行分析与解读。

1．数据类型介绍

要读懂 WordCount 程序，首先要了解 Hadoop 提供的几种数据类型，这些数据类型都实现了 WritableComparable 接口，以便采用这些类型定义的数据可以被序列化，并能够在分布式环境中进行数据交换，可以理解为对 Java 数据类型的封装。这些常用的 Hadoop 数据类型如下：

✧ BooleanWritable：标准布尔型数值。
✧ ByteWritable：单字节数值。
✧ DoubleWritable：双字节数值。
✧ FloatWritable：浮点数值。
✧ IntWritable：整型数值。
✧ LongWritable：长整型数值。
✧ Text：使用 UTF8 格式存储的文本，可以理解为 String 的替代品。

当然，Java 数据类型与 Hadoop 数据类型也可以相互转换。例如，将 Java 的 int 类变量 11 转换成 Hadoop 的整型类 IntWritable 的对象，代码如下：

```
IntWritable num=new IntWritable(11);
```

将 Java 的 String 类字符串封装成 Hadoop 的文本类 Text 的对象，代码如下：

```
Text t=new Text("hello world");
```

将 Hadoop 的整型类 IntWritable 的对象转换成 Java 的 int 类对象，代码如下：

```
IntWritable num=new IntWritable(11);
int n=num.get();//需要调用 get()方法
```

将 Hadoop 文本类 Text 的对象转换成 Java 的 String 类字符串，代码如下：

```
Text t=new Text("hello world");
String str=t.toString();
```

注意：除了 Hadoop 的 Text 类对象可以调用 toString()方法外，其余的 Hadoop 数据类型都需要调用 get()方法来转换成相应的 Java 类型。

2. main 代码分析

main 函数位于 WordCount 类的最上方，是 MapReduce 程序的入口，函数中的关键代码解析如下：

(1) Configuration。运行 MapReduce 程序之前，需要先初始化 Configuration 类，代码如下：

```
Configuration conf = new Configuration();
```

Configuration 类的主要作用是读取 MapReduce 的系统配置信息(包括 HDFS 的和 MapReduce 的)，即安装 Hadoop 时的配置文件信息，如 core-site.xml、hdfs-site.xml 和 mapred-site.xml 等文件里的信息。

(2) GenericOptionsParser。通过实例化对象 GenericOptionsParser 可以获得程序执行所传入的参数，代码如下：

```
String[] otherArgs = new GenericOptionsParser(conf, args).getRemainingArgs();
    if (otherArgs.length < 2) {
      System.err.println("Usage: wordcount <in> [<in>...] <out>");
      System.exit(2);
}
```

执行 MapReduce 程序需要传入文件输入/输出的路径参数，而 GenericOptionsParser 是 Hadoop 框架中解析命令行参数的基本类，上述代码中使用 getRemainingArgs()方法返回命令行中的路径参数数组。需要注意的是，运行 WordCount 程序的时候，main 函数的参数应不少于两个，最后一个参数为输出路径，其他参数为输入路径。

(3) Job。通过实例化对象 Job，可以构建一个任务对象，代码如下：

```
    Job job = new Job(conf, "word count");
    job.setJarByClass(WordCount.class);
    job.setMapperClass(TokenizerMapper.class);
    job.setCombinerClass(IntSumReducer.class);
    job.setReducerClass(IntSumReducer.class);
```

上述代码中，第一行构建了一个 Job，其中有两个参数：一个是 conf，用于存放 Job

的配置信息，另一个是该 Job 的名称。第二行装载编写完成的计算程序，如本例中的程序类名 WordCount。

这里需要注意一点：虽然编写 MapReduce 程序时只需要实现 Map 函数和 Reduce 函数，但在实际开发时需要实现三个函数的类，而第三个类是负责配置 MapReduce 如何运行 Map 和 Reduce 函数的，准确地说，就是构建一个 MapReduce 能执行的 Job，例如 WordCount 类。

第三行和第五行装载 Map 函数和 Reduce 函数的实现类，而中间多出的第四行装载的是 Combiner 类，这个类和 MapReduce 运行机制有关。虽然本例去掉第四行也没有关系，但使用了第四行理论上运行效率会更高。

以下代码定义了输出的键值对的类型，也就是最终存储在 HDFS 上的结果文件的键值对的类型：

```
job.setOutputKeyClass(Text.class);
job.setOutputValueClass(IntWritable.class);
```

以下代码定义了输入和输出路径。其中，第一行构建输入的数据文件；第二行构建输出的数据文件；最后一行定义了如果 Job 运行成功，程序就会正常退出：

```
FileInputFormat.addInputPath(job, new Path(otherArgs[0]));
FileOutputFormat.setOutputPath(job, new Path(otherArgs[1]));
System.exit(job.waitForCompletion(true) ? 0 : 1);
```

3. TokenizerMapper 类代码分析

TokenizerMapper 类中 Map 函数的函数声明代码如下：

```
public void map(Object key, Text value, Mapper<Object, Text, Text, IntWritable>.Context context)
```

Map 函数每次接收到的数据是 Hadoop 切分之后的数据，即为一行数据。因此，上述代码中的参数 value 代表的是输入文件的某一行数据。

以下代码定义了一个整型常量 one 和一个字符串变量 word。其中，变量 word 用于保存单词；变量 one 为常量 1，表示该单词出现了一次：

```
private static final IntWritable one = new IntWritable(1);
  private Text word = new Text();
```

以下代码定义了完整的 map 函数：

```
public void map(Object key, Text value, Mapper<Object, Text, Text, IntWritable>.Context context) throws
IOException, InterruptedException
  {
    StringTokenizer itr = new StringTokenizer(value.toString());
    while (itr.hasMoreTokens()) {
      this.word.set(itr.nextToken());
      context.write(this.word, one);
    }
```

上述代码中，变量 value 的值为一行字符串数据，因此使用 StringTokenizer 类对该字符串进行切分，然后把切分之后的单词分别记为出现了一次。另外，对象 context 通过 write(key,value)方法添加参数，即(单词,1)。

以一个有三行文本的文件为例，验证上述的 Map 任务，该文件内容如下：

```
Hello World Bye World
Hello Hadoop Bye Hadoop
Bye Hadoop Hello Hadoop
```

执行第一个 Map，读取第一行“Hello World Bye World”，分割单词后输出结果：

```
<Hello,1><World,1><Bye,1><World,1>
```

执行第二个 Map，读取第二行“Hello Hadoop Bye Hadoop”，分割单词后输出结果：

```
<Hello,1><Hadoop,1><Bye,1><Hadoop,1>
```

执行第三个 Map，读取第三行“Bye Hadoop Hello Hadoop”，分割单词后输出结果：

```
<Bye,1><Hadoop,1><Hello,1><Hadoop,1>
```

整个 Map 处理过程如图 4-4 所示。

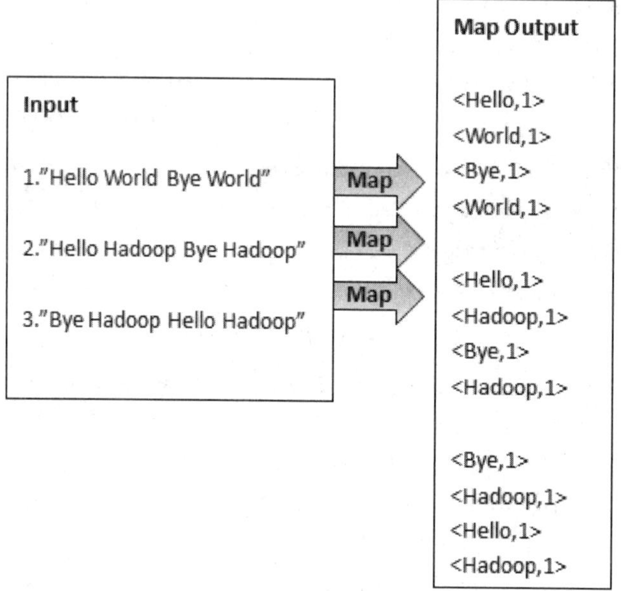

图 4-4　WordCount 程序的 Map 处理过程

4．IntSumReducer 类代码分析

IntSumReducer 类中 reduce 函数的代码如下：

```
public void reduce(Text key, Iterable<IntWritable> values, Reducer<Text, IntWritable, Text, IntWritable>.Context context)
    throws IOException, InterruptedException
  {
    int sum = 0;
    for (IntWritable val : values) {
      sum += val.get();
    }
    this.result.set(sum);
    context.write(key, this.result);
```

```
}
```

上述代码中的 for 循环是对 Map 的结果进行合并，得出词频的统计值，然后用 context 对象的 write()方法，将单词与统计值输出到文件中。

一个 Reduce 过程的示例如图 4-5 所示，其中，Reduce 函数接收到的数据(即由 Map 输出值合成的数组)为<Bye,1,1,1><Hadoop,1,1,1,1><Hello,1,1,1><World,1,1>，随后 Reduce 函数会将这个变量值数组中的值循环相加，分别统计每个单词出现的总次数，最终输出的结果为<Bye,3><Hadoop,4><Hello,3><World,2>。

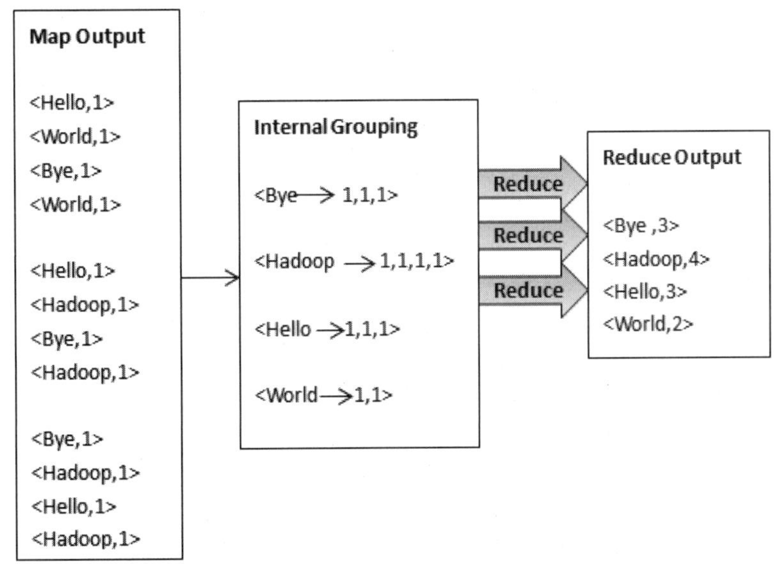

图 4-5　WordCount 程序的 Reduce 处理过程

4.6.4　程序运行

首先执行如下命令，在 HDFS 中创建文件目录 input：

```
$hadoop fs -mkdir /input
```

在 Hadoop 目录下找到文件 LICENSE.txt，然后执行如下命令，将其放到 HDFS 的 input 目录下：

```
$hadoop fs -put LICENSE.txt   /input
```

最后执行如下命令，运行 WordCount 程序：

```
$ hadoop jar share/hadoop/mapreduce/hadoop-mapreduce-examples-2.7.1.jar wordcount /input /output
```

如果看到以下信息，表示程序运行正常：

```
16/09/05 22:51:27 INFO mapred.LocalJobRunner: reduce > reduce
16/09/05 22:51:27 INFO mapred.Task: Task 'attempt_local1035441982_0001_r_000000_0' done.
16/09/05 22:51:27 INFO mapred.LocalJobRunner: Finishing task: attempt_local1035441982_0001_r_000000_0
16/09/05 22:51:27 INFO mapred.LocalJobRunner: reduce task executor complete.
16/09/05 22:51:28 INFO mapreduce.Job:   map 100% reduce 100%
```

```
16/09/05 22:51:28 INFO mapreduce.Job: Job job_local1035441982_0001 completed successfully
16/09/05 22:51:28 INFO mapreduce.Job: Counters: 35
    File System Counters
        FILE: Number of bytes read=569202
        FILE: Number of bytes written=1134222
        FILE: Number of read operations=0
        FILE: Number of large read operations=0
        FILE: Number of write operations=0
        HDFS: Number of bytes read=30858
        HDFS: Number of bytes written=8006
        HDFS: Number of read operations=13
        HDFS: Number of large read operations=0
        HDFS: Number of write operations=4
    Map-Reduce Framework
        Map input records=289
        Map output records=2157
        Map output bytes=22735
        Map output materialized bytes=10992
        Input split bytes=104
        Combine input records=2157
        Combine output records=755
        Reduce input groups=755
        Reduce shuffle bytes=10992
        Reduce input records=755
        Reduce output records=755
        Spilled Records=1510
        Shuffled Maps =1
        Failed Shuffles=0
        Merged Map outputs=1
        GC time elapsed (ms)=221
        Total committed heap usage (bytes)=242360320
    Shuffle Errors
        BAD_ID=0
        CONNECTION=0
        IO_ERROR=0
        WRONG_LENGTH=0
        WRONG_MAP=0
        WRONG_REDUCE=0
    File Input Format Counters
        Bytes Read=15429
```

```
    File Output Format Counters
        Bytes Written=8006
```

程序运行的结果以文件的形式存放在 HDFS 系统的 output 目录下，执行以下命令，可以将运行结果文件下载到本地查看：

```
$ hadoop fs -get hdfs:/output
```

4.7　案例分析二：数据去重

数据去重是通过并行化思想来对数据进行有意义的筛选。许多看似庞杂的任务，如统计大数据集上的数据种类个数、从网站日志中计算访问地点等都会涉及数据去重。

本例中，已知有两个文件 file1.txt 和 file2.txt，需要对这两个文件中的数据进行合并与去重，文件中的每行是一个整体。

file1.txt 的内容如下：

```
2017-3-1 a
2017-3-2 b
2017-3-3 c
2017-3-4 d
2017-3-5 a
2017-3-6 b
2017-3-7 c
2017-3-3 c
```

file2.txt 的内容如下：

```
2017-3-1 b
2017-3-2 a
2017-3-3 b
2017-3-4 d
2017-3-5 a
2017-3-6 c
2017-3-7 d
2017-3-3 c
```

期望的输出结果：

```
2017-3-1 a
2017-3-1 b
2017-3-2 a
2017-3-2 b
2017-3-3 b
2017-3-3 c
2017-3-4 d
2017-3-5 a
2017-3-6 b
```

```
2017-3-6 c
2017-3-7 c
2017-3-7 d
```

4.7.1 设计思路

数据去重的最终目标是让在原始数据中出现次数超过一次的数据在输出文件中只出现一次。本例中，每个数据代表输入文件中的一行内容。采用 Hadoop 默认输入方式输入 Map 的键值对<key,value>中，key 是数据所在文件的位置下标，value 是数据的内容。而 Map 阶段的任务就是将接收到的 value 设置为 key，并直接输出(输出数据中的 value 任意)。Map 输出的键值对<key,value>则会经过 Shuffle 过程聚集成<key,value-list>后交给 Reduce，此时所有的 key 实际上已经进行了去重处理。因此，在 Reduce 阶段，当 Reduce 接收到一个<key,value-list>时，不用管每个 key 有多少个 value，直接将其中的 key 复制到输出的 key 中，并将 value 设置成空值，就可以得到数据去重的结果。

4.7.2 程序源代码

在 eclipse 中新建一个 Maven 项目，在项目的 pom.xml 文件中加入项目的依赖库，代码如下：

```
<dependency>
    <groupId>org.apache.hadoop</groupId>
    <artifactId>hadoop-client</artifactId>
    <version>2.7.1</version>
</dependency>
```

然后，在项目中新建包 com.hadoop.mr，并在包中写入数据去重示例的程序代码：

```
public class Dedup {
    //map 将输入中的 value 复制到输出数据的 key 上，并直接输出
    public static class Map extends Mapper<Object,Text,Text,Text>{
        private static Text line=new Text();//每行数据
        //实现 map 函数
        public void map(Object key,Text value,Context context) throws IOException,InterruptedException{
            line=value;
            context.write(line, new Text(""));
        }
    }

    //reduce 将输入中的 key 复制到输出数据的 key 上，并直接输出
    public static class Reduce extends Reducer<Text,Text,Text,Text>{
        //实现 reduce 函数
```

```
        public void reduce(Text key,Iterable<Text> values,Context context) throws
IOException,InterruptedException{
            context.write(key, new Text(""));
        }
    }

    public static void main(String[] args) throws Exception{
            Configuration conf = new Configuration();

            Job job = new Job(conf, "Data Deduplication");
            job.setJarByClass(Dedup.class);

            //设置 Map、Combine 和 Reduce 处理类
            job.setMapperClass(Map.class);
            job.setCombinerClass(Reduce.class);
            job.setReducerClass(Reduce.class);

            //设置输出类型
            job.setOutputKeyClass(Text.class);
            job.setOutputValueClass(Text.class);

            //设置输入和输出目录
            FileInputFormat.addInputPath(job, new Path("/input/"));
            FileOutputFormat.setOutputPath(job, new Path("/output"));
            System.exit(job.waitForCompletion(true) ? 0 : 1);
    }
}
```

4.7.3　程序解读

上述程序中，程序的 map 函数将接收到的键值对中的 value 直接赋给了函数输出键值对中的 key，而输出的 value 则为空字符串。代码如下：

```
public void map(Object key,Text value,Context context) throws IOException,InterruptedException{
            line=value;
            context.write(line, new Text(""));
        }
```

上述程序中，程序的 reduce 函数将接收到的键值对数据中的 key 直接作为函数输出键值对中的 key，而输出的 value 则为空字符串，代码如下：

```
public void reduce(Text key,Iterable<Text> values,Context context) throws IOException,InterruptedException{
            context.write(key, new Text(""));
        }
```

4.7.4 程序运行

该程序需要在 Hadoop 集群环境下运行，步骤如下：

(1) 在 eclipse 中将完成的 MapReduce 项目代码导出为 jar 包，命名为 Dedup.jar，然后上传到 Hadoop 服务器的相应位置。本例将其上传到 Hadoop 的安装目录下。

(2) 在 HDFS 根目录下创建 input 文件夹，命令如下：

```
hadoop fs -mkdir /input
```

(3) 将示例文件 file1.txt 和 file2.txt 上传到 HDFS 的/input 目录下，命令如下：

```
hadoop fs -put file1.txt  /input
hadoop fs -put file2.txt  /input
```

(4) 进入 Hadoop 安装目录，运行写好的 MapReduce 数据去重程序，命令如下：

```
hadoop jar Dedup.jar com.hadoop.mr.Dedup
```

(5) 程序运行完毕后，会在 HDFS 的根目录下生成 output 目录，并在 output 目录中生成 part-r-00000 文件，程序执行结果即存放于此文件中。可以执行以下命令，查看程序执行结果：

```
hadoop fs –cat /output/*
```

如果能够正确显示预期结果，则表明程序编写无误。

本 章 小 结

最新更新

- ✧ MapReduce 是 Google 公司的核心计算模型，它将复杂的、运行于大规模集群上的并行计算过程高度地抽象到了 Map 和 Reduce 这两个函数之中。
- ✧ MapReduce 计算模型的核心是 Map 和 Reduce 两个函数，这两个函数由用户负责实现，作用是按照一定的映射规则，将输入的键值对转换成另一个或一批键值对并输出。
- ✧ MapReduce 的输入数据一般来自 HDFS 中的文件，这些文件分布存储在集群内的节点上。
- ✧ MapReduce 处理大数据集的原理是将大数据集分解为成百上千的小数据集，每个(或若干个)数据集分别由集群中的一个节点(通常就是一台普通的计算机)进行处理并生成中间结果，然后这些中间结果再由大量的节点进行合并，从而形成最终结果。

本 章 练 习

1. 简述 MapReduce 的主要工作流程。
2. MapReduce 的错误处理机制有哪些？
3. MapReduce 的执行阶段有哪些？
4. 使用 Java API 编写 MapReduce 程序。

第 5 章　ZooKeeper

本章目标

■ 了解 ZooKeeper 的基本概念

■ 了解 ZooKeeper 的应用场景

■ 掌握 ZooKeeper 的数据模型

■ 掌握 ZooKeeper 的安装和配置

■ 掌握 ZooKeeper 的命令行操作

■ 掌握 ZooKeeper 的 Java API 操作

ZooKeeper 是一个源码开放的分布式应用程序协调服务，是 Google 的 Chubby 的一个开源实现，也是 Hadoop 和 HBase 的重要组件。在分布式模式下，ZooKeeper 能够为分布式应用提供高性能、高可靠的协调服务，大大简化了分布式功能的实现，极大地降低了分布式应用的开发成本。

5.1 ZooKeeper 简介

ZooKeeper 作为一个分布式的服务框架，主要用于解决分布式集群中应用系统的一致性问题。它能提供基于类似文件系统的目录节点树方式的数据存储，但主要用途并非是存储数据，而是维护和监控所存储数据的状态变化，并通过监控这些状态变化，实现对集群的管理。

5.1.1 主要优势

ZooKeeper 的目的是封装好复杂易出错的关键服务，将简单易用的接口和性能高效、功能稳定的系统提供给用户。具体来说，ZooKeeper 有如下特点。

1. 简单

ZooKeeper 的核心是一个精简的文件系统，它支持一些简单的增、删、查、改操作和一些系统内部的抽象操作，如排序和通知等。

2. 丰富

ZooKeeper 的功能十分丰富，可实现一些协调式数据结构和协议。例如分布式队列、分布式锁、同级别节点中的“领导者选举”等。

3. 高可靠

ZooKeeper 支持集群模式，可以很轻松地解决单点故障问题。

4. 松耦合交互

使用 ZooKeeper，不同进程不需要了解彼此，甚至不必同时运行就可以实现交互。某进程在 ZooKeeper 中留下消息后，其他进程在该进程结束后还可以读取这条消息。

5. 资源库共享

ZooKeeper 实现了一个关于通用协调模式的开源共享存储库，能使开发者免于编写相关协议。

5.1.2 总体架构

ZooKeeper 分布式协调服务集群的总体架构如图 5-1 所示。

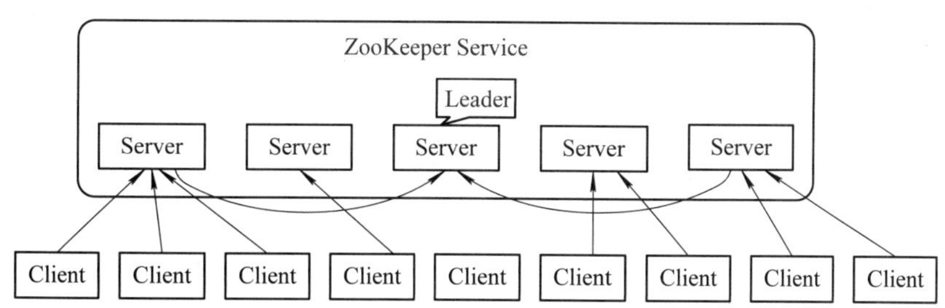

图 5-1　ZooKeeper 总体架构

由图 5-1 可见，ZooKeeper 集群由一组服务器节点组成，这一组服务器节点中存在一个角色为 Leader 的节点，其他节点的角色都为 Follower。当客户端(Client)连接到 ZooKeeper 集群并且执行写请求时，这些请求会被发送到 Leader 节点，然后 Leader 节点上的数据变更就会同步到集群中其他的 Follower 节点上。而 Leader 节点在接收到数据变更的写请求后，首先会将该变更写入本地磁盘进行备份，以作恢复之用，当所有的写请求持久化到磁盘以后，就会将数据变更应用到内存中，以加快数据读取速度。

ZooKeeper 的 Follower 节点会在确保本地的 ZooKeeper 数据与 Leader 节点同步的情况下，基于本地的存储独立地对外提供服务。而当一个 Leader 节点发生故障而失效时，Follower 节点会快速响应，由消息层重新选择一个 Leader 节点作为协调服务集群的中心，来处理客户端的写请求，将接收到的数据变更同步(广播)到其他的 Follower 节点。

5.1.3　应用场景

ZooKeeper 可以为分布式应用提供多种一致性协调服务，包括配置维护、域名服务、分布式同步、组服务等。

下面介绍一些典型的应用场景，也就是 ZooKeeper 可以用来解决哪些问题。

1. 统一命名

分布式应用中通常需要有一套完整的命名规则，能够产生唯一的且便于识别和记忆的名称。通常情况下，采用树形的名称结构是一个理想的选择，ZooKeeper 则可以提供基于树形名称结构的统一命名服务。

2. 配置管理

配置的管理在分布式应用环境中很常见。例如，同一个应用系统需要在多台服务器上运行，其运行所需的某些配置项是相同的，如果要对这些配置项进行修改，就必须同时修改每台服务器的配置，但这样非常麻烦并且容易出错。因此，这些配置管理工作完全可以交由 ZooKeeper 完成：首先将应用所需的配置信息保存在 ZooKeeper 的某个目录节点中，然后让所有需要修改的服务器监控该信息的状态(即在该节点上注册观察者)，一旦配置信息状态发生变化，每台服务器就会收到 ZooKeeper 的通知，然后从保存配置信息的目录节点中获取新的配置信息，并应用到本地系统中。

3. 集群管理

ZooKeeper 能够轻松地实现集群管理功能。如有多台服务器组成一个服务集群，那么必须有一个“总管”知道当前集群中每台服务器的服务状态，而 ZooKeeper 中的 Leader 节点就相当于集群的“总管”，一旦有服务器不能提供服务，Leader 节点就会通知集群中的其他服务器，从而重新调整服务分配策略。

4. 共享锁(Locks)

当两个以上服务器同时收到客户端的指令，并发情形就产生了，系统会产生重复操作，这时就可以使用共享锁。但共享锁在同一个进程中很容易实现，在跨进程或者不同服务器间就不太容易实现了。使用 ZooKeeper 则可以轻松解决这一问题。

5. 队列管理

ZooKeeper 可以处理两种类型的队列：一种是同步队列，即当一个队列的所有成员都聚齐时，这个队列才可用，否则会一直等待所有成员聚齐；另一种是先入先出队列，即按照先入先出方式进行入队和出队操作。

5.2 ZooKeeper 的特性

下面讲解 ZooKeeper 在大数据开发中常用的一些特性与机制。

5.2.1 数据模型

ZooKeeper 拥有树形层次的数据模型，命名空间与标准的文件系统非常相似，如图 5-2 所示。

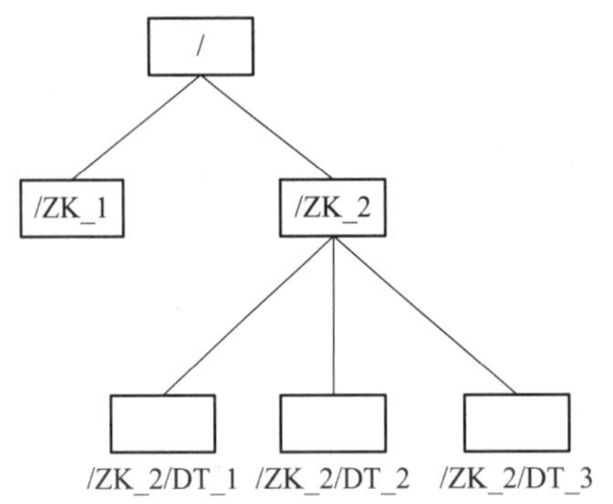

图 5-2　ZooKeeper 的树形命名空间示意

由图 5-2 可知，在 ZooKeeper 目录树中，每个节点被称为 Znode。与传统文件系统相同，ZooKeeper 树中的每个节点也都可以拥有子节点。因此每个 Znode 包含两部分内容：① 一个路径和与之相关的元数据(Znode 的名称、状态等信息)；② 继承自该节点的子节点列表。但与传统文件系统不同，ZooKeeper 中的数据是保存在内存中的，从而实现了分布式同步服务的高吞吐和低延迟。

Znode 具有如下特点：

- ✧ Znode 中仅存储与同步相关的数据(数据量很小，大概 B 到 KB 量级)，例如状态信息、配置内容、位置信息等。

- ✧ 一个 Znode 维护着一个状态结构，该结构包括：版本号、ACL(Access Control List，访问控制列表)变更、时间戳。Znode 存储的数据每次发生变化，其版本号都会递增，这样客户端的读请求就可以基于版本号来检索状态的相关数据。
- ✧ 每个 Znode 都有一个 ACL，用来限定该 Znode 可被何种请求访问。
- ✧ 在同一个命名空间中，对 Znode 上存储的数据所执行的读或写请求都是原子化的。
- ✧ 客户端可以在 Znode 上设置一个观察者(Watcher)，如果该 Znode 上的数据发生变更，ZooKeeper 就会通知客户端，从而触发观察者中实现的逻辑的执行。
- ✧ 客户端与 ZooKeeper 连接，就是建立了一次会话(Session)，会话在过程中可能出现 CONNECTING、CONNECTED 和 CLOSED 三种状态。
- ✧ ZooKeeper 支持创建临时节点(Ephemeral Nodes)，它与 ZooKeeper 中的会话相关联，如果连接断开，该节点就会被删除。

5.2.2　节点类型

ZooKeeper 节点是有生命周期的，其长度取决于节点的类型。ZooKeeper 中的节点可分为持久节点(PERSISTENT)、临时节点(EPHEMERAL)以及时序节点(SEQUENTIAL)等类型，一般是组合使用，可以生成以下四种节点类型。

1. 持久节点

所谓持久节点是指节点在被创建后就一直存在，直到有删除操作来主动清除这个节点。这类节点不会因为创建该节点的客户端会话失效而消失(注意是会话失效，而非连接断开)。

2. 持久顺序节点

在 ZooKeeper 中，每个父节点会为自己的第一级子节点维护一份时序文件，记录每个子节点创建的先后顺序。基于这个特性，可以创建持久顺序节点，即在创建子节点的时候，用户可以指定其顺序属性，ZooKeeper 就会自动为给定节点名加上一个数字后缀，作为新的节点名，这个数字后缀的范围是整型的最大值。例如，下列节点名后面的 0000000000～0000000004 都是自动添加的序列号：

```
createdPath = /computer
createdPath = /computer/node0000000000
createdPath = /computer/node0000000001
createdPath = /computer/node0000000002
createdPath = /computer/node0000000003
createdPath = /computer/node0000000004
```

3. 临时节点

和持久节点不同，临时节点的生命周期和客户端会话绑定。也就是说，如果客户端会话失效，那么这个节点就会自动被清除掉(注意是会话失效，而非连接断开)。另外，在临时节点下面不能创建子节点。

4. 临时顺序节点(EPHEMERAL_SEQUENTIAL)

临时顺序节点与临时节点的不同在于：临时顺序节点在创建时会自动加上编号，其创建方法与编号格式与持久顺序节点相同。例如以下节点：

```
createdPath = /ephemeral/test0000000003
createdPath = /ephemeral/test0000000004
createdPath = /ephemeral/test0000000005
createdPath = /ephemeral/test0000000006
```

5.2.3 Watcher 机制

从设计模式来看，ZooKeeper 是一个基于观察者模式设计的分布式服务管理框架，它负责存储和管理所有集群节点都关心的数据，并接受观察者(Watcher)的注册。

Watcher 的功能是：接收从 ZooKeeper 服务端发来的消息，并同步地处理这些消息。ZooKeeper 允许客户端向服务器注册一个 Watcher，一旦服务器的状态发生变化，ZooKeeper 就会通知已经在它上面注册的 Watcher 做出相应的反应，从而在集群中实现类似于 Master/Slave 的管理模式。

Watcher 机制主要包括客户端线程、客户端 WatchManager 和 ZooKeeper 服务器三部分。具体流程为：客户端在向 ZooKeeper 服务器注册 Watcher 的同时，会将这个 Watcher 对象存储在客户端的 WatchManager 中，当服务器的一些指定事件(如目录节点数据改变、删除、增加等)触发了这个 Watcher，它就会向指定客户端发送一个事件通知，客户端线程就会从 WatchManager 中取出对应的 Watcher 对象来执行回调逻辑，从而实现分布式的通知功能。整个流程如图 5-3 所示。

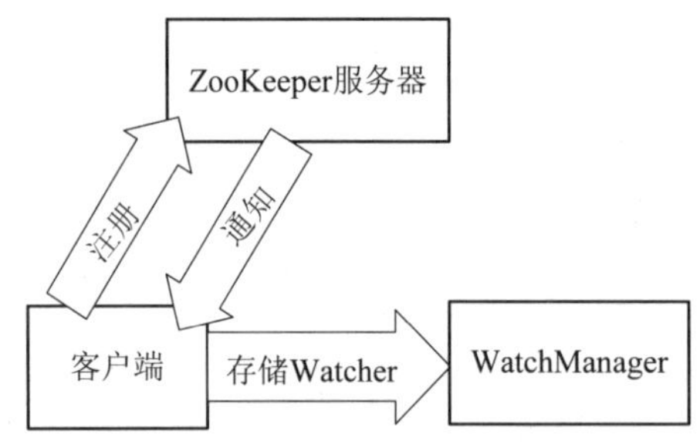

图 5-3　ZooKeeper Watcher 注册与通知流程

ZooKeeper Java API 的 org.apache.zookeeper 包中提供了公共的 Watcher 接口，可以通过实现该接口的方法来从所连接的 ZooKeeper 服务端接收消息。以下为 Watcher 接口在该 API 包中的定义代码：

```
public interface Watcher {
abstract public void process(WatchedEvent event);
}
```

除回调方法 process 以外，Watcher 接口中还包含 KeeperState 和 EventType 两个枚举类，分别表示通知状态和事件类型，如表 5-1 所示。

表 5-1　Watcher 通知状态和事件类型表

KeeperState	EventType	触发条件	说　明
SyncConnected(3)	None(-1)	客户端与服务器成功建立会话	客户端与服务器处于连接状态
	NodeCreated(1)	Watcher 监视的对应数据节点被创建	
	NodeDeleted(2)	Watcher 监视的对应数据节点被删除	
	NodeDataChanged(3)	Watcher 监视的对应数据节点的数据内容发生改变	
	NodeChildrenChanged(4)	Watcher 监视的对应数据节点的子节点列表发生改变	
Disconnected(0)	None(-1)	客户端与服务器断开连接	客户端与服务器处于断开连接状态
Expired(-112)	None(-1)	会话超时	客户端会话失效，通常会收到 SessionExpiredException 异常
AuthFailed(4)	None(-1)	通常有两种情况： ① 使用错误的 scheme 进行权限检查； ② SASL 权限检查失败	通常会收到 AuthFailed Exception 异常

所有的 ZooKeeper 读操作——如 getData()方法、getChildren()方法和 exists()方法都可以在服务端上注册 Watcher。Watcher 事件可视为一种一次性的触发器，当设置 Watcher 的服务器数据状态发生改变时，该改变就会被发送到客户端，且只发送一次。例如，客户端调用了 getData()方法获取设置了 Watcher 的节点/znode1 上的数据，导致/znode1 上的数据改变了或被删除了，此时客户端就会获得/znode1 发生变化的事件通知。但如果/znode1 再次发生改变，除非客户端对/znode1 再设置一次 Watcher，否则就不会收到事件通知。

ZooKeeper 中的 Watcher 是轻量级的，容易设置、维护和分发。当客户端与 ZooKeeper 服务器失去联系时，客户端并不会收到 Watcher 事件的通知；而当客户端重新连接后，如有必要，之前注册的 Watcher 还会重新被注册并触发。但有一种情况会导致 Watcher 事件通知的丢失，即客户端通过 exists()方法在某个 Znode 上设置了 Watcher，但在该 Znode 发生变化之前，这个客户端就与 ZooKeeper 服务器失去了联系，则即使客户端稍后重新连接 ZooKeeper 服务器，也得不到相关的事件通知。

5.2.4　分布式锁

在分布式环境下，为了保证数据的一致性，需要利用分布式锁技术来保证同一时刻只有固定数量的进程对数据进行修改：只有获取锁的客户端才能对数据进行修改，其余客户端只能暂时等待。

ZooKeeper 中临时顺序节点的生命周期和客户端会话是绑定的，即：创建节点的客户端会话一旦失效，那么这个节点也会被清除。而且每个临时顺序节点的父节点都会负责记录其子节点创建的先后顺序，并自动为这个子节点分配一个整形数值，以后缀的形式自动追加到节点名中，作为这个节点最终的节点名。

ZooKeeper 的分布式锁机制正是利用临时顺序节点的上述特性实现的，其基本流程如下：

(1) 客户端调用 create()方法创建父节点_locknode_与其子节点_locknode_/guid-lock-，注意所创建节点的类型需要设置为 EPHEMERAL_SEQUENTIAL。

(2) 客户端调用 getChildren("_locknode_")方法来获取所有已经创建的子节点，同时在这些子节点上注册 Watcher。

(3) 客户端获取了所有子节点之后，如果发现自己在步骤(1)中创建的子节点是所有子节点中序号最小的，就说明自己已经获取到了锁。

(4) 如果客户端在步骤(3)中发现自己创建的子节点并非是所有子节点中序号最小的，说明自己还没有获取到锁，需要等待，直至接到 Watcher 发送的子节点变更通知(即其他客户端释放锁)之后，才能再获取一次子节点，以判断自己是否获取到了锁。

释放锁的过程相对比较简单，删除客户端自己创建的子节点即可。

综上所述，ZooKeeper 分布式锁机制的实现流程如图 5-4 所示。

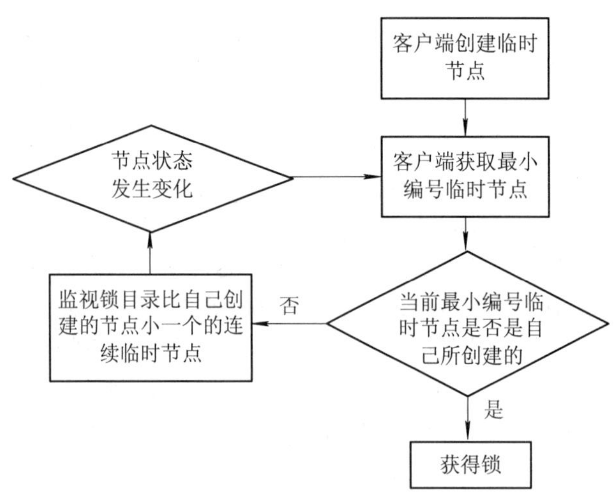

图 5-4　ZooKeeper 分布式锁机制实现流程

以下是一个 ZooKeeper 分布式锁的应用示例：

(1) 客户端 A 与客户端 B 都希望获取分布式锁，为此，它们首先要在_locknode_节点下创建一个临时顺序节点 guid-lock-n(n 为 ZooKeeper 自动分配的整数)，然后立即获取_locknode_下的所有(一级)子节点。

(2) 由于 A 与 B 两个客户端在同一时间争取锁，因此_locknode_下的子节点数量会大于 1。而顺序节点的特点是节点名称后会自动有一个数字编号，先创建的节点数字编号小于后创建的，因此可将子节点按照节点名称后的数字编号从小到大排序，排在第一位的(即数字编号最小的)就是最先创建的顺序节点，该节点的创建者就是争取到锁的客户端。

(3) 接下来，客户端 A 需要判断最小的这个节点是否是自己创建的。如果是，则表示客户端 A 获取到了锁；如果不是，则表示锁已经被其他客户端获取，客户端 A 就要等待该客户端释放锁，也就是等待获取到锁的客户端 B 把自己创建的节点删除。

(4) 客户端 A 可以通过监听比自己创建的节点 guid-lock-n 次小的那个顺序节点的删除事件来推测客户端 B 是否已经释放了锁。如果是，此时客户端 A 可再次获取_locknode_下的所有子节点，将其再次与自己创建的 guid-lock-n 节点对比，直到确定自己创建的 guid-lock-n 已成为_locknode_下的所有子节点中顺序号最小的，就表示自己已获取到了锁。

5.2.5　权限控制

ACL(Access Control List，访问控制列表)用于控制资源的访问权限。ZooKeeper 使用 ACL 控制节点的访问权限，其可以配置的主要权限如表 5-2 所示。

表 5-2　ZooKeeper 中的 ACL 权限

权　限	权限描述
CREATE(创建)	创建节点
READE(读)	从节点获取数据或列出节点的所有子节点
WRITE(写)	设置节点数据
DELETE(删除)	删除节点
ADMIN(管理员)	设置节点权限

在传统的文件系统中，ACL 分为两个维度：一个是属组，一个是权限。一个属组包含多个权限，一个文件或目录拥有某个属组的权限即拥有了该属组里的所有权限，且文件或子目录默认会继承父目录的 ACL。而在 ZooKeeper 中，Znode 的 ACL 是没有继承关系的，每个 Znode 的访问权限都是独立的，只有当客户端满足某个 Znode 设置的 ACL 并通过验证时，才能对其进行相应的操作。

5.3　ZooKeeper 问题与应对

并非任何分布式应用都适合使用 ZooKeeper 来构建协调服务。本节总结了一些在 ZooKeeper 使用中可能会出现的问题，以及与之相对应的解决方法。

1. 数据变更通知丢失

客户端连接到 ZooKeeper 服务器之后，在连接正常状态下，如果设置了某个 Znode 的 Watcher，就可以收到来自该节点的数据变更通知。但如果由于网络异常，客户端与 ZooKeeper 服务器的连接断开，就无法收到节点数据变更通知了。所以，必须要确保网络连接正常，才能保证不丢失 Znode 的数据变更通知。

2. 集群节点失效

与 ZooKeeper 集群交互时，客户端通常会持有一个 ZooKeeper 集群的节点列表，或者列表的子集，因此会存在以下两种情况：

(1) 客户端持有的列表或者列表子集中的节点都处于 active 状态，能够提供协调服务。这种情况下，客户端访问 ZooKeeper 集群没有任何问题。

(2) 客户端持有 ZooKeeper 集群的节点列表或列表子集，却不知道列表中的某些节点已经因为故障退出了集群。这种情况下，如果客户端继续连接这些失效的节点，就无法正常获取 ZooKeeper 服务。

所以，在应用 ZooKeeper 集群时，如果出现第二种情况，应当跳过无效的节点，重新寻找有效的节点；或者检查 ZooKeeper 集群，使整个集群恢复正常。

3. 内存过低影响性能

如果设置的 Java 堆内存(Heap)大小不合理，会造成 ZooKeeper 内存不足，不得不在内存与文件系统之间进行数据交换，从而导致 ZooKeeper 性能大幅下降，影响相关程序的运行。

为避免上述问题的出现，应该设置足够的 Java 堆内存，并减少操作系统和 Cache 使用的内存。同时，尽量避免在内存与文件系统之间发生数据交换，或者将数据交换限制在一定的范围之内。

4. 事务日志存储效率低下

对于因客户端请求变更 Znode 数据而发生的事务，ZooKeeper 会在响应之前将事务日志写入存储设备。如果该日志存储设备是专用的，那么整个服务以及外部应用都会获得极大的性能提升；而如果日志存储设备不是专用的，而是和其他 I/O 密集型应用共享同一磁盘，则会导致 ZooKeeper 的效率降低。

5. Znode 数据存储过多

根据 ZooKeeper 的设计初衷，Znode 里应只存放少量的同步数据。如果 Znode 存储的数据过多，就会导致 ZooKeeper 在每次节点发生变更时都要将大量数据写入存储设备，同时还要在集群内部复制传播，这将导致不可避免的延迟和性能问题。因此，如果应用程序需要大量的数据，可将真实数据存储在其他设备中，而只在 ZooKeeper 中存储一个简单的映射，如指针、引用等。

5.4 ZooKeeper 安装和配置

ZooKeeper 可在单机模式、集群模式和伪分布模式这三种模式下运行。下面分别介绍在这三种模式下安装 ZooKeeper 服务的方法。

5.4.1 单机模式

单机模式是指只部署一个 ZooKeeper 进程，使客户端直接与该进程通信的模式。在开发测试环境下，通常没有较多的物理资源，虽然也可以在单台物理机上部署集群模式，但会增加单台物理机的资源消耗，故一般都使用单机模式。但要注意，在生产环境下不可使用单机模式，因为无论从系统可靠性还是读写性能方面来说，单机模式的 ZooKeeper 都不能满足生产的需要。

在单机模式下配置和安装 ZooKeeper 相对简单，且有助于我们理解 ZooKeeper 的工作原理。现将主要安装与配置步骤简述如下。

1．下载 ZooKeeper

从 Apache 官网下载 ZooKeeper 的目前最新稳定版本，本书使用的是 zookeeper-3.4.10 版本。官网下载地址：https://zookeeper.apache.org/releases.html。

2．安装 ZooKeeper

ZooKeeper 需要在 Java 环境下才能运行，且需要 Java 6 以上版本。Java 环境的安装方法本书第二章已经讲解过了，故此不再赘述。

下面开始安装 ZooKeeper：

(1) 将下载的 ZooKeeper 安装包 zookeeper-3.4.10.tar.gz 上传到 CentOS 操作系统的合适目录(例如/usr/local)下，然后执行以下命令，进行解压：

```
tar -zxvf zookeeper-3.4.10.tar.gz
```

为方便以后的操作，可以在/etc/profile 文件中添加以下信息，对 ZooKeeper 的环境变量进行配置：

```
export ZOOKEEPER_HOME=/usr/local/zookeeper-3.4.10
export PATH=$PATH:$ZOOKEEPER_HOME/bin:$ZOOKEEPER_HOME/conf
```

配置信息添加完毕，执行 source /etc/profile 命令，刷新修改的环境变量文件。

(2) 在 ZooKeeper 安装目录下的 conf 文件夹中使用 vi 命令创建配置文件 zoo.cfg，并向文件中添加以下信息，用于设置 ZooKeeper 的服务参数：

```
tickTime=2000
dataDir=/usr/local/zookeeper-3.4.10/data
clientPort=2181
```

上述代码中的各参数含义如下：

- ✧ tickTime：基本事件单元，以毫秒为单位，用于指示单个心跳的间隔时长，默认为 2000。
- ✧ dataDir：用于持久化存储数据的内存目录。
- ✧ clientPort：指定供客户端连接的端口，默认为 2181。

3. 启动 ZooKeeper

安装配置完毕，执行以下命令，可以启动 ZooKeeper 服务：

```
zkServer.sh start
```

ZooKeeper 服务启动后，在客户端上执行以下命令，即可连接 ZooKeeper 集群：

```
zkCli.sh -server localhost:2181
```

5.4.2　集群模式

由于 ZooKeeper 集群中通常会有一个 Leader 服务器负责管理和协调其他服务器，因此集群服务器的数量通常都是单数，例如 3，5，7…等，这样数量为 2n+1 的服务器就可以允许最多 n 台服务器的失效。

本例中使用三台服务器搭建 ZooKeeper 集群，各服务器的 IP 地址如下：

192.168.170.128

192.168.170.129

192.168.170.130

1．安装 ZooKeeper

将下载的 ZooKeeper 安装文件分别上传到三台服务器中，然后将其解压到合适位置，并配置好服务器的环境变量。注意：三台服务器都需要配置相同的环境变量。具体操作同单机模式，此处不再赘述。

2．编写配置文件

分别在每台服务器的 ZooKeeper 安装目录下的 conf 文件夹中创建配置文件 zoo.cfg，并在文件中添加以下内容：

```
dataDir=/usr/local/zookeeper-3.4.10/data
tickTime=2000
initLimit=5
syncLimit=2
clientPort=2181

server.1=192.168.170.128:2888:3888
server.2=192.168.170.129:2888:3888
server.3=192.168.170.130:2888:3888
```

上述代码中的各参数含义如下：

✧ initLimit：集群中的 Follower 服务器初始化连接 Leader 服务器时能等待的最大心跳数(连接超时时长)，默认为 10，即如果在经过 10 个心跳之后 Follower 服务器仍没有收到 Leader 服务器的返回信息，则连接失败。本例中该参数值为 5，参数 tickTime 为 2000，则连接超时的时长为 5*2000=10 秒(即 tickTime*initLimit=10 秒)。

✧ syncLimit：集群中的 Follower 服务器与 Leader 服务器之间发送消息以及请求/应答时所能等待的最多心跳数。本例中，syncLimit 的值为 2，即心跳数为 2，时长为 2*2000=4 秒。

✧ server.id=host:port1:port2：标识不同的 ZooKeeper 服务器。ZooKeeper 可以从“server.id=host:port1:port2”中读取相关信息。其中，id 的值必须在整个集群中是唯一的，且大小在 1～255 之间；host 是服务器的名称或者 IP 地址；第一个端口(port1)是 Leader 端口，即该服务器作为 Leader 时供 Follower 服务器连接的端口；第二个端口(port2)是选举端口，即选举 Leader 服务器时供其他 Follower 服务器连接的端口。

3．创建 myid 文件

在每台服务器的 zoo.cfg 文件中的 dataDir 参数指定的目录下创建一个名为“myid”的文件，这个文件中仅包含一行内容，即当前服务器的 id 值，与参数 server.id 中的 id 值相

同。比如，当前服务器的 id 为 1，则应该在文件 myid 中写入数字 1。ZooKeeper 在启动时会读取这个文件，将其中的数据与 zoo.cfg 里写入的配置信息进行对比，从而获得当前服务器的身份信息。

本例中，在 192.168.170.128 服务器的目录/usr/local/zookeeper-3.4.10/data 下创建 myid 文件，并写入数字 1；在 192.168.170.129 服务器上创建的 myid 文件中写入数字 2；在 192.168.170.130 服务器上创建的 myid 文件中写入数字 3。

4．执行启动脚本

分别在每台服务器上执行下面的命令，启动 ZooKeeper 服务：

```
zkServer.sh start
```

如输出以下信息，则代表启动成功：

```
ZooKeeper JMX enabled by default
Using config: /usr/local/zookeeper-3.4.10/bin/../conf/zoo.cfg
Starting zookeeper ... STARTED
```

需要注意，每台服务器都要执行相同的脚本，才能启动整个 ZooKeeper 集群。

5．查看启动状态

在服务器上执行下面的脚本，可以查看 ZooKeeper 服务的状态：

```
zkServer.sh status
```

服务器 192.168.170.128 上的 ZooKeeper 服务状态如下：

```
ZooKeeper JMX enabled by default
Using config: /usr/local/zookeeper-3.4.10/bin/../conf/zoo.cfg
Mode: follower
```

服务器 192.168.170.129 上的 ZooKeeper 服务状态如下：

```
ZooKeeper JMX enabled by default
Using config: /usr/local/zookeeper-3.4.10/bin/../conf/zoo.cfg
Mode: follower
```

服务器 192.168.170.130 上的 ZooKeeper 服务状态如下：

```
ZooKeeper JMX enabled by default
Using config: /usr/local/zookeeper-3.4.10/bin/../conf/zoo.cfg
Mode: leader
```

由以上状态信息可知：本例中，192.168.170.130 服务器上的 ZooKeeper 服务为 Leader，其余两个服务器上的 ZooKeeper 服务则为 Follower。

5.4.3　伪分布模式

所谓伪分布模式就是在单台机器上运行多个 ZooKeeper 进程，并组成一个集群。下面以启动三个 ZooKeeper 进程为例进行讲解。

1．安装 ZooKeeper

将 ZooKeeper 安装文件解压到相应目录下，并配置环境变量，步骤参考单机模式。

2. 建立配置文件

在安装目录的 conf 文件夹下新建三个配置文件：zoo1.cfg、zoo2.cfg 和 zoo3.cfg，在其中分别写入配置信息，具体内容如下所示：

在 zoo1.cfg 中写入以下信息：

```
initLimit=10
syncLimit=5
dataDir=/usr/local/zookeeper-3.4.10/1.data
dataLogDir=/usr/local/zookeeper-3.4.10/1.logs
clientPort=2181
server.1=192.168.170.128:20881:30881
server.2=192.168.170.128:20882:30882
server.3=192.168.170.128:20883:30883
```

在 zoo2.cfg 中写入以下信息：

```
initLimit=10
syncLimit=5
dataDir=/usr/local/zookeeper-3.4.10/2.data
dataLogDir=/usr/local/zookeeper-3.4.10/2.logs
clientPort=2182
server.1=192.168.170.128:20881:30881
server.2=192.168.170.128:20882:30882
server.3=192.168.170.128:20883:30883
```

在 zoo3.cfg 中写入以下信息：

```
initLimit=10
syncLimit=5
dataDir=/usr/local/zookeeper-3.4.10/3.data
dataLogDir=/usr/local/zookeeper-3.4.10/3.logs
clientPort=2183
server.1=192.168.170.128:20881:30881
server.2=192.168.170.128:20882:30882
server.3=192.168.170.128:20883:30883
```

3. 建立数据目录和日志目录

在 ZooKeeper 安装目录下分别创建数据目录 1.data、2.data、3.data。在每个数据目录下新建一个 myid 文件，在 1.data 目录下的 myid 文件中写入数字 1，在 2.data 目录下的 myid 文件中写入数字 2，在 3.data 目录下的 myid 文件中写入数字 3。

在 ZooKeeper 安装目录下分别创建日志目录 1.logs、2.logs、3.logs，用于存放 ZooKeeper 运行的日志信息。

4. 启动服务并查看状态

执行以下命令，分别启动三个 ZooKeeper 服务进程：

```
zkServer.sh start /usr/local/zookeeper-3.4.10/conf/zoo1.cfg
```

```
zkServer.sh start /usr/local/zookeeper-3.4.10/conf/zoo2.cfg
zkServer.sh start /usr/local/zookeeper-3.4.10/conf/zoo3.cfg
```

执行以下命令，可以查看三个 ZooKeeper 服务进程各自的状态：

```
zkServer.sh status /usr/local/zookeeper-3.4.10/conf/zoo1.cfg
zkServer.sh status /usr/local/zookeeper-3.4.10/conf/zoo2.cfg
zkServer.sh status /usr/local/zookeeper-3.4.10/conf/zoo3.cfg
```

5.5　ZooKeeper 命令行工具

ZooKeeper 的命令行工具类似于 Shell。当 ZooKeeper 服务启动成功之后，可以在其中一台运行 ZooKeeper 服务的服务器中输入以下命令，启动一个客户端，连接到 ZooKeeper 集群：

```
zkCli.sh –server 192.168.170.128:2181
```

连接成功后，系统会输出 ZooKeeper 的运行环境及配置信息，并在屏幕输出“Welcome to ZooKeeper”等信息。之后就可以使用 ZooKeeper 命令行工具了。

以下是 ZooKeeper 命令行工具的一些简单操作示例：

(1) 使用 ls 命令，可以查看当前 ZooKeeper 中所包含的内容：

```
[zk: 192.168.170.128:2181(CONNECTED) 1] ls /
[zookeeper]
```

(2) 使用 create 命令，可以创建一个新的 Znode。例如，使用命令 create /zk "myData" 可以创建一个名为“zk”的 Znode 以及在它上面存放的元数据字符串“myData”：

```
[zk: 192.168.170.128:2181(CONNECTED) 2] create /zk "myData"
Created /zk
```

(3) 使用 get 命令，可以确认节点 zk 是否包含字符串“myData”：

```
[zk: 192.168.170.128:2181(CONNECTED) 6] get /zk
myData
cZxid = 0x800000002
ctime = Thu Mar 22 10:12:11 CST 2018
mZxid = 0x800000002
mtime = Thu Mar 22 10:12:11 CST 2018
pZxid = 0x800000002
cversion = 0
dataVersion = 0
aclVersion = 0
ephemeralOwner = 0x0
dataLength = 6
numChildren = 0
```

(4) 使用 set 命令，可以对节点 zk 所关联的字符串进行修改：

```
[zk: 192.168.170.128:2181(CONNECTED) 10] set /zk "myDataUpdate"
cZxid = 0x800000002
```

```
ctime = Thu Mar 22 10:12:11 CST 2018
mZxid = 0x800000005
mtime = Thu Mar 22 10:18:19 CST 2018
pZxid = 0x800000002
cversion = 0
dataVersion = 3
aclVersion = 0
ephemeralOwner = 0x0
dataLength = 12
numChildren = 0
```

(5) 使用 delete 命令，可以将刚才创建的节点 zk 删除：

```
[zk: 192.168.170.128:2181(CONNECTED) 5] delete /zk
```

使用 ZooKeeper 命令行工具也可以创建有层次的目录。例如，使用 create /zk/node1 命令，可以在 zk 节点目录下创建新的目录 node1：

```
[zk: 192.168.170.128:2181(CONNECTED) 18] create /zk/node1 "node1"
Created /zk/node1
[zk: centos01:2181(CONNECTED) 19] ls /zk
[node1]
```

此外，ZooKeeper 还支持某些特定的四字字母命令与其交互。用来获取 ZooKeeper 服务的当前状态及相关信息。用户可以在客户端通过 telnet 或 nc 向 ZooKeeper 提交相应的命令。这些四字命令及其功能如表 5-3 所示。

表 5-3　ZooKeeper 四字命令与功能

ZooKeeper 四字命令	功 能 描 述
conf	输出相关服务配置的详细信息
cons	列出所有连接到服务器的客户端的连接/会话的详细信息，包括“接受/发送”的包数量、会话 id 等等信息
dump	列出未经处理的会话和临时节点
envi	输出关于服务环境的详细信息
reqs	列出未经处理的请求
ruok	测试服务是否处于正确状态。如果正确，则返回“imok”，否则不返回任何结果
stat	输出客户端连接等信息
wchs	列出服务器 Watcher 的详细信息
wchc	通过 Session 列出服务器 Watcher 的详细信息，输出一个 Watcher 的相关会话列表
wchp	通过路径列出服务器 Watcher 的详细信息，输出一个与 Session 相关的路径

例如，在任意一台 ZooKeeper 服务器上执行以下命令，可以输出指定 IP 地址服务器上的 ZooKeeper 服务配置详细信息：

```
echo conflnc 192.168.170.128 2181
```

输出结果如下：

```
clientPort=2181
dataDir=/usr/local/zookeeper-3.4.10/data/version-2
dataLogDir=/usr/local/zookeeper-3.4.10/data/version-2
tickTime=2000
maxClientCnxns=60
minSessionTimeout=4000
maxSessionTimeout=40000
serverId=1
initLimit=5
syncLimit=2
electionAlg=3
electionPort=3888
quorumPort=2888
peerType=0
```

5.6 ZooKeeper Java API

除了可以使用命令行方式对 ZooKeeper 进行操作外，ZooKeeper 还提供了 Java API 操作接口。下面对 ZooKeeper 的常用 Java API 接口进行介绍。

5.6.1 常用接口

客户端如果要连接 ZooKeeper 服务器，可以先创建 ZooKeeper 提供的 Java 类 org.apache.zookeeper.ZooKeeper 的一个实例对象，然后调用这个类提供的接口来和 ZooKeeper 服务器进行交互。

org.apache.zookeeper. ZooKeeper 提供的主要方法如表 5-4 所示。

表 5-4　ZooKeeper 类的方法与功能

方　法	功　能
String create(String path, byte[] data, List<ACL> acl,CreateMode createMode)	创建一个目录节点 path，并给它设置数据，参数 CreateMode 用于指定目录节点的类型，可以是持久节点、临时节点、持久顺序节点和临时顺序节点
Stat exists(String path, boolean watch)	判断目录节点 path 是否存在，并设置是否监控这个目录节点
Stat exists(String path,Watcher watcher)	上面方法的重载方法，给目录节点 path 设置特定的 Watcher

续表

方　法	功　能
void delete(String path, int version)	删除目录节点 path 的数据，当 version 值为-1 时，可以匹配任何版本的数据(即删除这个目录节点的所有数据)
List<String>getChildren(String path, boolean watch)	获取指定目录节点 path 下的所有子目录节点。该方法也有一个重载方法，可以设置特定的 Watcher 来监控这些子目录节点的状态
Stat setData(String path, byte[] data, int version)	给目录节点 path 设置数据，可以通过参数 version 指定数据的版本号，当 version 为-1 时，可以匹配任何版本的数据
byte[] getData(String path, boolean watch, Stat stat)	获取目录节点 path 存储的数据，数据的版本等信息可以通过 stat 来指定，同时还可以设置是否监控该目录节点数据的状态
void addAuthInfo(String scheme, byte[] auth)	在连接 ZooKeeper 服务器时向服务器传入客户端的授权信息，服务器会根据当前设置的 ACL 权限判断该传入的授权信息是否有效，有效则允许访问
Stat setACL(String path,List<ACL> acl, int version)	给目录节点 path 重新设置 ACL 访问权限，需注意 ZooKeeper 中的目录节点权限不具有传递性，即父目录节点的权限不能传递给子目录节点
List<ACL>getACL(String path,Stat stat)	获取目录节点 path 的 ACL 访问权限列表

除了表 5-4 中列出的常用方法之外，ZooKeeper 类还提供了一些其他方法，具体可参考官方对 org.apache.zookeeper. ZooKeeper 类的 API 的说明。

5.6.2　创建节点

ZooKeeper 创建节点时不支持递归调用，即无法在父节点不存在的情况下创建一个子节点。例如，在/zk0l 节点不存在的情况下创建/zk01/ch01 节点是不会成功的。ZooKeeper 也不能创建名称相同的节点，如果一个节点名称已经存在，则创建同名节点时会抛出 NodeExistsException 异常。

创建节点的 Java 示例代码如下：

```
@Test
    public void createPath() throws Exception{
        String connectStr="192.168.170.128:2181,192.168.170.129:2181,192.168.170.130:2181";
        ZooKeeper zk  = new ZooKeeper(connectStr, 3000, null);
        String path=zk.create("/zk001", "zk001_data".getBytes(), Ids.OPEN_ACL_UNSAFE,
CreateMode.PERSISTENT);
        System.out.println(path);
    }
```

(1) 示例代码中，新建了一个 ZooKeeper 对象，并传入三个参数，相关代码如下：

```
ZooKeeper zk  = new ZooKeeper(connectStr, 3000, null);
```

其中，第一个参数为用逗号分隔的服务器端口地址，格式为“host:端口”，注意需要把所有的 ZooKeeper 服务器的端口地址都写上，而不是只写其中一台，客户端连接 ZooKeeper 时，将会从其中挑选任意一台服务器进行连接，如果连接失败，将尝试连接另外一个服务器，直到连接建立。这样做的优点是能够保证 ZooKeeper 服务的高可靠性，避免由于一台服务器宕机而导致整个服务连接失败；第二个参数为连接超时时间，本例中设置为 3 秒；第三个参数为 Watcher 对象，连接成功后会调用其中的回调方法。本例中不需要设置 Watcher，因此传入 null 即可。

(2) 示例代码中，调用了 ZooKeeper 对象的创建节点方法 create()，该方法会在创建节点后返回所创建的节点路径，相关代码如下：

```
String path=zk.create("/zk001", "zk001_data".getBytes(), Ids.OPEN_ACL_UNSAFE,
CreateMode.PERSISTENT);
```

上述代码中，create()方法需要传入四个参数：第一个参数为节点名称，本例中为 zk001；第二个参数为节点数据，需要转成字节数组；第三个参数为权限控制，本例中使用 ZooKeeper 自带的完全开放权限 Ids.OPEN_ACL_UNSAFE；第四个参数为所创建节点的类型，本例中为 PERSISTENT，即持久类型的节点。

5.6.3 添加数据

可以调用 ZooKeeper 对象的 setData()方法给节点添加数据，示例代码如下：

```
@Test
  public void setNodeData() throws Exception {
    String connectStr="192.168.170.128:2181,192.168.170.129:2181,192.168.170.130:2181";
    ZooKeeper zk  = new ZooKeeper(connectStr, 3000, null);
      Stat stat = zk.setData("/zk002", "zk002_data2".getBytes(), -1);
      System.out.println(stat.getVersion());
  }
```

示例代码中，setData()方法的相关代码如下：

```
Stat stat = zk.setData("/zk002", "zk002_data2".getBytes(), -1);
```

其中，第一个参数为节点路径，本例中为/zk002；第二个参数为需要添加的数据，并转成字节数组，本例中为“zk002_data2”；第三个参数为版本号，−1 代表所有版本。也就是说，上述代码向节点/zk002 的所有版本添加了数据“zk002_data2”。

5.6.4 获取数据

可以调用 ZooKeeper 对象的 getData()方法来获得指定节点的数据，示例代码如下：

```
@Test
  public void getNodeData() throws Exception {
    String connectStr="192.168.170.128:2181,192.168.170.129:2181,192.168.170.130:2181";
    ZooKeeper zk  = new ZooKeeper(connectStr, 3000, null);
```

```
        Stat stat=new Stat();
        //返回指定路径上的节点数据和节点状态，节点的状态会放入stat对象中
        byte[] bytes=zk.getData("/zk002", null, stat);
        System.out.println(new String(bytes));
    }
```

上述代码获取了节点/zk002 的数据和状态。数据被转成字符串进行了输出，状态则被存储到了对象 stat 中。

示例代码中，getData()方法的第二个参数传入的是 null，即没有指定 Watcher。可以在此处指定一个 Watcher，对节点数据的变化进行监听，在数据改变的时候触发 Watcher 指定的回调方法。

加入 Watcher 对象后，示例代码如下：

```
@Test
    public void getNodeDataWatch() throws Exception {
        String connectStr="192.168.170.128:2181,192.168.170.129:2181,192.168.170.130:2181";
        ZooKeeper zk  = new ZooKeeper(connectStr, 3000, null);
        Stat stat=new Stat();
                //返回指定路径上的节点数据和节点状态，节点的状态会放入stat对象中
                byte[] bytes=zk.getData("/zk002", new Watcher(){
                        @Override
                        public void process(WatchedEvent event) {
                                System.out.println(event.getType());
                        }

                }, stat);
                System.out.println(new String(bytes));

                //改变节点数据，触发watcher
                zk.setData("/zk002", "zk002_data_testwatch".getBytes(), -1);

                //为了验证是否触发了watcher，不让程序结束
                while(true){
                        Thread.sleep(3000);
                }

    }
```

示例代码中，process()方法的相关代码如下：

```
public void process(WatchedEvent event) {
        System.out.println(event.getType());
}
```

process()方法是 Watcher 接口中的一个回调方法，当 ZooKeeper 向客户端发送一个

Watcher 事件通知时，客户端就会回调相应的 process()方法，从而实现对事件的处理。

process() 方法的参数 WatchedEvent 包含了事件的三个基本属性：通知状态(KeeperState)、事件类型(EventType)和节点路径(Path)。ZooKeeper 使用 WatchedEvent 对象将服务端事件封装并传递给 Watcher，以便于 process()方法对其进行处理。

"System.out.println(event.getType());"用于输出服务端事件的类型，输出结果为"NodeDataChanged"。从这个单词的含义可知，节点数据被改变了。

为了更好地验证是否触发了 Watcher，不让程序一次执行到底，示例代码在结尾处加入了这一部分：

```
while(true){
    Thread.sleep(3000);
}
```

上述代码通过循环让线程睡眠，达到阻止线程跳出的目的，从而能让程序一直停留在此处。

5.6.5 删除节点

可以调用 ZooKeeper 对象的 delete()方法来删除指定的节点，示例代码如下：

```
@Test
    public void deletePath() throws Exception{
        String connectStr="192.168.170.128:2181,192.168.170.129:2181,192.168.170.130:2181";
        ZooKeeper zk  = new ZooKeeper(connectStr, 3000, null);
        //删除节点
        zk.delete("/zk001", -1);
    }
```

上述代码中，delete()方法传入了两个参数：第一个参数为需要删除的节点路径，本例中为/zk001；第二个参数为节点的版本，如果是-1，则代表删除所有版本。也就是说，上述代码删除了节点/zk001 的所有版本内容。

本章小结

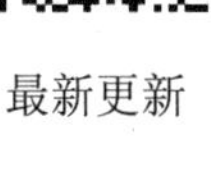

最新更新

- ✧ ZooKeeper 是一个分布式的服务框架，主要用于解决分布式集群中应用系统的一致性问题。
- ✧ ZooKeeper 具备简单、丰富、高可靠、松耦合和资源库共享等特征。
- ✧ ZooKeeper 提供统一命名、配置管理、集群管理、共享锁、队列管理等功能。
- ✧ ZooKeeper 的结构和标准文件系统非常相似，都采用树形层次结构，ZooKeeper 树中的每个节点被称为 Znode。和文件系统的目录树一样，ZooKeeper 树中的每个节点也可以拥有子节点，每个 Znode 都包含一个路径和与之相关的元数据，以及继承自该节点的子节点列表。与传统文件系统不同的是，ZooKeeper 中的数据保存在内存中，实现了分布式同步服务的高吞吐和低延迟。

✧ ZooKeeper 允许客户端向服务端注册一个 Watcher，当服务端的一些指定事件触发了这个 Watcher，那么它就会向指定客户端发送一个事件通知，从而实现分布式的通知功能。

本 章 练 习

1．简述 ZooKeeper 有哪些应用场景。

2．ZooKeeper 的特点有哪些？

3．在集群模式下，搭建一个 ZooKeeper 集群。

4．使用 Java API 对 ZooKeeper 节点的数据进行增删改查。

第 6 章 HBase

本章目标

- 掌握 HBase 的概念和作用
- 了解 HBase 应用场景和成功案例
- 了解 HBase 和传统关系数据库的对比分析
- 掌握 HBase 数据模型
- 掌握 HBase 的组成架构
- 掌握 HBase 的安装运行方法
- 了解 HBase 的访问接口

提到大数据的存储，大多数人首先联想到的是 Hadoop 中的 HDFS 模块。可以认为 HDFS 是为计算框架服务的存储层，如 MapReduce 就使用 HDFS 作为默认的持久化存储层。那么，HBase 又是什么，它可以解决怎样的问题？

简单来说，可以将 HBase 视为一种类似于数据库的存储层，即 HBase 适用于结构化的存储。而且 HBase 是一种列式的分布式数据库，使用 HBase 技术，可以在廉价的 PC 服务器上搭建起大规模的结构化存储集群。

6.1 HBase 简介

HBase 是一个分布式的、面向列的开源数据库。HBase 是 Apache 的 Hadoop 项目的一个子项目，该技术来源于 Google 公司发表的论文《BigTable：一个结构化数据的分布式存储系统》。与 BigTable 利用了 Google 文件系统 GFS(Google File System)提供的分布式数据存储功能一样，HBase 在 Hadoop 文件系统 HDFS(Hadoop Distributed File System)之上提供了类似于 BigTable 的功能。HBase 不同于一般的关系数据库，它是一个适用于非结构化数据存储的数据库，而且，HBase 采用基于列而不是基于行的模式。

HBase 是 Google BigTable 的开源实现，它模仿并提供了基于 Google 文件系统的 BigTable 数据库的所有功能：Google BigTable 使用 GFS 作为其文件存储系统，HBase 使用 Hadoop HDFS 作为其文件存储系统；Google 使用 MapReduce 来处理 BigTable 中的海量数据，HBase 同样使用 Hadoop MapReduce 来处理 HBase 中的海量数据；Google BigTable 使用 Chubby 作为协同服务，HBase 则使用 ZooKeeper 作为协同服务。

HBase 位于 Hadoop 生态系统中的结构化存储层，HDFS 为 HBase 提供了高可靠性的底层存储支持，MapReduce 为 HBase 提供了高性能的计算能力，ZooKeeper 则为 HBase 提供了稳定的服务和失效恢复机制。

与 Hadoop 一样，HBase 的运行主要依靠横向扩展，即通过不断增加廉价的商用服务器来增加计算和存储能力。

HBase 的设计目的是处理非常庞大的表，甚至可以使用普通的计算机处理超过 10 亿行的、由数百万列元素组成的数据表的数据。

HBase 对表的处理一般具有如下特点：

✧ 大：一个表可以有上亿行、上百万列。
✧ 面向列：采用面向列(族)的存储和权限控制，对列(族)独立检索。
✧ 稀疏：为空(NULL)的列并不占用存储空间，因此表可以设计得非常稀疏。

6.2 HBase 与 RDBMS

HBase 与之前的关系数据库管理系统(Relational DataBase Management System，RDBMS，又称传统关系数据库)存在很大区别，它按照 BigTable 模型开发，是一个稀疏的、分布式的、持续多维度的排序映射数组。HBase 是一个基于列模式的映射数据库，因此只能表示很简单的“键-数据”映射关系。

HBase 与 RDBMS 的区别如表 6-1 所示。

表 6-1　HBase 与 RDBMS 的区别

	HBase	RDBMS
硬件架构	类似于 Hadoop 的分布式集群，硬件成本低廉	传统的多核系统，硬件成本昂贵
容错性	由软件架构实现，并由多个节点组成，所以不需担心一个或几个节点宕机	一般需要额外硬件设备实现 HA 机制
数据库大小	PB	GB、TB
数据排布方式	稀疏的、分布的、多维的	以行和列组织
数据类型	只有简单的字符串类型，所有其他类型都由用户自己定义	丰富的数据类型
数据操作	只提供简单地插入、查询、删除、清空等操作，且表和表之间是分离的，没有复杂的表表间关系，也没必要实现表和表之间的关联等操作	有各种各样的函数和连接操作
存储模式	基于列存储	基于表格结构和行模式存储
数据维护	插入一个主键或者列对应的新版本数据，其旧有的版本仍会保留	替换修改旧版本数据
事物支持	只支持单个 Row 级别	对 Row 和表全面的支持
可伸缩性	能够轻易地增加或者减少(在硬件错误的时候)硬件数量，且对错误的兼容性较高	需要增加中间层
查询语言	只支持 Java API(除非与其他框架一起使用，如 Phoenix、Hive)	SQL
索引	只支持 Row-key，除非与其他技术一起应用，如 Phoenix、Hive	支持
吞吐量	百万查询/秒	数千查询/秒

显而易见，与传统关系数据库相比，BigTable 和 HBase 这类基于列模式的分布式数据库更适应海量存储和互联网应用的需求：首先，灵活的分布式架构使其可以利用廉价的硬件设备组建庞大的数据仓库；其次，互联网应用是以字符为基础的，而 BigTable 和 HBase 正是针对这些应用而开发出来的数据库，由于二者具备时间戳特性，因此特别适合于开发 wiki、archive.org 之类服务，HBase 最初甚至就是作为搜索引擎的一部分被开发出来的。

6.3　HBase 数据结构

在 HBase 中，表的索引是行关键字、列关键字和时间戳，其中的数据都是字符串，没有类型。用户在表中存储数据，每一行都由一个可排序的主键和任意多的列组成，由于是稀疏存储的，因此同一张表里面的每一行数据都可以有截然不同的列。一个 HBase 的数据实例如表 6-2 所示。

表 6-2　HBase 数据实例

RowKey	Timestamp	Column Family	
		URI	Parser
r1	t3	url=http://www.taobao.com	title=天天特价
	t2	host=taobao.com	
	t1		
r2	t5	url=http://www.alibaba.com	content=每天…
	t4	host=alibaba.com	

该实例中，每一张表由若干个列族(family)组成，创建表的时候，需要定义好列族，一旦表创建成功，列族就是不可改变的，除非通过改变表结构的方式来改变；同时每一个列族是由若干个列(label)组成的，创建表的过程中无需指定列，可以在使用表的过程中进行添加。

所有行数据的更新都有一个时间戳标记，每次更新都会生成一个新的版本，而 HBase 会保留一定数量的旧版本，具体数量可以设定。HBase 客户端可以选择是获取距离某个时间最近的版本，还是一次性获取所有版本。

6.3.1　相关概念

在 HBase 数据模型中，存在以下三个重要概念：

- ✧ 行键(RowKey)：HBase 表的主键，表中的记录按照行键排序。
- ✧ 列族(Column Family)：表在水平方向由一个或者多个列族组成，一个列族则可以由任意多个列组成，即列族支持动态扩展，无需预先定义列的数量及类型。所有列均以二进制格式存储，用户需要手动进行类型转换。
- ✧ 时间戳(Time Stamp)：每次数据操作对应的时间戳，可看做数据的版本号。

1. 行键

行键是用来检索记录的主键。访问 HBase 表中的行可采用以下三种方式：

- ✧ 通过单个行键访问。
- ✧ 通过行键的区间范围检索。
- ✧ 全表扫描。

行键可以是任意字符串(最大长度是 64 KB，实际应用中长度一般为 10～100 Bytes)。在 HBase 内部，行键保存为字节数组，存储数据时，数据按照行键的字典序(byte order)排序存储，因此设计行键时，要充分考虑这一特性，将经常一起读取的行存储放到一起(位置相关性)。

2. 列族

HBase 表中的每个列都归属于某个列族。列族是表的模式的一部分(但列并不是表的模式的一部分)，必须在使用表之前定义。列名都以列族作为前缀，例如名为 courses:history 与 courses:math 的列都属于 courses 这个列族。访问控制、磁盘和内存的使用统计都是在列族层面进行的。实际应用中，位于列族上的控制权限能帮助用户管理不同

类型的应用，比如允许一些应用添加新的基本数据，允许另一些应用读取基本数据并创建继承的列族，而其他的一些应用则只被允许浏览数据(甚至可能因为隐私的原因不能浏览所有数据)。

3. 时间戳

在 HBase 中，通过行和列确定的一个存储单元称为 Cell(单元格)。每个 Cell 都保存着同一份数据的多个版本，这些数据是没有类型的，全部以字节码形式存储。每个 Cell 中的不同版本的数据按照时间倒序排序，即最新的数据排在最前面，可以使用时间戳进行索引。

时间戳的类型是 64 位整型，可以由 HBase 在数据写入时自动赋值(此时的时间戳是精确到毫秒的当前系统时间)，也可以由用户显式赋值。如果用户要避免数据版本冲突，就必须手动设置具有唯一性的时间戳。

为避免数据存在过多版本而造成管理(包括存储和索引)负担，HBase 提供了两种数据版本的回收方法：一是保存数据的最后 n 个版本；二是保存最近一段时间内的版本(比如最近七天)。用户可以针对每个列族设置不同的回收方法。

6.3.2　存储特点

每个列族存储在 HDFS 上的一个单独文件中，空值不会被保存。行键和版本号在每个列族中均有一份。每个值具有多级索引，由 HBase 来维护。

HBase 在计算机硬盘上的存储特点如下：

(1) HBase 数据存储和管理的基本单位是 HRegion。一个表可以在行的方向上分割为一个或多个 HRegion。

(2) 表中的所有行都按照 RowKey 的字典序排列。

(3) HRegion 是按大小分割的，每个表开始只有一个 HRegion，随着数据增多，HRegion 会不断增大，当增大到一个阈值的时候，HRegion 就会等分成两个新的 HRegion，以此类推，会产生越来越多的 HRegion。

(4) 不同 HRegion 分布到不同的 HRegionServer 上，如图 6-1 所示。

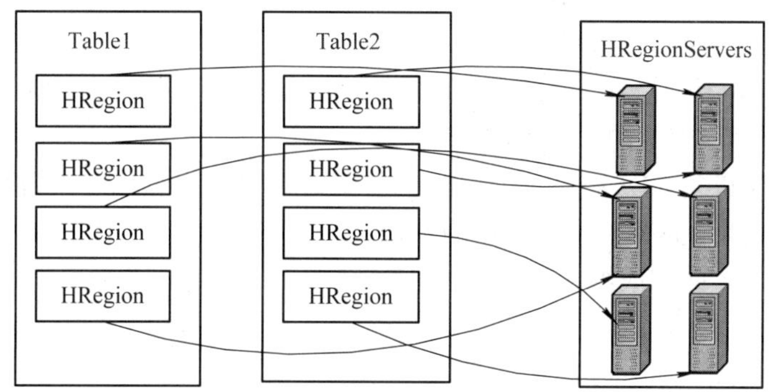

图 6-1　HRegionServer 与 HRegion

6.4 HBase 组成架构

HBase 隶属于 Hadoop 生态系统，采用 Master/Slave 架构搭建集群。HBase 集群由三种类型的节点组成——HMaster 节点、HRegionServer 节点与 ZooKeeper 集群。由于 HBase 将底层数据存储于 HDFS 中，因而也涉及 HDFS 的 NameNode 节点、DataNode 节点等。HBase 的总体架构如图 6-2 所示。

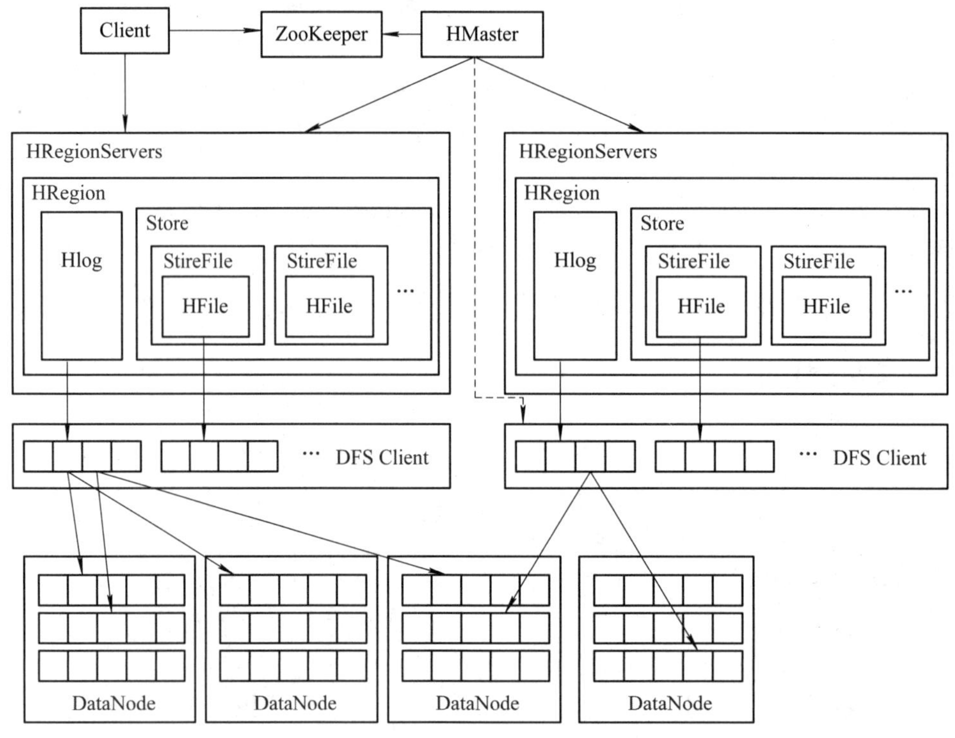

图 6-2　HBase 总体架构

由图 6-2 可见，HBase 客户端使用 RPC 方式与 HMaster 节点以及 HRegionServer 节点通信；HMaster 节点通过连接 ZooKeeper 获取 HRegionServer 节点的状态信息以及所在的位置，然后对 HRegionServer 进行管理。

每一个 HRegionServer 节点可以存放多个 HRegion；每一个 HRegion 由多个 Store 组成，每一个 Store 对应表中的一个列族。

底层表数据存储于 HDFS 中，而 HRegion 处理的数据应尽量与数据所在的 DataNode 节点分布在同一台服务器上，实现数据的本地化。

下面将对 HBase 的构成组件分别进行讲解。

6.4.1 HMaster

HMaster 节点的作用如下：

✧　管理 HRegionServer 节点，实现其负载均衡。

- ✧ 管理和分配 HRegion，在某个 HRegionServer 节点退出时将其中的 HRegion 迁移到其他的 HRegionServer 节点上。
- ✧ 实现 DDL 操作(Data Definition Language，包括对命名空间和表的增删改，对列族的增删改等)。
- ✧ 管理命名空间和表的元数据(这些数据实际存储在 HDFS 上)。
- ✧ 进行权限控制。

HMaster 避免了单点故障问题，用户可以启动多个 HMaster 节点，并通过 ZooKeeper 的 Master 选举机制保证同时只有一个 HMaster 节点处于 active 状态，其他的 HMaster 节点则处于热备份状态。但一般情况下只会启动两个 HMaster 节点，因为非 active 状态的 HMaster 节点会定期和 active 状态下的 HMaster 节点通信，获取其最新状态来保证自身的实时更新，如启动的 HMaster 节点过多，反而会增加 active 状态下的 HMaster 节点的负担。

HMaster 节点的总体架构如图 6-3 所示。

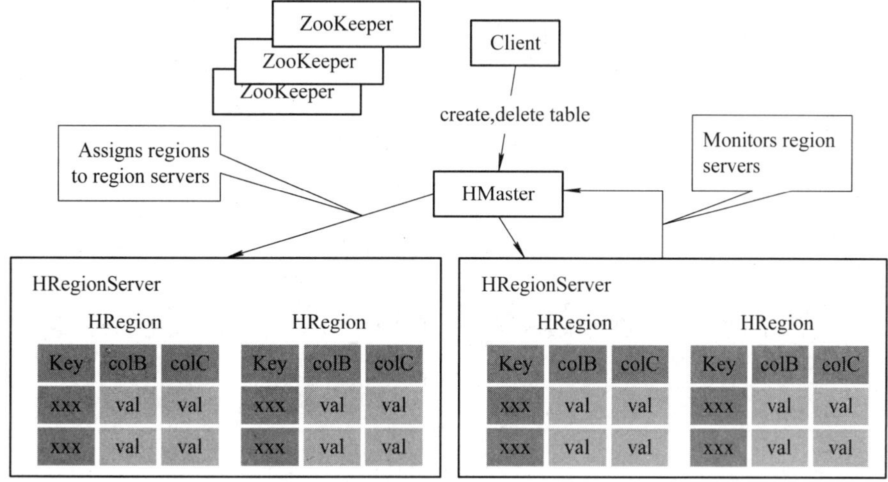

图 6-3　HMaster 节点总体架构

6.4.2　HRegionServer

一个 HRegionServer 包括了多个 HRegion。HRegionServer 主要用于响应用户 I/O 请求，向 HDFS 文件系统中读/写数据，是 HBase 最核心的模块。客户端可以直接连接 HRegionServer，并通信获取 HBase 中的数据。

6.4.3　HRegion

HRegion 是 HBase 可用性和分布式的基本单位。如果当一个表格很大，并由多个列族组成时，那么表的数据将存放在多个 HRegion 之间，并且在每个 HRegion 中会关联多个存储的单元(Store)。

HBase 使用 RowKey 将表水平切割为多个 HRegion，然后由 HMaster 节点将其分配到相应的 HRegionServer 节点中，由 HRegionServer 节点负责 HRegion 的启动和管理以及与客户端的通信，并实现数据的读操作。从 HMaster 的角度，每一个 HRegion 都纪录了 RowKey 的 StartKey(起始行键)和 EndKey(结束行键)，第一个 HRegion 的 StartKey 为空，最后一个 HRegion 的 EndKey 为空。由于 RowKey 是可以排序的，因此客户端可以通过 HMaster 节点快速定位每一个 RowKey 都在哪个 HRegion 中。

6.4.4 ZooKeeper

ZooKeeper 为 HBase 集群提供协调服务，它管理着 HMaster 节点和 HRegionServer 节点的状态(available/alive 等)，并且会在它们宕机时通知 HMaster 节点，从而实现 HMaster 节点之间的故障切换，或对宕机的 HRegionServer 节点中的 HRegion 进行修复(将它们分配给其他的 HRegionServer 节点)，如图 6-4 所示。

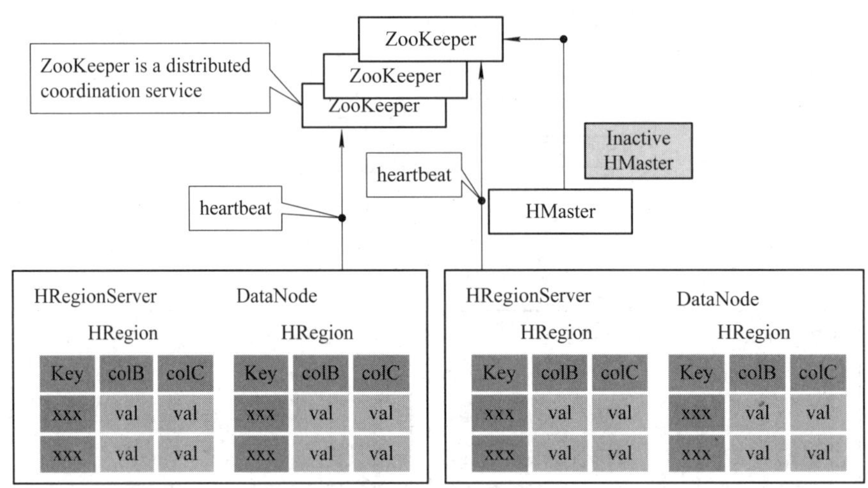

图 6-4　ZooKeeper 的作用

ZooKeeper 使用一致性协议(PAXOS 协议)保证自身每个节点状态的一致性。

6.4.5 HFile

HFile 是 HBase 中键值数据的存储格式，是 Hadoop 的二进制格式文件。实际上，HFile 就是做了轻量级包装后的 StoreFile，即 StoreFile 的底层就是 HFile。

HFile 由很多个数据块(Block)组成，并且有一个固定的结尾块。在结尾的数据块中包含了相关数据的索引信息，系统也要通过结尾的索引信息找到 HFile 中的数据。HFile 中的数据块大小默认为 64 KB，可以通过调整该值提高 HBase 的性能。如果 HBase 数据库的访问场景多为有序的访问，建议将该值设置得大一些；而如果场景多为随机访问，则建议将该值设置得小一些。

6.4.6 HLog

HLog 用于存放 HBase 的日志文件。与传统关系型数据库类似，为保证数据读取的一

致性与实现回滚等操作，HBase 在写入数据时会先进行 write-ahead-log(WAL，一般翻译为预写日志)操作。

HLog 文件是一个序列化文件，只能在文件的末尾添加内容。除文件头以外，HLog 文件由一条条 HLog.Entry 构成。Entry 是 HLog 的基本组成部分，也是读/写的基本单位。

HLog 机制是 WAL 操作的一种实现，而 WAL 是数据事务机制中一种常见的一致性实现方式。每个 HRegionServer 中都会有一个 HLog 实例，HRegionServer 会将更新操作(如 Put、Delete 等)先记录到 WAL(也就是 HLog)中，然后将其写入到 Store 的 MemStore 中，最终 MemStore 会将数据写入到持久化的 HFile 中，这样就保证了 HBase 的写操作的可靠性。如果没有 WAL，当 HRegionServer 宕机的时候，若 MemStore 还没有写入 HFile，或者 StoreFile 还没有保存，数据就会丢失。

6.5　HBase 表结构

HBase 与 RDBMS 在表结构上有很大的不同。例如，HBase 中没有 Join 的概念，但不需要 Join 操作就能解决 Join 操作所解决的问题。恰当的表设计可以使 HBase 具有本身所不具有的功能，并使其执行效率得到成百上千倍的提高。

下面通过一个学生选课的例子，对 HBase 的表结构做一个简单的介绍：

在 RDBMS 中，需要设计三张表，学生表、课程表和选课表，三张表的结构分别如表 6-3、表 6-4 和表 6-5 所示。

表 6-3　学生表(Student)

字段	S_No	S_Name	S_Sex	S_Age
描述	学号	姓名	性别	年龄

表 6-4　课程表(Course)

字段	C_No	C_Name	C_Credit
描述	课程号	课程名	学分

表 6-5　选课表(SC)

字段	S_No	C_No	Score
描述	学号	课程号	成绩

而在 HBase 中，数据存储的模式如表 6-6 和表 6-7 所示。

表 6-6　HBase 中的 Student 表

RowKey	Column Family		Column Family	
	info	value	course	value
<S_No>	info:S_Name info:S_Sex info:S_Age	the name the sex the age	course:<C_No> …	<Score> …

表 6-7　HBase 中的 Course 表

RowKey	Colunm Family		Colunm Family	
	info	value	student	value
<C_No>	info:C_Name info:C_Credit	the name the credit	student:<S_No> …	<Score> …

可以看出，RDBMS 中的表所实现的功能，在 HBase 中也可以实现。在表 6-6 中，列族 course 中的所有列即为当前学生所选择的所有课程编号，值则为课程成绩；而在表 6-7 中，列族 student 中的所有列即为所有选择当前课程的学生编号，值同样为课程成绩。而且 RowKey 是表的索引，查询数据时会比 RDBMS 有更大的速度优势。

6.6　HBase 集群安装

HBase 有单机、伪分布和全分布三种运行模式，HBase 单机模式的配置最为简单，几乎无需对安装文件做任何修改就可直接安装，但如果使用分布式模式，Hadoop 就是必不可少的。此外，在配置 HBase 的某些文件之前，还需要具备以下前提条件：

(1) Java：需要安装 Java 1.6.x 以上版本。

(2) Hadoop：由于 HBase 架构建立在 HDFS 文件存储系统之上，因此在分布式模式下运行时必须安装 Hadoop，但如果在单机模式下运行则无需此条件。但在安装 Hadoop 的时候，要注意 Hadoop 和 HBase 的版本是否匹配，否则很可能会影响 HBase 的稳定性。在 HBase 的 lib 目录下可以看到其对应的 Hadoop 版本的 jar 文件，而如果想使用其他的 Hadoop 版本，就需要将 Hadoop 系统安装目录中的 hadoop-*.*.*-core.jar 文件和 hadoop-*.*.*-test.jar 文件拷贝到 HBase 的 lib 文件夹下，以替换其他版本的 Hadoop 文件。

(3) SSH：注意 SSH 是必须安装的，并且要保证用户可以远程登录到系统的其他节点(包括本地节点)。

下面分别介绍 HBase 在三种模式下的具体安装过程。

注意：本书中使用的 HBase 是 1.2.4 版本，其他版本 HBase 的安装方法和过程与本版本大同小异。

6.6.1　单机模式

HBase 安装文件默认支持单机模式，就是说在单机模式下，HBase 的安装包解压后可直接运行。执行以下命令，可以解压 HBase 安装包：

```
tar xfz hbase-1.2.4-bin.tar.gz
```

运行安装文件之前，建议用户修改 hbase-site.xml 文件，该文件是 HBase 的配置文件，通过它可以更改 HBase 的基本配置。例如，默认情况下 HBase 的数据是存储在根目录的 tmp 文件夹下的，但熟悉 Linux 的用户都知道，此文件夹为临时文件夹，也就是说，系统重启时此文件夹中的内容将被清空，这样保存在 HBase 中的数据也会丢失，这当然

是用户不想看到的，因此，有必要将 HBase 的数据存储目录修改到其他存储位置，具体修改内容如下：

```
<configuration>
<property>
<name>hbase.rootdir</name>
<value>file:///tmp/hbase</value>
</property>
</configuration>
```

单机模式下的 HBase 运行并不需要 HDFS。解压完毕后，直接在终端执行以下命令，即可启动 HBase 服务：

```
start-hbase.sh
```

在终端执行以下命令，即可停止 HBase 服务：

```
stop-hbase.sh
```

6.6.2　伪分布模式

伪分布模式是一种运行在单个节点(单台机器)上的分布式模式，在这种模式下，HBase 所有的守护进程都运行在同一个节点上。由于分布式模式的运行需要依赖于分布式文件系统，因此，在安装 HBase 前必须确保 HDFS 已经成功安装运行，用户可以在 HDFS 系统上执行 Put 和 Get 命令，来验证 HDFS 是否安装成功。

一切准备就绪后，开始配置 HBase 的参数(即修改 hbase-site.xml 文件)，通过修改其中的参数 hbase.rootdir，可以指定 HBase 的数据存放位置，进而让 HBase 运行在 Hadoop 之上，具体修改如下：

```
<configuration>
<property>
<name>hbase.rootdir</name>
<value>hdfs://localhost:9000/hbase</value>
<description>此参数指定了数据在 HDFS 上存放的位置
</description>
</property>
<property>
<name>dfs.replication</name>
<value>l</value>
<description>此参数指定了 Hlog 和 Hfile 的副本个数，此参数的值不能大于 HDFS 的节点数。伪分布模式下 DataNode 只有一台，因此该参数应设置为 1</description>
</property>
</configuration>
```

注意：hbase.rootdir 指定的目录需要由 Hadoop 自己创建，否则可能出现警告提示。而且由于目录为空，HBase 检查目录时可能会报出“所需要的文件不存在”等错误。

HBase 在伪分布模式下的运行是基于 HDFS 的，因此在运行 HBase 之前，需要先在终端上执行以下命令，来启动 HDFS：

```
start-dfs.sh
```

6.6.3 全分布模式

HBase 集群建立在 Hadoop 集群的基础之上，而且依赖于 ZooKeeper，因此，在搭建 HBase 集群之前必须先把 Hadoop 集群与 ZooKeeper 集群搭建起来。在此，我们在第 5 章搭建好的 ZooKeeper 集群的基础上继续搭建 HBase 集群即可。

首先，在 ZooKeeper 集群的 master 节点上进行配置，步骤如下：

(1) 配置 HBase 环境变量。修改 conf/hbase-env.sh 文件，在其中加入以下代码，指向 Java 安装路径：

```
export JAVA_HOME=/usr/local/java/jdk1.8.0_101
```

注意：如果需要使用 HBase 自带的 ZooKeeper，则去掉 hbase-env.sh 文件中的注释 # export HBASE_MANAGES_ZK=true 即可。

(2) 修改 HBase 配置文件 conf/hbase-site.xml。将 conf/hbase-site.xml 文件修改如下：

```
<configuration>
        <property>
            <name>hbase.rootdir</name>
            <value>hdfs://master:9000/hbase</value>
            <!-- HBase 存放数据的目录，端口要和 Hadoop 的 fs.defaultFS 端口一致 -->
        </property>
        <property><!-- 是否分布式部署 -->
            <name>hbase.cluster.distributed</name>
            <value>true</value>
        </property>
        <property> <!--ZooKeeper 节点列表 -->
            <name>hbase.zookeeper.quorum</name>
            <value>master,slave1,slave2</value>
        </property>
          <property><!--ZooKeeper 配置、日志等的存储位置 -->
                <name>hbase.zookeeper.property.dataDir</name>
                <value>/usr/local/hbase-1.2.4/zookeeper</value>
          </property>
</configuration>
```

上述代码中的部分参数解释如下：

✧ hbase.rootdir：HBase 的数据存储目录。由于 HBase 数据是存储在 HDFS 上的，所以要设置为 HDFS 的目录，注意端口要和 Hadoop 的 fs.defaultFS 端口一致。配置完成后，HBase 数据就会写入到这个目录中，且该目录不必手动创建，而是会在 HBase 启动时自动创建。

✧ hbase.cluster.distributed：若设置为 true，表明开启完全分布模式；设置为 false，

为单机模式或伪分布模式。

✧ hbase.zookeeper.quorum：设置所依赖的 ZooKeeper 节点。

✧ hbase.zookeeper.property.dataDir：设置 ZooKeeper 的配置、日志等数据的存放目录。

此外，还有一个属性 hbase.tmp.dir，用于设置 HBase 临时文件的存放目录，不设置的话，临时文件会默认存放在/tmp 目录，操作系统重启后该目录就会被清空。

(3) 配置 conf/regionservers。regionservers 文件中列出了所有运行 HBase 的服务器(即 HRegionServer)，运行 HBase 之前，需配置 regionservers 文件。对 regionservers 文件的配置与对 Hadoop 中的 slaves 文件的配置十分相似：在文件中的每一行指定一台服务器，当 HBase 启动的时候，会将该文件中指定的所有服务器启动；而当 HBase 关闭的时候，也会同时关闭它们。

本例中，运行 HRegionServer 的服务器为 slave1 和 slave2，因此修改每台服务器 HBase 安装目录下的 conf/regionservers 文件，修改内容如下：

```
slave1
slave2
```

master 节点配置完成后，需要将 master 节点的配置信息复制到其他节点上。可以使用远程复制命令，将 master 节点上配置好的 HBase 配置文件复制到 slave1 与 slave2 节点对应的位置上，命令如下：

```
scp -r /usr/local/hbase-1.2.4    slave1: /usr/local
scp -r /usr/local/hbase-1.2.4    slave2: /usr/local
```

最后，依次执行以下命令，先启动 Hadoop，再启动 HBase：

```
start-all.sh
start-hbase.sh
```

启动 HBase 的同时，会将 ZooKeeper 也同时启动，输出日志如下：

```
start-all.sh
This script is Deprecated. Instead use start-dfs.sh and start-yarn.sh
Starting namenodes on [master]
master: starting namenode, logging to /usr/local/hadoop-2.7.1/logs/hadoop-root-namenode-master.out
slave2: starting datanode, logging to /usr/local/hadoop-2.7.1/logs/hadoop-root-datanode-slave2.out
slave1: starting datanode, logging to /usr/local/hadoop-2.7.1/logs/hadoop-root-datanode-slave1.out
Starting secondary namenodes [master]
master: starting secondarynamenode, logging to /usr/local/hadoop-2.7.1/logs/hadoop-root-secondarynamenode-
master.out
starting yarn daemons
starting resourcemanager, logging to /usr/local/hadoop-2.7.1/logs/yarn-root-resourcemanager-master.out
slave2: starting nodemanager, logging to /usr/local/hadoop-2.7.1/logs/yarn-root-nodemanager-slave2.out
slave1: starting nodemanager, logging to /usr/local/hadoop-2.7.1/logs/yarn-root-nodemanager-slave1.out
root@master:/usr/local/hbase-1.2.4/conf# start-hbase.sh
slave2: starting zookeeper, logging to /usr/local/hbase-1.2.4/bin/../logs/hbase-root-zookeeper-slave2.out
```

```
master: starting zookeeper, logging to /usr/local/hbase-1.2.4/bin/../logs/hbase-root-zookeeper-master.out
slave1: starting zookeeper, logging to /usr/local/hbase-1.2.4/bin/../logs/hbase-root-zookeeper-slave1.out
starting master, logging to /usr/local/hbase-1.2.4/logs/hbase-root-master-master.out
slave2: starting regionserver, logging to /usr/local/hbase-1.2.4/bin/../logs/hbase-root-regionserver-slave2.out
slave1: starting regionserver, logging to /usr/local/hbase-1.2.4/bin/../logs/hbase-root-regionserver-slave1.out
```

HBase 启动后，可以使用 jps 命令，查看各节点的 Java 进程，若 master 节点上出现进程 HMaster 与 HQuorumPeer，slave1 和 slave2 上出现进程 HRegionServer 与 HQuorumPeer，则说明启动成功。

6.7 HBase Shell

HBase 为用户提供了一个非常方便的工具 HBase Shell，它支持大多数 HBase 命令，可以高效地创建、删除及修改表，还可以向表中添加数据，或者列出表中的相关信息。

启动 HBase 后，执行以下命令，即可进入 HBase Shell：

```
hbase shell
```

进入 HBase Shell 后，执行 help 命令，可以获取对 HBase Shell 所支持命令的简要介绍，如表 6-8 所示。

表 6-8　HBase Shell 支持的命令

HBase Shell 命令	描　　述
alter	修改列族(Column Family)模式
count	统计表中行的数量
create	创建表
describe	显示表相关的详细信息
delete	删除指定对象的值(可以为表、行、列对应的值，也可以指定时间戳的值)
deleteall	删除指定行的所有元素值
disable	使表无效
drop	删除表
enable	使表有效
exists	测试表是否存在
exit	退出 HBase Shell
get	获取行或单元(Cell)的值
incr	增加指定表中行或列的值
list	列出 HBase 中存在的所有表
put	向指向的表单元添加值
tools	列出 HBase 所支持的工具
scan	通过对表扫描来获取对应的值
status	返回 HBase 集群的状态信息
shutdown	关闭 HBase 集群(与 exit 不同)
truncate	重新创建指定表
version	返回 HBase 版本信息

注意：shutdown 命令与 exit 命令是不同的。shutdown 命令的作用是关闭 HBase 服务，必须重新启动 HBase 才可以恢复服务；而 exit 命令只是退出 HBase Shell，退出之后还可以重新进入。

下面详细介绍常用的 HBase Shell 命令及其使用方法。

1．创建表

执行以下命令，创建表 t1，列族 f1：

```
create 't1','f1'
```

2．添加数据

执行以下命令，向表 t1 中添加一条数据，其 RowKey 的值为 row1，name 列的值为“zhangsan”：

```
put 't1','row1','f1:name','zhangsan'
```

执行以下命令，向表 t1 中添加一条数据，其 RowKey 的值为 row2，age 列为 18：

```
put 't1','row2','f1:age','18'
```

3．扫描表

执行以下命令，扫描表 t1，并查看数据描述：

```
scan 't1'
```

输出结果如下：

```
hbase(main):005:0> scan 't1'
ROW                               COLUMN+CELL
 row1                             column=f1:name, timestamp=1509344793600, value=zhangsan
 row2                             column=f1:age, timestamp=1509345245541, value=18
2 row(s) in 0.0450 seconds
```

可以看到，两条添加的数据已存在于表 t1 中。

4．修改表

执行以下命令，修改 row1 中的 name 列的值，将“zhangsan”改为“lisi”：

```
put 't1','row1','f1:name','lisi'
```

再次执行 scan 命令，扫描表 t1，可以看到，此时 row1 中 name 列的值已经变为了“lisi”：

```
hbase(main):002:0> scan 't1'
ROW                               COLUMN+CELL
 row1                             column=f1:name, timestamp=1509345996225, value=lisi
 row2                             column=f1:age, timestamp=1509345245541, value=18
2 row(s) in 0.1000 seconds
```

5．删除特定单元格

执行以下命令，可以删除表中 RowKey 为 row1 的行的单元格 name：

```
delete 't1','row1','f1:name'
```

执行 scan 命令，扫描表 t1，可以看到 RowKey 为 row1 的行不存在了，因为 row1 只有一个单元格 name，既然后者已被删除，前者也就不存在了：

```
hbase(main):006:0> scan 't1'
ROW                                          COLUMN+CELL
 row2                                        column=f1:age, timestamp=1509345245541, value=18
1 row(s) in 0.0750 seconds
```

6. 删除一整行数据

执行以下命令，可以删除 RowKey 为 row2 的行中所有单元格：

```
deleteall 't1','row2'
```

执行 scan 命令，扫描表 t1，可以看到 RowKey 为 row2 的行已经不存在了：

```
hbase(main):008:0> scan 't1'
ROW                                          COLUMN+CELL
0 row(s) in 0.0250 seconds
```

7. 删除整张表

删除整张表，需要先禁用表，然后再删除表。例如，依次执行以下命令，就可以将表 t1 删除：

```
disable 't1'
drop 't1'
```

6.8 HBase Java API 的基本操作

客户端可以选择多种方式与 HBase 集群交互，但由于 HBase 是由 Java 编写的，因此最常选用的交互方式即为 Java。用户可以通过 Java API 与 HBase 交互，并执行多种相关操作。Java API 相关类与 HBase 数据模型的对应关系如表 6-9 所示。

表 6-9　Java API 相关类与 HBase 数据模型的对应关系

Java 类	HBase 数据模型
HBaseAdmin	数据库(DataBase)
HBaseConfiguration	
HTable	表(Table)
HTableDescriptor	列族(Column Family)
Put	列修饰符(Column Qualifier)
Get	
Scanner	

6.8.1 创建 Java 工程

在 eclipse 中新建 Maven 项目 hbasedemo，然后在项目的 pom.xml 文件中加入 HBase 的 API 依赖包，代码如下：

```
<dependency>
        <groupId>org.apache.hbase</groupId>
```

```
    <artifactId>hbase-client</artifactId>
    <version>1.2.4</version>
</dependency>
```

配置修改生效后，项目可能报出如下错误：

```
Missing artifact jdk.tools:jdk.tools:jar:1.7
```

出现这种错误的原因是：在 pom.xml 文件中加入的 HBase 客户端依赖包对 tools.jar 包存在隐性依赖，而 tools.jar 包并未存在于 Maven 仓库中，而是 JDK 自带的。因此需要在 pom.xml 文件中继续加入 tools.jar 包，代码如下：

```
<dependency>
    <groupId>jdk.tools</groupId>
    <artifactId>jdk.tools</artifactId>
    <version>1.7</version>
    <scope>system</scope>
    <systemPath>${JAVA_HOME}/lib/tools.jar</systemPath>
</dependency>
```

执行上述代码，错误得到解决。

6.8.2　创建表

首先在 Maven 项目 hbasedemo 中新建一个 Java 类 HBaseCreateTable，在其 main 函数中写入以下代码，创建表 t1：

```
public class HBaseCreateTable{
    public static void main(String[] args) throws Exception {
        //创建 Hadoop 配置对象
        Configuration conf=HBaseConfiguration.create();
        //创建连接对象 Connection
        Connection conn=ConnectionFactory.createConnection(conf);
        //得到数据库管理员对象
        Admin admin=conn.getAdmin();
        TableName tableName=TableName.valueOf("t1");
        //创建表描述并指定表名
        HTableDescriptor desc=new HTableDescriptor(tableName);
        //创建列族描述
        HColumnDescriptor family=new HColumnDescriptor("f1");
        //指定列族
        desc.addFamily(family);
        //创建表
        admin.createTable(desc);
        System.out.println("create table success!!");
    }
```

```
}
```

将项目 hbasedemo 导出为 jar 包，命名为 HBaseDemo.jar，并上传到已搭建好 HBase 系统的 Linux 服务器中。随后进入该 jar 包所在目录，执行以下代码，将 jar 包加入 HBase 的环境变量 CLASSPATH 中：

```
export HBASE_CLASSPATH=HBaseDemo.jar
```

然后执行 echo 命令，打印 HBASE_CLASSPATH，查看 jar 包是否正确加入：

```
echo $HBASE_CLASSPATH
```

最后使用 HBase 命令执行 jar 包中的程序，代码如下：

```
hbase com.hyg.hbase.HBaseCreateTable
```

上述代码中，com.hyg.hbase.HBaseCreateTable 是 HBaseCreateTable 类的路径，com.hyg.hbase 是 HBaseCreateTable 类所在的包的名称。

程序执行完毕后，进入 HBase Shell 并执行 list 命令，可以查看表是否创建成功。

6.8.3 添加数据

在 Maven 项目 hbasedemo 中新建一个 Java 类 HBasePutData，在其 main 函数中写入以下代码，为表 t1 添加数据：

```
public class HBasePutData{
    public static void main(String[] args) throws Exception {
        //创建 Hadoop 配置对象
        Configuration conf=HBaseConfiguration.create();
        //创建数据库连接对象 Connection
        Connection conn=ConnectionFactory.createConnection(conf);
        //Table 负责与记录相关的操作，如增删改查等
        TableName tableName=TableName.valueOf("t1");
        Table table=conn.getTable(tableName);
      //创建 Put 对象，设置 RowKey
     Put put = new Put(Bytes.toBytes("row1"));
     //添加列数据，指定列族、列名与列值
     put.addColumn(Bytes.toBytes("f1"),Bytes.toBytes("name"),
                         Bytes.toBytes("xiaoming"));
     put.addColumn(Bytes.toBytes("f1"),Bytes.toBytes("age"),
                         Bytes.toBytes("20"));
     put.addColumn(Bytes.toBytes("f1"),Bytes.toBytes("address"),
                         Bytes.toBytes("beijing"));
     //执行添加数据
     table.put(put);
     //释放资源
     table.close();
     System.out.println("put data success!!");
```

```
        }
}
```

将项目导出为 jar 包，上传到已搭建好 HBase 系统的 Linux 服务器中，执行添加数据程序。具体操作与创建表部分相同，此处不再赘述。

程序执行后，进入 HBase Shell，使用如下命令查看数据库记录：

```
scan 't1'
```

输出结果如下：

```
hbase(main):001:0> scan 't1'
ROW                                          COLUMN+CELL
 row1                                        column=f1:address, timestamp=1509673735932,
value=beijing
 row1                                        column=f1:age, timestamp=1509673735932,
value=20
 row1                                        column=f1:name, timestamp=1509673735932,
value=xiaoming
```

可以看到，表 t1 中已经加入了一条 RowKey 为 row1 的数据。

6.8.4　查询数据

在 Maven 项目 hbasedemo 中新建一个 Java 类 HBaseGetData，在其 main 函数中写入以下代码，查询表 t1 的数据：

```
public class HBaseGetData{
    public static void main(String[] args) throws Exception {
        Configuration conf=HBaseConfiguration.create();
      //获得数据库连接
      Connection conn=ConnectionFactory.createConnection(conf);
        //获取 Table 对象，Table 负责与记录相关的操作，如增删改查等
        TableName tableName=TableName.valueOf("t1");
        Table table=conn.getTable(tableName);
        //创建 Get 对象，传入 RowKey
      Get get = new Get(Bytes.toBytes("row1"));// 设置RowKey
       //指定要查询的列族与列名，也可以不指定，直接根据 RowKey 查询整条记录
      get.addColumn(Bytes.toBytes("f1"), Bytes.toBytes("name"));
      get.addColumn(Bytes.toBytes("f1"), Bytes.toBytes("age"));
      //执行查询数据
      Result rs=table.get(get);
       //获取列族 f1 中列 name 的最新数据
      KeyValue kv=rs.getColumnLatest(Bytes.toBytes("f1"), Bytes.toBytes("name"));
      String value=Bytes.toString(kv.getValue());
       System.out.println("查询到的 name 值为："+value);
```

```
        //释放资源
        table.close();
        System.out.println("get data success!!");
    }
}
```

将项目导出为 jar 包，上传到已搭建好 HBase 系统的 Linux 服务器中，执行查询数据程序。具体操作与创建表部分相同，此处不再赘述。

程序执行后，若输出以下结果，则说明查询成功：

```
查询到的name值为：xiaoming
get data success!!
```

6.8.5 删除数据

在 Maven 项目 hbasedemo 中新建一个 Java 类 HBaseDeleteData，在 main 函数中写入以下代码，删除表 t1 中 RowKey 为 row1 的一条数据：

```
public class HBaseDeleteData{
    public static void main(String[] args) throws Exception {
        Configuration conf=HBaseConfiguration.create();
        //获得数据库连接
        Connection conn=ConnectionFactory.createConnection(conf);
            //获取 Table 对象，Table 负责与记录相关的操作，如增删改查等
            TableName tableName=TableName.valueOf("t1");
            Table table=conn.getTable(tableName);
            //创建删除对象 Delete，根据 RowKey 删除一整条记录
            Delete delete=new Delete(Bytes.toBytes("row1"));
            table.delete(delete);
        //释放资源
        table.close();
        System.out.println("delete data success!!");
    }
}
```

后续执行操作与创建表部分相同，此处不再赘述。

6.9 HBase 过滤器

HBase 为筛选数据提供了一组过滤器，这个过滤器可以从 HBase 数据的多个维度(行、列、数据版本)上对数据进行筛选，也就是说筛选的数据能够细化到具体的某个存储单元格上(由行键、列名、时间戳定位)。通常来说，通过行键或值来筛选数据的应用场景较多。

6.9.1 过滤器简介

HBase 中的过滤器类似于 SQL 中的 Where 条件。过滤器在客户端创建，然后通过 RPC 发送到服务器上，最后由服务器执行，执行流程如图 6-5 所示。

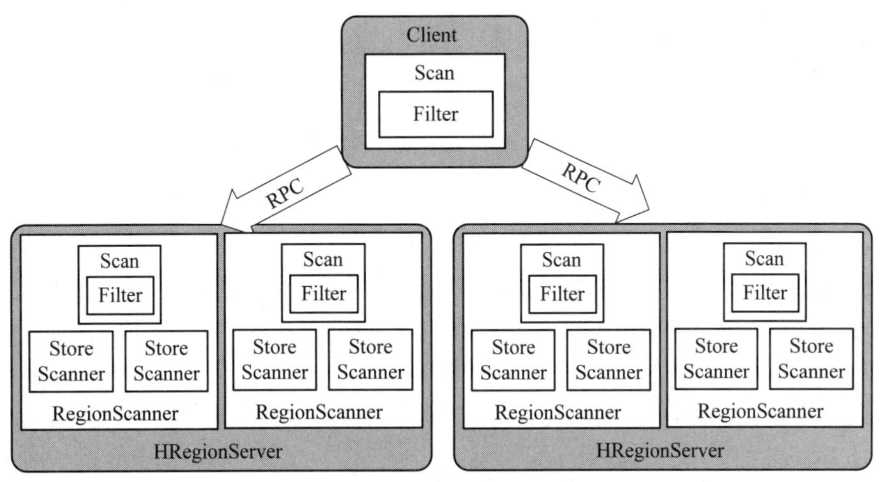

图 6-5 HBase 过滤器的执行流程

图 6-5 中，客户端首先创建了一个过滤器 Scan，然后将装载该过滤器数据的序列化对象 Scan 发送到 HBase 的各个 RegionServer 上(这是一个服务端过滤器)，这样可以降低网络传输的压力。RegionServer 就可以使用 Scan 和内部的扫描器对数据进行过滤操作。

使用过滤器至少需要两类参数：一类是比较操作符；另一类是比较器。

比较操作符可以决定哪些数据被包含，哪些数据被排除，从而帮助用户筛选数据的一段子集或一些特定的数据。HBase 提供了枚举类型的变量来表示这些抽象的比较操作符，如表 6-10 所示。

表 6-10 HBase 过滤器操作符的含义

操 作 符	含 义
LESS	小于
LESS_OR_EQUAL	小于等于
EQUAL	等于
NOT_EQUAL	不等于
GREATER_OR_EQUAL	大于等于

比较器是过滤器的核心组成部分之一，用于处理具体的比较逻辑，例如字节级的比较、字符串级的比较等。HBase 过滤器提供的主要比较器如表 6-11 所示。

表 6-11　HBase 过滤器比较器的含义

比　较　器	含　义
BinaryComparator	二进制比较器，用于按字典顺序比较字节数据值。底层采用 Bytes.compareTo(byte[])进行比较
BinaryPrefixComparator	前缀二进制比较器。与二进制比较器不同的是，只比较前缀是否相同
NullComparator	判断给定的值是否为空
RegexStringComparator	正则比较器，仅支持 EQUAL 和非 EQUAL
SubstringComparator	用于监测一个字符串是否存在于值中，并且不区分大小写

6.9.2　行键过滤器

行键过滤器使用二进制比较器 BinaryComparator 来筛选出具有某个行键的行，或者通过改变比较运算符来筛选出符合某一条件的多条数据。例如，从表 t1 中筛选出行键为 row1 的一行数据，代码如下：

```
Table table =conn.getTable(TableName.valueOf("t1"));
Scan scan = new Scan();
//创建一个过滤器，指定比较运算符和比较器
Filter filter = new RowFilter(CompareOp.EQUAL, new BinaryComparator(Bytes.toBytes("row1")));
scan.setFilter(filter);
ResultScanner rs = table.getScanner(scan);
for (Result res : rs) {
        System.out.println(res);
}
```

使用正则比较器 RegexStringComparator 结合正则表达式来创建过滤器，可以筛选匹配的行。例如，筛选出行键与正则表达式“.*-.5”相匹配的所有数据，代码如下：

```
//创建一个过滤器，根据正则表达式进行匹配
Filter filter = new RowFilter(CompareOp.EQUAL, new RegexStringComparator(".*-.5"));
```

使用字符串比较器 SubstringComparator 可以判断某字符串是否存在于行键中，从而对数据进行筛选。例如，筛选出行键包含“-6”的所有数据，代码如下：

```
Filter filter = new RowFilter(CompareOp.EQUAL, new SubstringComparator("-6"));
```

6.9.3　列族过滤器

列族过滤器与行键过滤器相似，也可以使用比较器 BinaryComparator 对数据进行过滤，不同的是，列族过滤器通过比较列族而不是行键来筛选数据。例如，筛选出列族为 f1 的所有数据，代码如下：

```
Table table =conn.getTable(TableName.valueOf("t1"));
Scan scan = new Scan();
//创建一个列族过滤器
```

```
Filter filter = new FamilyFilter(CompareOp.EQUAL, new BinaryComparator(Bytes.toBytes("f1")));
scan.setFilter(filter);
ResultScanner rs = table.getScanner(scan);
for (Result res : rs) {
        System.out.println(res);
}
```

6.9.4　列过滤器

列过滤器可以使用比较器 BinaryComparator 根据列名筛选数据。例如，筛选出列名为“name”的所有数据，代码如下：

```
Scan scan = new Scan();
//创建一个列过滤器
Filter filter = new QualifierFilter(CompareOp.EQUAL, new BinaryComparator(Bytes.toBytes("name")));
scan.setFilter(filter);
```

6.9.5　值过滤器

值过滤器是按照单元格的具体值来筛选单元格的过滤器，可以使用比较器 SubstringComparator 把某一行中的值不满足条件的单元格过滤掉。例如，筛选出一行中的值包含“xiaoming”的所有单元格数据，代码如下：

```
Scan scan = new Scan();
//创建一个值过滤器
Filter filter = new ValueFilter(CompareOp.EQUAL, new SubstringComparator("xiaoming"));
scan.setFilter(filter);
```

6.9.6　单列值过滤器

单列值过滤器也可以使用比较器 SubstringComparator，以某一列的值是否满足条件来判断该行是否应被过滤。可以在过滤器中调用函数 setFilterIfMissing(false) 或 setFilterIfMissing(true)，以确定不存在作为过滤条件的列的行是否应包含在结果集中。默认值为前者，此时这样的行会被包含在结果集中；如果设置为后者，则这样的行会被过滤掉。

例如，筛选出 name 列不包含“zhangsan”的所有行数据，代码如下：

```
//创建一个单列值过滤器
Filter filter = new SingleColumnValueFilter(Bytes.toBytes("f1"),
Bytes.toBytes("name"),CompareFilter.CompareOp.NOT_EQUAL, new SubstringComparator("zhangsan"));
//如果某行 name 列不存在，那么该行将被过滤掉，false 则不进行过滤，默认为 false
((SingleColumnValueFilter) filter).setFilterIfMissing(true);
```

本 章 小 结

最新更新

- ✧ HBase 的设计目的是处理非常庞大的表，它甚至可以使用普通的计算机处理超过 10 亿行的、由数百万列元素组成的数据表的数据。
- ✧ HBase 采用 Master/Slave 架构搭建集群，隶属于 Hadoop 生态系统，由三种类型的节点组成——HMaster 节点、HRegionServer 节点、ZooKeeper 集群。
- ✧ HRegion 是 HBase 数据存储和管理的基本单位，一个表可以包含一个或多个 HRegion，Table 在行的方向上分割为多个 HRegion。
- ✧ ZooKeeper 为 HBase 集群提供协调服务，它管理着 HMaster 节点和 HRegionServer 节点的状态(available/alive 等)，并且会在它们宕机时通知 HMaster 节点，从而实现 HMaster 节点之间的故障切换，或对宕机的 HRegionServer 节点中的 HRegion 进行修复。

本 章 练 习

1. 简述 HBase 的主要存储特点。
2. 简述 HBase 的组成架构。
3. 学会搭建 HBase 分布式集群环境。
4. 能够使用 Java API 对 HBase 进行操作。

第7章　Hive

本章目标

- 熟悉 Hive 及其组件的基本概念和组成结构
- 掌握 Hive 的搭建方式
- 掌握 Hive 的命令行模式
- 熟练掌握 HiveQL
- 熟练掌握 Hive 的 JDBC 使用方式

Hive 是基于 Hadoop 的一个数据仓库工具，它使用 MapReduce 计算框架(Hive 在未来版本中将逐渐抛弃 MapReduce，并转移到 Spark 等计算框架上)实现了常用 SQL 语句，并对外提供类 SQL 编程接口。

MapReduce 编程技术学习成本较高，应用较为复杂，业界人员又大多习惯使用 SQL 语言来处理数据。在这种情况下，Hive 的出现降低了 Hadoop 的使用门槛，减少了开发 MapReduce 程序的时间成本，为用户、开发人员和科研人员提供了极大的方便。

本章我们将系统介绍 Hive 的基本原理和使用方法。

7.1 Hive 简介

Hive 并非一个关系型数据库，也不能用于在线事务的实时处理，它更擅长处理传统的数据仓库任务，即对已经储存在硬盘中的大规模数据集进行批量式的数据处理。

Hive 提供的 SQL 语言接口 HiveQL 有效简化了大规模数据集的汇总、查询和分析工作。同时，HiveQL 还提供了足够的空间来让用户实现自己所需的功能，完成自定义的分析过程。借助 SQL 语法，Hive 让数据仓库任务的处理变得更为简单。

Hive 具备以下特点：

✧ 快速实现数据 ETL(Extract，Transform，Load)、数据分析和分析报告。
✧ 提供了针对各种数据形式的结构化机制。
✧ 可直接从 HDFS 中获取数据，也可从其他数据库(如 HBase)中获取数据。
✧ 基于 Tez、Spark 或 MapReduce 来进行计算。
✧ 提供了 HPL-SQL 查询语言。
✧ 提供基于 Hive LLAP、YARN 和 Slider 的次秒级查询检索功能。

7.1.1 系统结构和工作方式

Hive 是建立在 Hadoop 框架之上的，它在内部实现了一个 SQL 语言解析器，并对外提供相关接口。当 Hive 获取用户指令后，会将指令中的 SQL 语言解析为一个 MapReduce 可执行计划，并按此计划将 MapReduce 任务提交给 Hadoop 集群，最后将任务执行结果返回给用户。Hive 的系统结构如图 7-1 所示。

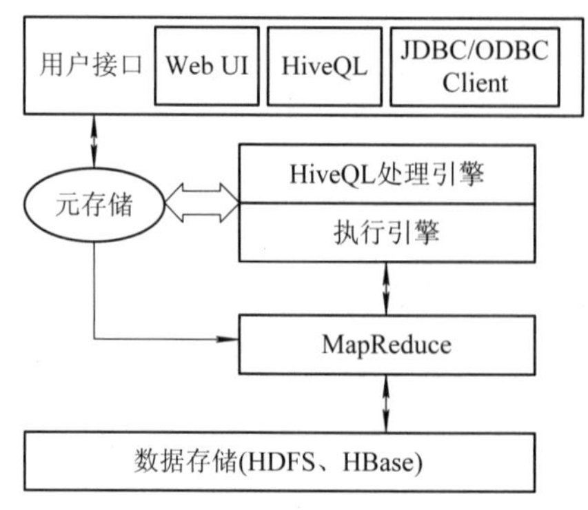

图 7-1　Hive 系统结构图

Hive 系统中各主要组成部分的名称和作用如表 7-1 所示。

表 7-1　Hive 系统结构说明

名　称	作　　用
用户接口(User Interface)	使用户可以通过 Web UI、Hive 命令行客户端和 JDBC 客户端访问 Hive，实现用户与 HDFS 之间的互动
元存储(Meta Store)	用以储存表、数据库、列模式、数据类型以及与 HDFS 的映射关系等信息
HiveQL 处理引擎	一种类 SQL 语句，它基于元存储中的信息，将用户的操作解析为一个 MapReduce 任务，从而通过 MapReduce 实现与 HDFS 之间的通信
执行引擎(Execution Engine)	HiveQL 处理引擎和 MapReduce 的结合部分，用于管理 HiveQL 处理引擎解析的 MapReduce 任务的生命周期和处理结果
数据存储(Data Storage)	基于 HDFS 或 HBase 数据存储技术，储存和管理数据仓库中的数据

Hive 的工作方式如图 7-2 所示。

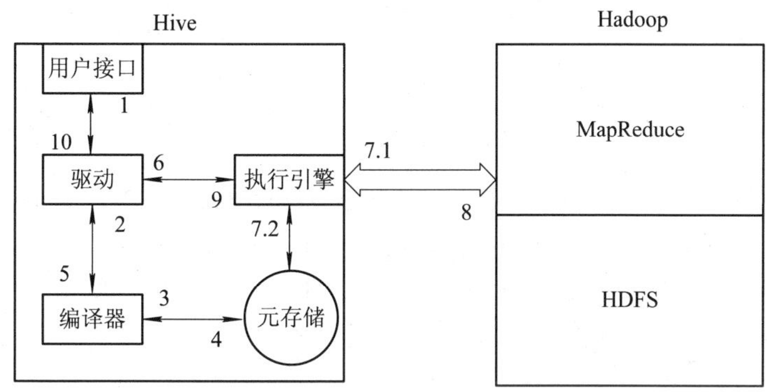

图 7-2　Hive 工作方式示意

对图 7-2 中各操作步骤的说明如表 7-2 所示。

表 7-2　Hive 工作方式说明

步骤编号	操　　作
1 执行查询	Hive 使用对外提供的接口，接收命令行、Web UI 或 JDBC/ODBC Client 发送的查询驱动程序
2 生成计划	在驱动程序帮助下调用编译器，编译器分析查询语句、检查语法并生成查询任务(查询计划)
3 请求元数据	编译器发送元数据请求到元存储器
4 返回元数据	元存储器返回元数据，以响应编译器
5 发送计划	编译器完成检查，并重新发送查询任务给驱动程序。至此，查询任务的解析和编译工作完成
6 执行计划	驱动程序将查询任务发送给执行引擎
7.1 提交作业	默认状态下，执行引擎会将查询任务提交给 Hadoop，由 MapReduce 执行。但新版本的 Hive 将逐渐抛弃 MapReduce，将任务执行者改为 Spark 等计算框架

续表

步骤编号	操　作
7.2 元数据操作	与 7.1 同时进行，执行引擎会访问元存储器来执行元数据操作
8 获取结果	数据节点将任务处理结果发送给执行引擎
9 发送结果	执行引擎将任务处理结果发送给驱动程序
10 回馈结果	驱动程序将任务处理结果发送给 Hive 的对外接口

默认状态下，Hive 中的数据文件存储要遵循一定的结构规则。例如，HDFS 绝对路径为/warehouse/htable/shandong/qingdao/part-00010 的 Hive 数据文件在文件系统中的存储结构如图 7-3 所示，其中各级目录的具体概念和含义将在 7.1.2 节中进行介绍。

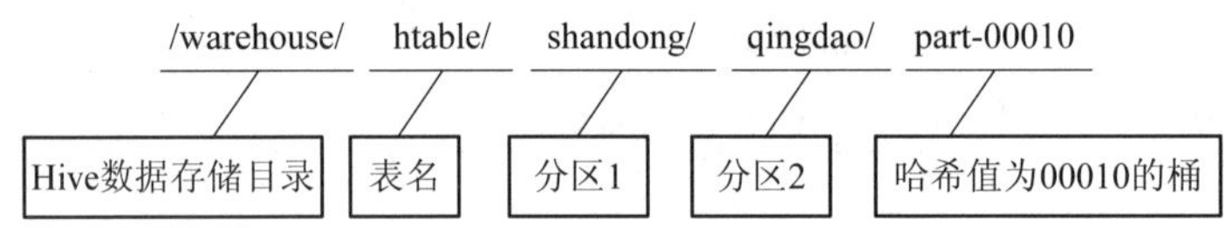

图 7-3　Hive 数据文件目录结构

7.1.2　Hive 数据模型

Hive 并没有自己的数据存储模块，而是基于 Hadoop 的 HDFS 来保存自己的数据。Hive 也没有专门的数据存储结构，且不会为数据建立索引。用户在 Hive 中组织自己的数据表时，需向 Hive 指定数据的行、列分隔符，使 Hive 可以据此来解析表中的数据。

Hive 数据模型涉及元数据、数据单元、基本数据类型与复杂数据类型四个关键概念，下面分别进行介绍。

1. 元数据

元数据(MetaData)又称“数据的数据”或“中介数据”，是用于描述数据各项属性信息的数据。例如数据的类型、结构、历史数据信息，数据库、表、视图的信息等。Hive 的元数据要经常面临读取、修改和更新操作，因此并不适合储存在 HDFS 中，而是通常储存在关系型数据库中，例如 Derby 或者 MySQL 中。

2. 数据单元

(1) 数据库(Data Base)：Hive 中的数据库并非真实存在，而是相当于一个命名空间，用来避免表、分区、列之间出现命名冲突，并确保用户和用户组的安全性。

(2) 表(Table)：由具有相同模式的数据组成的数据单元。数据库中的一个表由若干行组成，每一行的数据都具有相同的模式，同时每行也都具有相同属性的列。Hive 中的表可以分为内部表和外部表两类：

- ✧ 内部表(Internal Table)或管理表(Managed Table)：通常所说的表就是指内部表。内部表的创建分为两步：① 表的创建；② 数据的加载。加载数据时，实际数据会被移动到数据仓库的数据目录中，对数据的访问也直接在数据仓库中完成。当删除内部表时，表中的元数据和数据仓库中对应的数据会一同被删除。

- ✧ 外部表(External Table)：外部表在创建时需指向数据存储器中已经存在的数据，它和内部表在元数据的存储上是相同的，但在实际数据的存储上存在一定差异：首先，由于数据已经存在，所以外部表在被创建时，表的创建和数据的加载两个步骤是同时完成的；其次，外部表的实际数据始终保存在数据存储器中，而不会被移动到数据仓库的数据目录中；最后，当外部表被删除时，只有元数据会被删除，数据存储器中的实际数据并不会被删除。

(3) 分区(Partition)：每个表会被分割为至少一个分区。分区用于将表中的数据储存至表所在的目录下的相应子目录中。

(4) 桶(Bucket)或簇(Cluster)：每个分区会基于表的某列数据的哈希值被划分为若干个桶，每个桶对应分区下的一个数据文件。对表进行分区和分桶并非必需，但这样可以减少语句处理过程中需要访问的数据量，显著提升语句的执行速度。

3．基本数据类型

Hive 的基本数据类型与大部分数据库或程序语言的数据类型相似，包括以下几种：

- ✧ 整型(Integer)：TINYINT、SMALLINT、INT、BIGINT。
- ✧ 布尔型(Boolean)：TRUE/FALSE。
- ✧ 浮点型(Floating point number)：FLOAT、DOUBLE。
- ✧ 定点型(Fixed point number)：DECIMAL。
- ✧ 字符(Char)/字符串(String)：VARCHAR、CHAR、STRING。
- ✧ 日期和时间(Date and time)：TIMESTAMP、DATE。
- ✧ 二进制(Binary)：BINARY。

这些基本数据类型大家都比较熟悉，此处不再过多介绍。

4．复杂数据类型

Hive 的复杂数据类型有三种：

- ✧ 结构体(STRUCT)：STRUCT 可以包含不同数据类型的元素。这些元素可以通过“点语法”的方式来得到所需要的元素。例如，c 列的数据类型为 STRUCT{a INT,b INT}，可以通过 c.a 来访问 c 列中的数据 a。
- ✧ 键值对(Map)：类似于 Java 中的 Map，根据键访问值。例如，对于名为“M”的映射关系'group'->gid，可以使用 M['group']来获取值 gid。
- ✧ 数组(Array)：类似于 Java 中的数组，数组中所有元素的类型都相同，可以使用索引来访问其中的数据。例如，数组 A 为[a,b,c]，则 a[1]就代表元素 b。

7.1.3 Hive 内置服务

Hive 内置了多种服务(Hive 搭建完成后可用命令 hive --service help 查看所有内置服务)，其中开发人员常用的服务主要有 CLI(Command Line Interface)、HiveServer2 与 Beeline 三种。

1．CLI

Hive 的命令行接口，是极为常用的一项服务，可直接在命令行中使用。

2. HiveServer2

早期版本的 Hive 中使用的是 HiveServer 服务，但 HiveServer 服务不能处理多于一个客户端的并发请求，为解决这一问题，Hive 0.11.0 及之后的版本重写了 HiveServer 服务的代码，即实现了 HiveServer2 服务。

HiveServer2 支持多客户端的并发认证，为开放的 API 客户端(如 JDBC、ODBC 等)提供了更好的支持。HiveServer2 还允许客户端在不启动 CLI 的情况下对 Hive 中的数据进行操作，是程序开发过程中最为常用的 Hive 数据访问服务。

3. Beeline

Beeline 又称 HiveServer2 Clients，是基于 HiveServer2 服务和 SQLLine 开源项目的 JDBC 交互式命令行客户端。在实际工作中，Beeline 可作为 CLI 的替代服务使用，但与 CLI 的区别在于：Beeline 需要显式地建立 JDBC 连接，因此可以指定想要连接的 HiveServer2 服务，包括本地或远程服务。

7.2 Hive 环境搭建

下面介绍在 HDFS 存储器上搭建 Hive 环境的主要步骤。

1. 前期准备

在搭建 Hive 环境前，需先完成以下准备工作：

- ✧ 完成 Hadoop 部署。
- ✧ 解压 Hive 的二进制安装包 apache-hive-2.1.1-bin.tar.gz(本书使用 Hive 2.1.1 版本)。
- ✧ 配置系统的环境变量：编辑环境配置文件/etc/profile，在文件最后定义环境变量 HIVE_HOME，同时修改变量 PATH，将$HIVE_HOME/bin 添加进去，如图 7-4 所示。注意：因为 Hive 是基于 Hadoop 的，因此在它启动的同时，系统会自动在环境变量 HADOOP_HOME 中加载 Hadoop 的相关配置文件。

```
export JAVA_HOME=/usr/java/jdk
export HADOOP_HOME=/bigdata/hadoop
export ZK_HOME=/bigdata/zookeeper
export HIVE_HOME=/bigdata/hive
export PATH=$JAVA_HOME/bin:$HADOOP_HOME/bin:$HADOOP_HOME/sbin:$ZK_HOME/bin:$HIVE_HOME/bin:$PATH
export CLASSPATH=.:$JAVA_HOME/lib/dt.jar:$JAVA_HOME/lib/tools.jar
```

图 7-4　配置 Hive 环境变量

2. 创建 HDFS 目录

使用以下命令，创建 HDFS 相关目录(各个目录的作用参考表 7-3)：

```
hadoop fs -mkdir /tmp/hive
hadoop fs -mkdir /hive/warehouse
hadoop fs -chmod g+w /tmp/hive
hadoop fs -chmod g+w /hive/warehouse
```

3．更改配置项

将目录$HIVE_HOME/conf 下的文件 hive-default.xml.template 复制并重命名为 hive-site.xml，然后按照表 7-3 对其中的相关配置项进行修改。

表 7-3 hive-site.xml 一般配置项说明

名 称	值	说 明
hive.exec.local.scratchdir	/bigdata/tmp/hive/local	本地缓存目录
hive.downloaded.resources.dir	/bigdata/tmp/hive	从远程文件系统中添加资源的本地临时目录
hive.querylog.location	/bigdata/tmp/hive	Hive 运行时的结构化日志目录
hive.server2.logging.operation.log.location	/bigdata/tmp/hive	日志功能开启时，存储操作日志的最高级目录
hive.metastore.warehouse.dir	/hive/warehouse	default 数据库在 HDFS 中的地址
hive.exec.scratchdir	/tmp/hive	Hive 任务在 HDFS 中的缓存路径
hive.exec.mode.local.auto	true	Hive 可以自行决定使用本地模式执行任务

此外，可以在 Hadoop 配置文件目录中的 hdfs-site.xml 文件中添加以下配置项，限制 HDFS 创建临时块的最小值，避免由此造成的性能损失：

```
<property>
    <name>dfs.namenode.fs-limits.min-block-size</name>
    <value>0</value>
</property>
```

该配置值默认为 1048576，实际工作中应结合业务需求而定，只要能保证上传到 HDFS 中的最小文件大于该配置所设定的值即可。本例中将该配置的值降低为 0，以避免将本地文件直接上传到 Hive 表时由于文件过小而报错。

4．配置 MySQL

下载 Java 连接 MySQL 的驱动包 mysql-connector-java-5.1.42-bin.jar，将其放置在 Hive 目录下的 lib 目录中。

安装并配置 MySQL 数据库，然后使用 root 用户身份登录 MySQL，创建名为“hive”的数据库，添加数据库用户 hive，为 hive 用户赋予全局外部访问的权限，代码如下：

```
MriaDB> create database hive;
MriaDB> create user hive IDENTIFIED by 'hive';
MriaDB> grant all privileges on hive.* to hive@'%' identified by 'hive';
MriaDB> flush privileges;
```

5．配置 Hive 元数据库相关配置项

修改 hive-site.xml 文件中与元数据库相关的配置项，如表 7-4 所示。

表 7-4 hive-site.xml 元数据库相关配置项说明

名 称	值	说 明
javax.jdo.option.ConnectionURL	jdbc:mysql://<hostname>/<database name>?createDatabaseIfNotExist=true	储存元数据的 MySQL 服务器 URL
javax.jdo.option.ConnectionDriverName	com.mysql.jdbc.Driver	MySQL 的 JDBC 驱动类
javax.jdo.option.ConnectionUserName	hive	链接到 MySQL 服务器的用户名
javax.jdo.option.ConnectionPassword	hive	链接到 MySQL 服务器的用户密码
hive.exec.mode.local.auto	true	Hive 可以自行决定使用本地模式执行任务

6. 同步元数据到数据库

执行以下命令，将元数据在数据库中进行同步：

```
schematool -dbType mysql -initSchema
```

同步完成后，可以看到 MySQL 中的 hive 数据库里生成了很多存放元数据的表。

7. 启动 metastore 服务

执行以下命令，可以在后台启动 metastore 服务：

```
Hive –service metastore &
```

metastore 服务是连接 MySQL 数据库的中介服务，启动该服务后，可以使用多个客户端同时连接 MySQL 数据库，且无需用户名和密码。

8. 通过 Hive CLI 访问 Hive

执行以下命令，可以通过 Hive CLI 对 Hive 进行访问：

```
hive
```

如果可以成功访问，则说明 Hive 环境搭建成功。

7.3 Hive 命令行

Hive 的命令行分为 Hive CLI 交互式命令行和 hive 命令两种。Hive CLI 交互式命令行本质上是 Hive 的一个客户端服务，启动客户端后进入交互式命令行模式，即可通过 HiveQL 访问 Hive 中的数据；hive 命令则是 Hive 自带的一个脚本，可以在 Linux Shell 中执行一些基本操作。

7.3.1 Hive CLI 交互式命令行

下面通过几个示例对 Hive CLI 交互式命令行的基本操作做一个初步的介绍，其中涉及的语法会在 7.4 节中详细讲解。

在 Linux Shell 中输入如下命令，即可进入 Hive CLI 交互式命令行模式：

```
hive
```

测试 Hive CLI 的数据，这些以\t 作为分割符的日志数据存放在本地的/root/hiveTestData.txt 文件中，具体内容如图 7-5 所示。

```
175.42.93.145   [25/Sep/2013:00:10:08 +0800]   "GET /mapreduce/hadoop-rumen-introduction HTTP/1.1"   301,427
61.135.216.104  [25/Sep/2013:00:10:10 +0800]   "GET /search-engine/thrift-framework-intro/feed/ HTTP/1.1"   304,160
175.42.93.145   [25/Sep/2013:00:10:11 +0800]   "GET /mapreduce/hadoop-rumen-introduction HTTP/1.1"   301,427
175.42.93.145   [25/Sep/2013:00:10:12 +0800]   "GET /mapreduce/hadoop-rumen-introduction/ HTTP/1.1"   200,20875
```

图 7-5　Hive CLI 的数据

以图 7-5 数据为例，对数据进行管理操作，具体步骤如下：

操作 1：创建表 hiveTestTable1，代码如下：

```
hive> CREATE TABLE IF NOT EXISTS db1.hiveTestTable1(
hive> ip string,
hive> time string,
hive> url string,
hive> size string
hive> )
hive> ROW FORMAT DELIMITED FIELDS TERMINATED BY '\t' ;
```

操作 2：载入数据到 hiveTestTable1 表中，代码如下：

```
hive> LOAD DATA local inpath '/root/hiveTestData.txt' into table db1.hiveTestTable1;
```

操作 3：查看 hiveTestTable1 表中数据，代码如下：

```
hive> SELECT * from db1.hiveTestTable1;
```

操作 4：从表 hiveTestTable1 中查询部分数据，并将其作为依据来创建表 hiveTestTable2，代码如下：

```
hive> CREATE TABLE db1.hiveTestTable2 AS SELECT ip, time, url from db1.hiveTestTable1;
```

操作 5：查询表 hiveTestTable2 中的数据，代码如下：

```
hive> SELECT * from db1.hiveTestTable2;
```

操作 6：利用表 hiveTestTable2 的表结构创建表 hiveTestTable3，代码如下：

```
hive> CREATE TABLE IF NOT EXISTS db1.hiveTestTable3 LIKE db1.hiveTestTable2 ;
```

操作 7：查看表 hiveTestTable3 的表结构，代码如下：

```
hive> DESC db1.hiveTestTable3;
```

7.3.2　hive 命令

在 Linux Shell 中输入以下命令，可以查看 hive 命令的参数说明：

```
hive -help
```

hive 命令各参数的具体说明如表 7-5 所示。

表 7-5　hive 命令参数说明

参　数	说　明
-d,--define <key=value>	为 hive 命令的变量赋值。例如 hive -d A=B 或 hive --define A=B
--database <databasename>	声明要使用的数据库
-e <quoted-query-string>	在命令中执行 SQL 语句
-f <filename>	从文件中执行 SQL 语句
-H,--help	打印帮助信息
--hiveconf <property=value>	为配置项赋值
--hivevar <key=value>	同-d,-define <key=value>
-i <filename>	初始化 SQL 文件
-S,--silent	以沉默模式进入交互式模式，即日志中不输出 INFO 级别信息
-v,--verbose	冗长模式，即要求 Hive 打印详细的执行信息

以下为几个使用 hive 命令的操作示例：

操作 1：以命令行方式执行指定的 SQL 语句，代码如下：

```
hive -e 'SELECT table.col FROM table;'
```

操作 2：以指定的 Hive 环境变量执行指定的 SQL 语句，代码如下(以下是一句指令，没有换行)：

```
hive -e 'select table.col from table;' -hiveconf hive.exec.scratchdir=/home/my/hive_scratch -hiveconf
mapred.reduce.tasks=32
```

操作 3：以沉默模式执行指定的 SQL 脚本，并将执行结果导出到指定文件，代码如下：

```
hive -e 'select a.col from tab1 a;' > a.txt
```

操作 4：以非交互式模式执行 SQL 脚本，代码如下：

```
hive -f /home/my/hive-script.sql
```

操作 5：执行来自于 Hadoop 所支持的文件系统中的 SQL 脚本，代码如下：

```
hive -f hdfs://<namenode>:<port>/hive-script.sql
hive -f s3://mys3bucket/s3-script.sql
```

操作 6：在进入交互模式之前，对 SQL 脚本进行初始化，代码如下：

```
hive -i /home/my/hive-init.sql
```

7.4　HiveQL 详解

HiveQL 是 Hive 的核心功能之一，它为用户提供了一种类 SQL 的方式来访问数据仓库中的数据。下面对 HiveQL 常用操作的语法进行详解。

7.4.1　DDL 操作

DDL(Data Definition Language)即数据定义语言，可以对数据单元执行创建、删除、修改等操作。Hive 中用到的主要 DDL 操作如下：

- ✧ 创建操作：CREATE DATABASE/SCHEMAZ(or TABLE、VIEW、FUNCTION、INDEX)。
- ✧ 删除操作：DROP DATABASE/SCHEMA(or TABLE、VIEW、INDEX)。
- ✧ 截取操作：TRUNCATE TABLE。
- ✧ 修改操作：ALTER DATABASE/SCHEMA(or TABLE、VIEW)。
- ✧ 刷新操作：MSCK REPAIR TABLE (or ALTER TABLE RECOVER PARTITIONS)。
- ✧ 显示操作：SHOW DATABASES/SCHEMAS(or TABLES,、TBLPROPERTIES、VIEWS、PARTITIONS、FUNCTIONS、INDEX[ES]、COLUMNS、CREATE TABLE)。
- ✧ 描述操作：DESCRIBE DATABASE/SCHEMA, table_name, view_name。

下面对上述各项 DDL 操作的使用方法进行详细介绍。

1．数据库操作

Hive 中的数据库没有物理上的意义，只起到命名空间的作用。下面对 Hive 数据库的相关操作进行说明：

(1) 创建数据库，操作语法如下：

```
CREATE (DATABASE|SCHEMA) [IF NOT EXISTS] database_name
  [COMMENT database_comment]
  [LOCATION hdfs_path]
  [WITH DBPROPERTIES (property_name=property_value, ...)];
```

各关键字含义如下：

- ✧ IF NOT EXISTS：当数据库已存在时，忽略本次操作，不抛出任何异常信息。
- ✧ COMMENT：添加注释。
- ✧ LOCATION：指定数据库在 HDFS 中的地址，不指定则会使用默认地址。

注意：DATABASE 和 SCHEMA 关键字可以等价互换，都指代数据库。

(2) 删除数据库，操作语法如下：

```
DROP (DATABASE|SCHEMA) [IF EXISTS] database_name [RESTRICT|CASCADE];
```

各关键字含义如下：

- ✧ IF EXISTS：当数据库不存在时，忽略本次操作，不抛出任何异常信息。
- ✧ RESTRICT|CASCADE：默认为 RESTRICT，即当数据库中有数据时，不执行删除操作；CASCADE 则表示无论数据库中是否有数据，都会将全部数据库删除。

(3) 修改数据库，操作语法如下：

```
ALTER (DATABASE|SCHEMA) database_name SET DBPROPERTIES (property_name=property_value, ...);
ALTER (DATABASE|SCHEMA) database_name SET OWNER [USER|ROLE] user_or_role;
```

该操作用于修改数据库的配置参数以及所有者等信息。

(4) 选择数据库。设置当前工作数据库，此后所有命令都默认在该数据库下执行，操作语法如下：

```
USE database_name;
```

若要恢复默认状态，需将当前工作数据库设为 DEFAULT，操作语法如下：

```
USE DEFAULT;
```

2．表操作

表是 Hive 中非常重要的数据单元，相关的操作多且复杂，下面仅对比较常用的操作进行介绍：

(1) 创建表，相关语法如下：

```
CREATE [TEMPORARY] [EXTERNAL] TABLE [IF NOT EXISTS] [db_name.]table_name      -- (Note:
TEMPORARY available in Hive 0.14.0 and later)
  [(col_name data_type [COMMENT col_comment], ... [constraint_specification])]
  [COMMENT table_comment]
  [PARTITIONED BY (col_name data_type [COMMENT col_comment], ...)]
  [CLUSTERED BY (col_name, col_name, ...) [SORTED BY (col_name [ASC|DESC], ...)] INTO num_buckets
BUCKETS]
  [SKEWED BY (col_name, col_name, ...)                  -- (Note: Available in Hive 0.10.0 and later)]
     ON ((col_value, col_value, ...), (col_value, col_value, ...), ...)
     [STORED AS DIRECTORIES]    --将倾斜数据单独存放在一个目录
  [
   [ROW FORMAT row_format]
   [STORED AS file_format]
     | STORED BY 'storage.handler.class.name' [WITH SERDEPROPERTIES (...)]   -- (Note: Available in Hive
0.6.0 and later)
  ]
  [LOCATION hdfs_path]
  [TBLPROPERTIES (property_name=property_value, ...)]    -- (Note: Available in Hive 0.6.0 and later)
  [AS select_statement];    -- (Note: Available in Hive 0.5.0 and later; not supported for external tables)

CREATE [TEMPORARY] [EXTERNAL] TABLE [IF NOT EXISTS] [db_name.]table_name
  LIKE existing_table_or_view_name
  [LOCATION hdfs_path];

data_type
  : primitive_type
  | array_type
  | map_type
  | struct_type
  | union_type  -- (Note: Available in Hive 0.7.0 and later)

primitive_type
  : TINYINT
  | SMALLINT
  | INT
  | BIGINT
```

```
 | BOOLEAN
 | FLOAT
 | DOUBLE
 | DOUBLE PRECISION -- (Note: Available in Hive 2.2.0 and later)
 | STRING
 | BINARY        -- (Note: Available in Hive 0.8.0 and later)
 | TIMESTAMP     -- (Note: Available in Hive 0.8.0 and later)
 | DECIMAL       -- (Note: Available in Hive 0.11.0 and later)
 | DECIMAL(precision, scale)  -- (Note: Available in Hive 0.13.0 and later)
 | DATE          -- (Note: Available in Hive 0.12.0 and later)
 | VARCHAR       -- (Note: Available in Hive 0.12.0 and later)
 | CHAR          -- (Note: Available in Hive 0.13.0 and later)

array_type
  : ARRAY < data_type >

map_type
  : MAP < primitive_type, data_type >

struct_type
  : STRUCT < col_name : data_type [COMMENT col_comment], ...>

union_type
   : UNIONTYPE < data_type, data_type, ... >  -- (Note: Available in Hive 0.7.0 and later)

row_format
  : DELIMITED [FIELDS TERMINATED BY char [ESCAPED BY char]] [COLLECTION ITEMS
TERMINATED BY char]
        [MAP KEYS TERMINATED BY char] [LINES TERMINATED BY char]
        [NULL DEFINED AS char]   -- (Note: Available in Hive 0.13 and later)
  | SERDE serde_name [WITH SERDEPROPERTIES (property_name=property_value,
property_name=property_value, ...)]

file_format:
  : SEQUENCEFILE
  | TEXTFILE     -- (Default, depending on hive.default.fileformat configuration)
  | RCFILE       -- (Note: Available in Hive 0.6.0 and later)
  | ORC          -- (Note: Available in Hive 0.11.0 and later)
  | PARQUET      -- (Note: Available in Hive 0.13.0 and later)
  | AVRO         -- (Note: Available in Hive 0.14.0 and later)
```

```
 | INPUTFORMAT input_format_classname OUTPUTFORMAT output_format_classname

constraint_specification:
 : [, PRIMARY KEY (col_name, ...) DISABLE NOVALIDATE ]
   [, CONSTRAINT constraint_name FOREIGN KEY (col_name, ...) REFERENCES table_name(col_name, ...)
DISABLE NOVALIDATE
```

各关键字含义如下：

- ✧ TEMPORARY：临时表。
- ✧ EXTERNAL：外部表。
- ✧ IF NOT EXISTS：当表已经存在于数据库中时，不再执行创建操作，也不会抛出任何异常。
- ✧ PARTITIONED BY：创建分区。
- ✧ CLUSTERED BY：创建分桶。
- ✧ SORTED BY：在桶中按照某个字段排序。
- ✧ SKEWED BY ON：将特定字段的特定值标记为倾斜数据。
- ✧ ROW FORMAT：自定义 SerDe(Serializer /Deserializer 的简称，序列化/反序列化)格式或者使用自带的 SerDe 格式。若不指定或设置为 DELIMITED，则默认使用自带的 SerDe 格式。
- ✧ STORED AS：数据存储格式，对应 MapReduce 中的 InputFormat 类。
- ✧ STORED BY：用户自己指定的非原生数据存储格式。
- ✧ WITH SERDEPROPERTIES：设置 SerDe 的属性。
- ✧ LOCATION：对于内部表，该关键字用于指定非默认的表数据储存目录；对于外部表，该关键字用于声明数据所在的目录。
- ✧ TBLPROPERTIES：设置表属性。
- ✧ AS：依据 SELECT 查询结果创建新表。
- ✧ LIKE：将已存在的表的表结构复制到新表中，但不复制数据。

注意：

- ✧ 表名和列名对大小写不敏感，SerDe 和属性名对大小写敏感。
- ✧ 表和列的注释是用单引号包裹的字符串。
- ✧ 若要指定表所在的数据库，有两种方法：第一，在创建表之前使用 USE database_name 命令来指定当前数据库；第二，在表名前添加数据库声明，例如 database_name.table.name。

(2) 删除表。将表的元数据和数据一并删除，操作语法如下：

```
DROP TABLE [IF EXISTS] table_name [PURGE];
```

如果没有声明 PURGE，那么该命令仅会将表的元数据删除，表的数据则会被移动到.Trash/Current 目录下，而不是被直接删除。当用户需要恢复被删除的数据时，需要创建一个与原表结构完全相同的新表，然后手动将原有的数据移动到相应的目录下。

注意：当删除一个被视图引用的表时，Hive 不会发出警告提示，而是将该视图标记为不可用，用户需要手动删除该视图，或者重新创建它。

(3) 修改表。重命名表，操作语法如下：

```
ALTER TABLE table_name RENAME TO new_table_name;
```

向表的元数据中添加自定义属性，操作语法如下：

```
ALTER TABLE table_name SET TBLPROPERTIES table_properties;
```

注意：目前 last_modified_user 与 last_modified_time 属性是由 Hive 自动控制的，用户不要使用这两个属性的名称作为自定义属性的名称。

执行以下命令，comment 属性用于为表添加注释：

```
ALTER TABLE table_name SET TBLPROPERTIES ('comment' = new_comment);
```

对表的列名、类型、位置、注释等信息进行修改，操作语法如下：

```
ALTER TABLE table_name CHANGE [COLUMN] col_old_name col_new_name column_type [COMMENT
col_comment] [FIRST|AFTER column_name];
```

注意：对列信息的修改只会改变元数据，不会改变实际数据。

下面通过一个示例，进一步理解上面介绍的表修改操作：

```
hive> CREATE TABLE test_change (a int, b int, c int);

#将列 a 改名为 a1
hive> ALTER TABLE test_change CHANGE a a1 INT;

#将 a1 列的名字改为 a2，数据类型改为 string，位置放在 b 列后面
hive> ALTER TABLE test_change CHANGE a1 a2 STRING AFTER b;
#新的表结构为： b int, a2 string, c int.

#将列 c 的列名改为 c1，并将其置于第一列
hive> ALTER TABLE test_change CHANGE c c1 INT FIRST;
#新的表结构为： c1 int, b int, a2 string.

#向列 a1 添加注释信息
hive> ALTER TABLE test_change CHANGE a1 a1 INT COMMENT 'this is column a1';
```

(4) 增加/替换表中的列，操作语法如下：

```
ALTER TABLE table_name ADD|REPLACE COLUMNS (col_name data_type [COMMENT col_comment], ...)
```

其中，ADD 关键字允许用户在当前已存在的列之后、分区列(分区表中用于存储分区信息的列，不存储实际数据，详见(7))之前添加新的列；REPLACE 关键字将当前已存在的列全部删除，并替换为新的列。

(5) 增加 SerDe 属性。改变表的序列化/反序列化器，或者向表的序列化/反序列化对象中添加用户自定义的元数据，操作语法如下：

```
ALTER TABLE table_name SET SERDE serde_class_name [WITH SERDEPROPERTIES serde_properties];

ALTER TABLE table_name SET SERDEPROPERTIES serde_properties;
```

(6) 改变表的储存属性，操作语法如下：

```
ALTER TABLE table_name CLUSTERED BY (col_name, col_name, ...) [SORTED BY (col_name, ...)]
  INTO num_buckets BUCKETS;
```

注意：该操作只会改变 Hive 的元数据，不会重新组织或者格式化已经存在的数据，因此进行该操作前，用户需要确保目前的实际数据状况与元数据所定义的相符。

(7) 表分区操作。

Hive 进行数据查询时会扫描整个表的数据，如果表非常大，这项扫描工作就会耗费大量的时间和资源。鉴于此，Hive 引入了分区功能，使查询操作可以只扫描相关性高的那部分数据，从而大大提高了 Hive 的工作效率。

Hive 的分区功能类似于数据库的索引，它将分区直接转化为表目录中的子目录，并将相应分区的数据直接存放于对应的子目录中。

要进行表分区操作，需要在创建表时声明分区的字段(通过关键字 PARTITIONED BY)，Hive 会在表的最后创建一些以分区字段命名的列，这些列称为分区列。实际上，分区列中存放的只是分区子目录的名称，虽然实际数据会在物理上存入这些子目录，但表中对应的分区列中并不储存任何实际数据。当定义了多个分区时，分区目录以嵌套层叠的方式存在。

Hive 的分区操作主要包括创建分区、添加分区和删除分区。创建分区的操作在创建表操作中完成，因此下面重点介绍添加分区和删除分区。

注意：创建分区和添加、删除分区有着本质上的不同，创建分区操作类似于一种声明，它明确了作为分区的虚拟列的名字，而添加、删除分区实质上是在这个虚拟列中添加或删除数据，并非增加或删除虚拟列本身。

✧ 添加分区

下列操作可以向表中添加分区，当分区名为字符串时需使用引号：

```
ALTER TABLE table_name ADD [IF NOT EXISTS] PARTITION partition_spec [LOCATION 'location'][,
PARTITION partition_spec [LOCATION 'location'], ...];
```

其中，可选参数 location 可以指定数据在 HDFS 中的储存目录(注意只是目录而不是完整地址)，执行命令后该目录就会被创建；而若没有指定该参数，则 Hive 会依照分区字段在默认的表目录下自动创建数据储存目录。

以下为一个添加分区的操作示例：

```
hive> ALTER TABLE page_view ADD
PARTITION (dt='2008-08-08', country='us') location '/path/to/us/part080808'
PARTITION (dt='2008-08-09', country='us') location '/path/to/us/part080809';
```

上述代码中，使用参数 location 在 HDFS 中创建了目录/path/to/us/part080808/和/path/to/us/part080809/，加载数据后数据会被储存在这两个目录下。而如果没有设置参数 location，Hive 会在 HDFS 表的所在目录下创建目录./dt=2008-08-08/country=us/和./dt=2008-08-08/country=us/，加载数据后数据会被储存在这两个目录下。

✧ 重命名分区

以下操作可以改变分区列的列名：

```
ALTER TABLE table_name PARTITION partition_spec RENAME TO PARTITION partition_spec;
```

✧　交换分区

以下操作可以将某个表的分区连同其数据整体移动到具有相同表结构但并没有该分区的另一个表中：

```
#将分区从 table_name_1 移动到 table_name_2 中
ALTER TABLE table_name_2 EXCHANGE PARTITION (partition_spec) WITH TABLE table_name_1;
#多重分区
ALTER TABLE table_name_2 EXCHANGE PARTITION (partition_spec, partition_spec2, ...) WITH TABLE
table_name_1;
```

✧　刷新表

Hive 在元数据中储存了每个表的分区列表。而当用户手动在 HDFS 目录中创建了分区数据时，Hive 并不知道这些数据的存在，因为元数据中没有记录这些分区。解决该问题的一种方法是用户使用添加分区命令，另一种方法则是执行以下命令，对表进行刷新，此时 Hive 就会自动将表目录下新出现的分区信息加入到元数据中：

```
MSCK REPAIR TABLE table_name;
```

为了避免需被处理的数据过大而导致内存溢出，用户可以通过修改 Hive 配置文件中的 hive.msck.repair.batch.size 选项来控制单批次载入的数据量。

✧　删除分区

以下操作可以删除某个表的分区：

```
ALTER TABLE table_name DROP [IF EXISTS] PARTITION partition_spec[, PARTITION partition_spec, ...]
```

删除分区后，该分区的元数据和数据都会被删除。

3. 视图操作

视图是一个虚拟表，是由原始的实体表通过自定义逻辑所构建的，它只提供逻辑上的表结构，并不存储数据。

视图是一个单纯的逻辑概念，并不与存储相关联。事实上，Hive 现在尚不支持物化视图(Materialized View)。视图被创建后，视图结构便会被固定下来。如果后续操作对该视图所关联的表进行了改动(例如添加了一个列)，这些改动将不会反映在视图中；而如果视图所关联的表发生了无法与视图兼容的改动，该视图就会被视为无效，此后对该视图的任何查询操作都会失败。

视图是只读的，不能进行 LOAD/INSERT/ALTER 操作，但可以使用 ALTER 命令对其元数据进行修改。

一个视图中可能会包含 ORDER BY 或 LIMIT 命令，如果引用该视图的查询语句中同样也包含这些命令，该查询语句的等级会被评估为低于视图语句(同样也会低于查询中的其他语句)。例如，视图中使用了命令 LIMIT 5，而引用视图的查询命令是 select * from v LIMIT 10，则最多只有 5 条记录会被返回。

视图的基本操作如下：

(1) 创建视图。创建一个视图，操作语法如下：

```
CREATE VIEW [IF NOT EXISTS] [db_name.]view_name [(column_name [COMMENT column_comment], ...) ]
  [COMMENT view_comment]
```

```
[TBLPROPERTIES (property_name = property_value, ...)]
AS SELECT ...;
```

如果用户没有在 column_name 参数中给出视图中的列名，Hive 会根据 SELECT 表达式自动生成(若 SELECT 表达式中含有像 x+y 这样的没有赋予别名的量，其视图列的名称会以_C0、_C1 这样的形式生成)；如果 SELECT 表达式是无效的，则视图创建会失败。

以下为一个创建视图的示例：

```
hive> CREATE VIEW onion_referrers(url COMMENT 'URL of Referring page')
hive> COMMENT 'Referrers to The Onion website'
hive> AS
hive> SELECT DISTINCT referrer_url
hive> FROM page_view
hive> WHERE page_url='http://www.theonion.com';
```

上述操作创建了一个名为“onion_referrers”的视图，其中只有一个名为 url 的列，该列指向表 page_view 中的列 referrer_url。

(2) 删除视图。删除视图的元数据，操作语法如下：

```
DROP VIEW [IF EXISTS] [db_name.]view_name;
```

注意：不能对一个视图使用 DROP TABLE 操作。

以下为一个删除视图的示例：

```
hive> DROP VIEW onion_referrers;
```

(3) 修改视图配置。向视图的元数据中添加自定义配置项，操作语法如下：

```
ALTER VIEW [db_name.]view_name SET TBLPROPERTIES table_properties;
```

(4) 重新定义视图的 SELECT。改变已存在的视图中的 SELECT 语句，操作语法如下：

```
ALTER VIEW [db_name.]view_name AS select_statement;
```

注意：视图的结构在被创建时就已经固定下来了，该语句改变的实际上是视图所指向的数据。但是，如果视图所指向的数据存在分区，则不能执行该语句。

4．创建、删除、重载函数操作

Hive 支持自定义函数功能，自定义函数分为临时函数和永久函数两种。临时函数指在会话持续时用户可以在命令中使用，会话结束时就会失效的函数；相对应地，永久函数就是不因会话结束而失效的函数。

(1) 创建临时函数。创建一个基于某个 Java 类实现的临时函数，操作语法如下：

```
CREATE TEMPORARY FUNCTION function_name AS class_name;
```

class_name 参数指定了所用的 Java 类，用户可以使用下列操作将含有该类的 jar 包加入到 CLASSPATH 中，使其可以在创建函数时使用，任何存在于 CLASSPATH 中的类都可以用于构建函数：

```
ADD JAR jar_package;
```

(2) 删除临时函数。将创建的临时函数删除，操作语法如下：

```
DROP TEMPORARY FUNCTION [IF EXISTS] function_name;
```

(3) 创建永久函数。创建一个永久函数，操作语法如下：

```
CREATE FUNCTION [db_name.]function_name AS class_name
```

```
[USING JAR|FILE|ARCHIVE 'file_uri' [, JAR|FILE|ARCHIVE 'file_uri'] ];
```

可以在 USING 语句中对 jar 包、文件或者归档文件等需要加入到环境中的资源进行声明。在永久函数第一次被某个会话引用时，这些资源会被添加到环境中，其效果与 ADD JAR/FILE 语句相同。参数 file_uri 用于指定资源文件的存放位置，如果 Hive 使用的不是本地模式，资源文件必须存放于非本地 URL 中，例如可以放在 HDFS 中。

永久函数会被添加到上述语句中所声明的数据库中，或者添加到函数创建时的当前数据库中。永久函数可以使用完整名称来引用(如：db_name.function_name)，如果当前数据库中有该函数，也可以直接使用函数名来引用。

(4) 删除永久函数。删除一个已经创建的永久函数，操作语法如下：

```
DROP FUNCTION [IF EXISTS] function_name;
```

(5) 重载函数。在某个 Hive 客户端中的永久函数如果在创建时间上晚于 HiveServer2 等其他客户端会话的开启，则该函数可能无法在之前开启的客户端会话中发挥作用。使用函数重载操作可以解决这个问题，该操作语句可以将其他客户端对永久函数的更改装载到之前已经开启会话的那些客户端中，语法如下：

```
RELOAD FUNCTION;
```

(6) 自定义函数的开发。Hive 自定义函数(User Defined Functions，UDF)是 Hive 的高级应用，感兴趣的读者可以参考官网页面 https://cwiki.apache.org/confluence/display/Hive/HivePlugins，本书不对此做详细介绍。

5. 显示、描述操作

显示、描述类操作用于对已有数据对象的数据和元数据进行查询，常用操作语句如下：

(1) 显示数据库。显示 Hive 元数据所记录的所有数据库，操作语法如下：

```
SHOW (DATABASES|SCHEMAS) [LIKE 'identifier_with_wildcards'];
```

其中，可选关键字 LIKE 可以使用一段含有通配符“*”或选择符“|”的正则表达式，来对显示的结果进行筛选。

(2) 显示表。显示当前数据库(或操作语句中声明的数据库)中元数据所记录的所有表，操作语法如下：

```
SHOW TABLES [IN database_name] ['identifier_with_wildcards'];
```

该操作语句的最后可以使用一段含有通配符“*”或选择符“|”的正则表达式，用于对显示结果进行筛选。

(3) 显示视图。显示当前数据库(或操作语句中声明的数据库)中元数据所记录的所有视图，操作语法如下：

```
SHOW VIEWS [IN/FROM database_name] [LIKE 'pattern_with_wildcards'];
```

其中，可选关键字 LIKE 可以使用一段含有通配符“*”或选择符“|”的正则表达式，用于对显示的结果进行筛选。

以下是上述三种操作的应用示例：

```
#显示当前数据库中的全部视图
hive> SHOW VIEWS;
```

```
#显示所有名字开头为"test_"的视图
hive> SHOW VIEWS 'test_*';

#show all views that end in "view2"
hive> SHOW VIEWS '*view2';

#show views named either "test_view1" or "test_view2"
hive> SHOW VIEWS LIKE 'test_view1|test_view2';

#show views from database test1
hive> SHOW VIEWS FROM test1;

#show views from database test1 (FROM and IN are same)
hive> SHOW VIEWS IN test1;

#show views from database test2 that start with "test_"
hive> SHOW VIEWS IN test1 "test_*";
```

(4) 显示分区。显示被声明的表中元数据所记录的分区，操作语法如下：

```
SHOW PARTITIONS table_name;
SHOW PARTITIONS [db_name.]table_name [PARTITION(partition_spec)];
SHOW TABLE EXTENDED [IN|FROM database_name] LIKE 'identifier_with_wildcards'
[PARTITION(partition_spec)];
```

可以通过使用关键字 PARTITION 声明部分分区来过滤显示结果。

以下为显示分区操作语句的应用示例：

```
hive> SHOW PARTITIONS table_name PARTITION(ds='2010-03-03');
hive> SHOW PARTITIONS table_name PARTITION(hr='12');
hive> SHOW PARTITIONS db_name.table_name PARTITION(ds='2010-03-03', hr='12');
```

命令 SHOW TABLE EXTENDED 可以显示表的详细信息，包括表的基本信息与文件系统信息，如 totalNumberFiles、totalFileSize、maxFileSize、minFileSize、lastAccessTime、lastUpdateTime 等。如果用户声明了分区，就不能使用 LIKE 子句后的正则表达式来过滤表名，该命令显示的文件系统信息也会变为分区的信息而不是表的信息。

以下为一个显示详细表信息的示例：

```
hive> SHOW TABLE EXTENDED like part_table;
OK
tableName:part_table
owner:thejas
location:file:/tmp/warehouse/part_table
inputformat:org.apache.hadoop.mapred.TextInputFormat
```

```
outputformat:org.apache.hadoop.hive.ql.io.HiveIgnoreKeyTextOutputFormat
columns:struct columns { i32 i}
partitioned:true
partitionColumns:struct partition_columns { string d}
totalNumberFiles:1
totalFileSize:2
maxFileSize:2
minFileSize:2
lastAccessTime:0
lastUpdateTime:1459382233000
```

(5) 显示创建表。显示表或视图的创建语句，操作语法如下：

```
SHOW CREATE TABLE ([db_name.]table_name|view_name);
```

(6) 显示列。显示表中所有的列，操作语法如下：

```
SHOW COLUMNS (FROM|IN) table_name [(FROM|IN) db_name];
```

(7) 显示函数。列出所有匹配给定正则表达式的函数，包括用户自定义的和 Hive 系统内建的，使用“.*”来匹配所有函数，操作语法如下：

```
SHOW FUNCTIONS "a.*";
```

(8) 描述数据库。显示数据库的名称、数据库的注释信息(如果添加过注释)、数据库在文件系统中的根目录，操作语法如下：

```
DESCRIBE DATABASE| SCHEMA [EXTENDED] db_name;
```

(9) 描述表、视图、列。根据是否在 USE 语句中声明了数据库名，可以将描述表、视图、列的操作语句分为两种：

✧ 如果没有声明数据库名，则列名的引用符号是“.”，操作语法如下：

```
DESCRIBE [EXTENDED|FORMATTED]
  table_name[.col_name ( [.field_name] | [.'$elem$'] | [.'$key$'] | [.'$value$'] )* ];
```

✧ 如果声明了数据库名，则列名的引用符号是空格，操作语法如下：

```
DESCRIBE [EXTENDED|FORMATTED]
  [db_name.]table_name[ col_name ( [.field_name] | [.'$elem$'] | [.'$key$'] | [.'$value$'] )* ];
```

上述操作语句可以显示指定表中包括分区列在内的各列的信息。如果在语句中加入 EXTENDED 关键字，则所有的元数据都会以 Thrift 序列化的形式展示出来，该关键字通常只用于调试。

使用 field_name 来访问结构体中的元素、使用'$elem$'来访问数组元素、使用'key'来访问键值对中的键、使用'$value$'来访问键值对中的值。

如果表中有含有复杂数据类型的列，可以通过声明 table_name.complex_col_name 的方式，访问复杂数据类型列中的成员属性。

(10) 描述分区。该操作用于展示给定分区的元数据信息。与对表、视图、列的描述操作类似，根据是否在 USE 语句中声明了数据库名，可以将描述分区的操作语句分为两种：

✧ 如果没有声明数据库名，则列名的引用符号是“.”，操作语法如下：

```
DESCRIBE [EXTENDED|FORMATTED] table_name[.column_name] PARTITION partition_spec;
```

✧ 如果声明了数据库名，则列名的引用是空格，操作语法如下：

```
DESCRIBE [EXTENDED|FORMATTED] [db_name.]table_name [column_name] PARTITION partition_spec;
```

7.4.2 DML 操作

DML(Data Manipulation Language)即数据操作语言，用于对数据进行增、删、改、查等操作。

注意：Hive 目前对 update 和 delete 操作的支持并不完全，要进行专门配置(详见 https://cwiki.apache.org/confluence/display/Hive/Hive+Transactions#HiveTransactions-NewConfigurationParametersforTransactions)来开启这两项操作，且这两项操作的执行速度非常慢，因为以块为基础的 HDFS 文件目前唯一支持的修改方式是在文件末尾追加数据，这也与 Hadoop 大数据集“一次写入、多次读取”的操作理念相一致。因此，本章仅对 update 和 delete 操作的使用方法进行介绍，但当前不建议实际使用这两种操作。

下面介绍几种常用的基础 DML 操作。

1．加载数据

Hive 在将数据加载到数据表中时，不会进行任何数据转化，仅仅是将数据文件复制或者移动到数据表所指向的位置，操作语法如下：

```
LOAD DATA [LOCAL] INPATH 'filepath' [OVERWRITE] INTO TABLE tablename [PARTITION
(partcol1=val1, partcol2=val2 ...)]
```

其中，参数 filepath 的值可以是以下三种类型：

✧ 一个相对路径，如 project/data1。

✧ 一个绝对路径，如/user/hive/project/data1。

✧ 一个完整的 URI，如 hdfs://namenode:9000/user/hive/project/data1。

数据可以被加载到一个数据表中，也可以被加载到一个分区中。如果所加载到的数据表进行了分区，用户需要对每个分区列声明一个特定的值。

参数 filepath 可以是一个文件(此时 Hive 会将文件移动到表目录中)，也可以是一个目录(此时 Hive 会将目录中的所有文件移动到表目录中)。

当关键字 LOCAL 被声明时，该加载语句会在本地文件系统中寻找指定文件，并试图将 filepath 所指示路径中的全部文件复制到目标文件系统中。如果参数 filepath 指定的是一个相对路径，它会在用户当前的工作目录下寻找这个路径。用户也可以声明符合 URI 协议的本地文件路径，例如 file:///user/hive/project/datal。

如果关键字 LOCAL 没有被声明，同时用户提供了一个完整的 URI 路径，则 Hive 可以直接使用该路径。如果用户没有提供完整路径，Hive 会使用如下规则：如果没给出 URI 的 scheme 或 authority，Hive 会使用 Hadoop 配置变量 fs.default.name 所提供的 NameNode URI 中的 scheme 或 authority；如果路径不是绝对路径，则 Hive 会将其理解成相对于路径/user/<username>下的路径。然后 Hive 会将 filepath 下的文件移动到数据表或分区目录中。

如果声明了 OVERWRITE 关键字，目标数据表中的内容会被删除并替换为 filepath 所指示的内容。

注意：filepath 中不能包含子目录，如果 LOCAL 关键字没有被声明，filepath 所指向的文件所在的文件系统必须与数据表或分区数据所在的文件系统相同。Hive 会做一些基本的检测，来确认加载的文件与目标数据表匹配。

2．插入数据

插入操作用于将查询语句的结果插入到数据表中，操作语法如下：

```
标准语法：
INSERT OVERWRITE TABLE tablename1 [PARTITION (partcol1=val1, partcol2=val2 ...) [IF NOT EXISTS]]
select_statement1 FROM from_statement;

INSERT INTO TABLE tablename1 [PARTITION (partcol1=val1, partcol2=val2 ...)] select_statement1 FROM
from_statement;
Hive特性（多重插入）：
FROM from_statement
INSERT OVERWRITE TABLE tablename1 [PARTITION (partcol1=val1, partcol2=val2 ...) [IF NOT EXISTS]]
select_statement1
[INSERT OVERWRITE TABLE tablename2 [PARTITION ... [IF NOT EXISTS]] select_statement2]
[INSERT INTO TABLE tablename2 [PARTITION ...] select_statement2] ...;
FROM from_statement
INSERT INTO TABLE tablename1 [PARTITION (partcol1=val1, partcol2=val2 ...)] select_statement1
[INSERT INTO TABLE tablename2 [PARTITION ...] select_statement2]
[INSERT OVERWRITE TABLE tablename2 [PARTITION ... [IF NOT EXISTS]] select_statement2] ...;

Hive特性（动态分区插入）：
INSERT OVERWRITE TABLE tablename PARTITION (partcol1[=val1], partcol2[=val2] ...) select_statement
FROM from_statement;

INSERT INTO TABLE tablename PARTITION (partcol1[=val1], partcol2[=val2] ...) select_statement FROM
from_statement;
```

上述操作中的 INSERT OVERWRITE 语句会重写数据表或分区中任何已经存在的数据，但是当声明了关键字 IF NOT EXISTS 时，该语句就不会重写该分区里面的数据了。

上述操作中的 INSERT INTO 语句会向数据表或分区中追加数据，已经存在的数据会被保留下来。可以使用 INSERT INTO table_name(a,b,c)的语法格式，显式地给出要插入数据的列的列表。

可以在数据表的创建语句中加入“TBLPROPERTIES("immutable"="true")”(默认 immutable=false)，将其设置为不可变表。不可变表是一种只能插入一次数据的表，可以防止向表中加载数据的脚本被反复执行。首次向不可变表中插入数据会成功，但接下来的插入操作都会失败，这样可以保证数据表中只有一组数据，避免过多的重复数据被悄悄地插入到数据表中。如果不可变表中已经存在有数据，INSERT INTO 语句就会被拒绝；但 INSERT OVERWRITE 语句并不会受到该设置的影响。

注意：如果数据表进行了分区，用户进行插入操作时需要对每个分区列声明一个特定的值。

在上述操作中的 INSERT INTO 语句的基础上进行少许更改，就可以将查询的结果写入到文件系统的目录中，相关操作语法如下：

```
标准语法:
INSERT OVERWRITE [LOCAL] DIRECTORY directory
  [ROW FORMAT row_format] [STORED AS file_format]
  SELECT ... FROM ...

Hive 拓展(多重插入):
FROM from_statement
INSERT OVERWRITE [LOCAL] DIRECTORY directory1 select_statement1
[INSERT OVERWRITE [LOCAL] DIRECTORY directory2 select_statement2] ...
```

上述操作中的 directory 可以是一个完整的 URI。如果没有给出 URI 的 scheme 或 authority，Hive 就会使用 Hadoop 配置变量 fs.default.name 所提供的 NameNode URI 中的 scheme 或 authority。

如果声明了关键字 LOCAL，Hive 会将插入的数据写入本地文件系统，否则将默认写入分布式文件系统(如 HDFS)当中。写入文件系统的数据会被序列化为 text 文件，每列之间用^A 来分割，每行之间用 newline 分割。如果某列不是基本数据类型，则该列会被序列化为 JSON 格式。

可以使用 INSERT INTO TABLE … VALUES …语句，直接将数据插入数据表中：

```
INSERT INTO TABLE tablename [PARTITION (partcol1[=val1], partcol2[=val2] ...)] VALUES values_row [,
values_row ...]
```

在插入数据时，需要为数据表的每一列提供相应的值，其中 null 也是合法的值。

注意：该语句不支持复杂数据类型，也就是说，用户不能使用该语句向有复杂数据类型列的数据表中插入数据。

以下为一个插入数据操作的示例：

```
#创建表
hive> CREATE TABLE students (name VARCHAR(64), age INT, gpa DECIMAL(3, 2)) CLUSTERED BY (age)
INTO 2 BUCKETS STORED AS ORC;

#插入数据
hive> INSERT INTO TABLE students VALUES ('fred flintstone', 35, 1.28), ('barney rubble', 32, 2.32);

#创建表
hive> CREATE TABLE pageviews (userid VARCHAR(64), link STRING, came_from STRING) PARTITIONED
BY (datestamp STRING) CLUSTERED BY (userid) INTO 256 BUCKETS STORED AS ORC;

#插入数据
```

```
hive> INSERT INTO TABLE pageviews PARTITION (datestamp = '2014-09-23') VALUES ('jsmith', 'mail.com',
'sports.com'), ('jdoe', 'mail.com', null);

#插入数据
hive> INSERT INTO TABLE pageviews PARTITION (datestamp) VALUES ('tjohnson', 'sports.com',
'finance.com', '2014-09-23'), ('tlee', 'finance.com', null, '2014-09-21');
```

3．更新数据

更新数据操作可以将数据表中已经存在的数据替换为新的数据，操作语法如下：

```
UPDATE tablename SET column = value [, column = value ...] [WHERE expression]
```

注意：参数 column 引用的列必须是数据表中要更新的列；只有符合 WHERE 条件的数据会被更新；分区列和分桶列的数据无法被更新。

4．合并数据

合并操作可以将某个源数据表中的数据合并到目标数据表中，操作语法如下：

```
MERGE INTO <target table> AS T USING <source expression/table> AS S
ON <boolean expression1>
WHEN MATCHED [AND <boolean expression2>] THEN UPDATE SET <set clause list>
WHEN MATCHED [AND <boolean expression3>] THEN DELETE
WHEN NOT MATCHED [AND <boolean expression4>] THEN INSERT VALUES <value list>
```

注意：

- 合并数据时会对源数据表进行检查，如果发现源数据表中有超过一条数据被匹配到目标数据表中的一条数据上面，则 Hive 会报错。但该项检查的计算成本较高，会显著影响 merge 语句的执行时间。将配置项 hive.merge.cardinality.check 设置为 false 可以关闭该项检查，但进行 merge 操作时若出现数据重复，就会导致数据损坏。
- WHEN NOT MATCHED 必须是最后一个 WHEN 语句。
- 如果 UPDATE 和 DELETE 命令同时存在，则第一个出现的语句必须包含代码 [AND<boolean expression>]。

5．删除数据

删除数据操作会删除表中所有符合 WHERE 条件的数据记录，操作语法如下：

```
DELETE FROM tablename [WHERE expression]
```

6．查询数据

SQL(Structured Query Language)即结构化查询语言，是我们非常熟悉的数据查询语言。Hive 通过将 SQL 解析为 MapReduce 等计算框架的 Job(任务)来实现对数据仓库的结构化查询，操作语法如下：

```
SELECT [ALL|DISTINCT] select_expr, select_expr, …
FROM table_reference
[WHRER where_condition]
```

```
[GROUP BY col_list]
[   CLUSTER BY col_list | [DISTRIBUTE BY col_list] [SORT BY col_list] ]
LIMIT number
```

各关键字含义如下：

✧ table_reference：查询的输入数据，可以是一个表、一个视图或者一个子查询。

✧ where_condition：一个布尔表达式，只有表达式为 true 的记录才会被返回。

✧ ALL 和 DISTINCT：设置重复的记录是否需要被返回。默认状态为 ALL，即返回所有匹配的记录，不会删除重复记录；DISTINCT 表示去除重复记录。

✧ LIMIT：限制输出记录的最大数量。

✧ SELECT：声明正则表达式以使用模糊查询。例如，以下语句用来查询表 sale 中除 ds 列和 hr 列以外的列：

```
SELECT `ds|hr)?+.+` from sales;
```

为提高查询效率，Hive 允许基于分区进行“剪枝”查询。如果一个表在创建时定义了分区，则查询时在关键字 WHERE 中指定分区列的断言，即可对实现查询的分区进行“剪枝”。例如，若要在表 page_view 的 2016 年 5 月份的记录中查找 user 字段，可以使用以下语句：

```
SELECT page_view.user
FROM page_view
WHERE page_view.date >= '2016-05-01' AND page_view.date <= '2016-05-31';
```

Hive 查询语句中其他关键字的用法与一般的 SQL 语句基本相同，此处不再赘述。

7.5 Hive JDBC

在 7.1.3 节中，我们简单介绍了 HiveServer2，本节我们将介绍如何使用 HiveServer2 作为服务端，通过 JDBC(Java DataBase Connectivity)接口来操作 Hive 中的数据。

7.5.1 配置和启动 HiveServer2

可以在配置文件 hive-site.xml 中对 HiveServer2 的配置进行管理，常用配置项的说明如表 7-6 所示。

表 7-6 HiveServer2 常用配置项说明

配置名	默认值	说 明
hive.server2.thrift.min.worker.threads	5	最小工作线程数
hive.server2.thrift.max.worker.threads	500	最大工作线程数
hive.server2.thrift.port	10000	TCP 监听端口
hive.server2.thrift.bind.host	localhost	TCP 绑定主机
hive.server2.transport.mode	binary	传输模式，在 binary 和 http 中二选一
hive.server2.enable.doAs	true	设置 HiveServer2 提交语句时所使用的身份。false 表示使用客户端登录的用户身份；true 表示调用 HiveServer2 进程的用户身份

续表

配置名	默认值	说　明
hive.start.cleanup.scratchdir	false	设置是否在 HiveServer 启动时对临时文件进行清理
hive.zookeeper.quorum	null	ZkServer 列表，用于提供 Hive 的读写锁
hive.support.concurrency	false	是否开启 Hive 的并发支持
javax.jdo.option.ConnectionUserName		JDBC 链接的用户名
javax.jdo.option.ConnectionPassword		JDBC 链接的密码

本书中需要进行配置的选项如下：

```
hive.server2.thrift.bind.host=192.168.80.129（或 node2）
hive.zookeeper.quorum=192.168.80.128:2181, 192.168.80.129:2181, 192.168.80.130:2181
hive.support.concurrency=true
hive.server2.enable.doAs=false
javax.jdo.option.ConnectionUserName=hive
javax.jdo.option.ConnectionPassword=hive
```

使用以下两种方式中的一种来启动 HiveServer2(通常使用后台启动)：

前台启动的命令如下：

```
hive --service hiveserver2
```

后台启动的命令如下：

```
nohup hive --service hiveserver2 > /bigdata/hiveserver2.log &
```

可以使用以下命令，查看 HiveServer2 是否成功启动：

```
ps ax | grep HiveServer2

5057 pts/1     Sl     0:06 /opt/module/jdk1.8.0_144/bin/java -Xmx256m -Djava.net.preferIPv4Stack=true -
Dhadoop.log.dir=/opt/module/hadoop-2.8.2/logs -Dhadoop.log.file=hadoop.log -
Dhadoop.home.dir=/opt/module/hadoop-2.8.2 -Dhadoop.id.str=lfj -Dhadoop.root.logger=INFO,console -
Djava.library.path=/opt/module/hadoop-2.8.2/lib/native -Dhadoop.policy.file=hadoop-policy.xml -
Djava.net.preferIPv4Stack=true -Dhadoop.security.logger=INFO,NullAppender org.apache.hadoop.util.RunJar
/opt/module/apache-hive-1.2.1-bin/lib/hive-service-1.2.1.jar org.apache.hive.service.server.HiveServer2
```

使用后台启动方式时，可以通过查找 HiveServer2 的进程编号来关闭进程，示例如下：

```
kill -9 5057
```

7.5.2 JDBC 访问 Hive

HiveServer2 是 Hive 中一项非常重要的服务，它允许 Hive 通过 JDBC 接口来访问其中的数据，使得 Hive 的通用性大大增加。下面介绍通过 JDBC 接口访问 HiveServer2 常用 API 的方法：

(1) 加载 JDBC 驱动，代码如下：

```
Class.forName("org.apache.hive.jdbc.HiveDriver");
```

(2) 创建 JDBC 链接，代码如下：

```
Connection cnct = DriverManager.getConnection("URL", "<user>", "<password>");
```

URL 的格式为：

```
jdbc:hive2://<host1>:<port1>,<host2>:<port2>/dbName;sess_var_list?hive_conf_list#hive_var_list
```

其中，<host1>:<port1>,<host2>:<port2>是用逗号分隔的 Hive 服务端地址，如果为空则使用内置服务；dbName 是要连接到的数据库名称；sess_var_list 是用分号分隔的键值对，用于指定会话变量(例如：user=hive; password=hive)；hive_conf_list 是用分号分隔的键值对，用于指定本次会话中的配置项；hive_var_list 是用分号分隔的键值对，用于指定本次会话中的变量。

(3) 链接使用完毕后要关闭，代码如下：

```
cnct.close();
```

(4) 提交执行语句。使用 Connection 对象获取 Statement 对象，使用 Statement 对象来执行语句，执行方法有三：

- ✧ execute()：用于执行有多个返回数据集(通常指 ResultSet 实例)的语句，并不常用。
- ✧ executeQuery()：用于执行有返回数据的语句，即 SELECT 语句。
- ✧ executeUpdate()：用于执行没有返回数据的命令，即 DDL 语句和除 SELECT 之外的其他 DML 语句(注意：Hive 暂时不能完全支持 UPDATE 和 DELETE 语句)。

(5) 通过 ResultSet 对象获取返回的结果。ResultSet 是 JDBC 用于装载返回结果数据的类，使用该类可以解析 SELECT 语句返回的数据。

(6) 查看日志。可以在 hive.querylog.location 配置项所指向的目录中查看运行日志。

7.5.3 JDBC 示例代码

上述 JDBC 操作的示例代码如下：

```
package com.hyg.HiveTest;


import java.sql.Connection;
import java.sql.DriverManager;
import java.sql.ResultSet;
import java.sql.SQLException;
import java.sql.Statement;


public class HiveTest1 {
    private static String driverName = "org.apache.hive.jdbc.HiveDriver";


    /**
     * @param args
     * @throws SQLException
```

```
 */
public static void main(String[] args) {
    Connection con = null;
    try {
        //加载驱动
        Class.forName(driverName);
        String url = "jdbc:hive2://192.168.80.129:10000/db1";
        //创建 JDBC 链接和 Statement 对象
        System.out.println("--connecting to "+url+"...");
        DriverManager.setLoginTimeout(3000);
        con = DriverManager.getConnection(url);
        Statement stmt = con.createStatement();

        //初始化需要用到的字符串
        String tableName = "jdbc_test_table";
        String ddl_createTable = "CREATE TABLE db1."+tableName+"("
                +"ip string, "
                +"time string, "
                +"url string, "
                +"size string) "
                +"row format delimited "
                +"FIELDS terminated by '\t' "
                +"STORED AS textfile ";
        String dataPath = "/root/hiveTestData.txt";
        System.out.println("dataPath:" + dataPath);
        String ddl_useDB = "use db1";
        String sql_descTable = "DESC "+ tableName;
        String ddl_loadData = "LOAD DATA local inpath '" + dataPath +
"' INTO TABLE "+ tableName;
        String sql_selectData = "SELECT * FROM "+ tableName;
        String sql_count = "SELECT count(*) FROM "+ tableName;
        String sql_insert = "INSERT INTO TABLE "+ tableName + " VALUES
  ('321','123','231','132')";

        //创建表
        System.out.println("--creating table: db1."+tableName+"...");
        stmt.executeUpdate(ddl_createTable);

        //指定数据库
        System.out.println("--use database: db1");
```

```
            stmt.executeUpdate(ddl_useDB);

            //描述表信息
            ResultSet rs_descTable = stmt.executeQuery(sql_descTable);
            System.out.println("--table info:"+tableName);
            while (rs_descTable.next()){
                System.out.println(rs_descTable.getString(1)+"\t"+rs_descTable.getString(2));
            }

            //加载数据(注意：加载的数据存放在 HiveServer2 所在的机器里)
            System.out.println("--load data...");
            stmt.executeUpdate(ddl_loadData);

            //查询所有数据
            ResultSet rs_select = stmt.executeQuery(sql_selectData);
            System.out.println("--table data:");
            while (rs_select.next()){

System.out.println(rs_select.getString(1)+";"+rs_select.getString(2)+";"+rs_select.getString(3)+";"+rs_select.getS
tring(4));
            }

            //查看数据量(执行速度慢)
            ResultSet rs_count = stmt.executeQuery(sql_count);
            System.out.println("--table data count:");
            while (rs_count.next()){
                System.out.println(rs_count.getString(1));
            }

            //插入数据
            stmt.executeUpdate(sql_insert);
            System.out.println("--insert table...");

            //查询所有数据
            rs_select = stmt.executeQuery(sql_selectData);
            System.out.println("--table data:");
            while (rs_select.next()){

System.out.println(rs_select.getString(1)+";"+rs_select.getString(2)+";"+rs_select.getString(3)+";"+rs_select.getS
tring(4));
```

```
            }
        } catch (Exception e) {
            // TODO Auto-generated catch block
            e.printStackTrace();
            System.exit(1);
        } finally {
            try {
                //关闭链接
                con.close();
            } catch (SQLException e) {
                // TODO Auto-generated catch block
                e.printStackTrace();
            }

        }

    }

}
```

以图 7-5 中的数据为例执行上述操作，执行前需确保数据库中没有表 jdbc_test_table，执行后的输出结果如下：

```
dataPath:/root/hiveTestData.txt
--creating table: db1.jdbc_test_table...
--use database: db1
--table info:jdbc_test_table
ip      string
time    string
url     string
size    string
--load data...
--table data:
175.42.93.145;[25/Sep/2013:00:10:08 +0800];"GET /mapreduce/hadoop-rumen-introduction HTTP/1.1";301,427
61.135.216.104;[25/Sep/2013:00:10:10 +0800];"GET /search-engine/thrift-framework-intro/feed/
HTTP/1.1";304,160
175.42.93.145;[25/Sep/2013:00:10:11 +0800];"GET /mapreduce/hadoop-rumen-introduction HTTP/1.1";301,427
175.42.93.145;[25/Sep/2013:00:10:12 +0800];"GET /mapreduce/hadoop-rumen-introduction/
HTTP/1.1";200,20875
--table data count:
4
--insert table...
```

```
--table data:
321;123;231;132
175.42.93.145;[25/Sep/2013:00:10:08 +0800];"GET /mapreduce/hadoop-rumen-introduction HTTP/1.1";301,427
61.135.216.104;[25/Sep/2013:00:10:10 +0800];"GET /search-engine/thrift-framework-intro/feed/
HTTP/1.1";304,160
175.42.93.145;[25/Sep/2013:00:10:11 +0800];"GET /mapreduce/hadoop-rumen-introduction HTTP/1.1";301,427
175.42.93.145;[25/Sep/2013:00:10:12 +0800];"GET /mapreduce/hadoop-rumen-introduction/
HTTP/1.1";200,20875
```

本 章 小 结

最新更新

- ✧ Hive 是基于 Hadoop 的一个数据仓库工具，它使用 MapReduce 计算框架实现了常用的 SQL 语句，并对外提供类 SQL 编程接口。
- ✧ Hive 并非一个关系型数据库，也不能用于在线事务的实时处理，它更擅长处理传统的数据仓库任务，即对已经储存在磁盘中的大规模数据集进行批量式数据处理。
- ✧ Hive 没有专门的数据存储结构，也不会为数据建立索引。用户组织自己的数据表时，需向 Hive 指定数据的行、列分隔符，使 Hive 可以据此来解析表中的数据。
- ✧ 除了元数据之外，Hive 常用的有四种数据单元、七种基本数据类型以及三种复杂数据类型。
- ✧ HiveServer2 服务允许客户端可在不启动 CLI 的情况下对 Hive 中的数据进行操作，是程序开发过程中最常用的 Hive 数据访问服务。
- ✧ Hive 的命令行分为两种：Hive CLI 交互式命令行和 hive 命令。
- ✧ HiveQL 是 Hive 的核心功能之一，它为用户提供了一种类 SQL 的方式来访问数据仓库中的数据。
- ✧ HiveServer2 是 Hive 中一项非常重要的服务。它允许 Hive 通过 JDBC 接口来访问其中的数据，使得 Hive 的通用性大大增加。

本 章 练 习

1. 什么是 Hive？Hive 有什么特点？
2. Hive 各主要组成部分的名称和作用是什么？
3. Hive 的数据模型都有哪些？
4. 什么是 HiveQL？
5. 什么是 HiveServer2？
6. 尝试使用 JDBC 来访问 Hive 中的数据。

第 8 章　Storm

本章目标

- 掌握 Storm 的基本概念和工作方式
- 掌握 Storm 集群的搭建方式
- 熟悉 Topology 的生命周期
- 能够使用命令行和 UI 查看和操作 Storm
- 掌握 Storm 常用 API
- 能够使用相关 API 构建 Storm Topology

以 Hadoop MapReduce 为代表的批处理框架可以满足对已存储数据的挖掘及分析需求，但对于实时性要求高的应用，则需要专门的实时处理框架。

所谓实时处理(也称为流式处理)是指：在每条数据的产生时刻不确定的情况下，一旦有数据产生，系统就会立即对该条数据进行处理。一个大数据实时处理系统除了需要具备基本的稳定性、容错性与可扩展性以外，最重要的一点就是必须能保证没有遗漏地处理每条数据，这是一个实时处理系统最为核心的机制。

本章将介绍当前最主流的实时数据处理框架——Storm。

8.1 简介

Apache Storm 是一个免费的开源分布式实时计算系统。相对于 Hadoop 的批量式处理，Storm 可以对无限的流数据提供稳定的实时处理能力。

Storm 可以很好地与常用的消息队列或者数据库技术进行整合。一个 Storm 任务(又称为 Topology)从一个数据流中消费数据，然后以任意复杂的方式对数据进行处理，如果需要，还可以将数据流中的数据在不同的处理阶段之间重新分配。

8.1.1 基础知识

下面介绍 Storm 中的一些基本概念，并讲解其工作方式。

1. 基本概念

(1) Topology。Topology 承载实时处理应用的逻辑结构，是 Storm 任务的基本单位，相当于 MapReduce 任务。唯一不同的是，MapReduce 任务会被最终执行完，而 Topology 会被永远执行下去(除非被杀死)。一个 Topology 是由 Spout 和 Bolt 组成、由 Stream grouping 连接，其结构如图 8-1 所示。

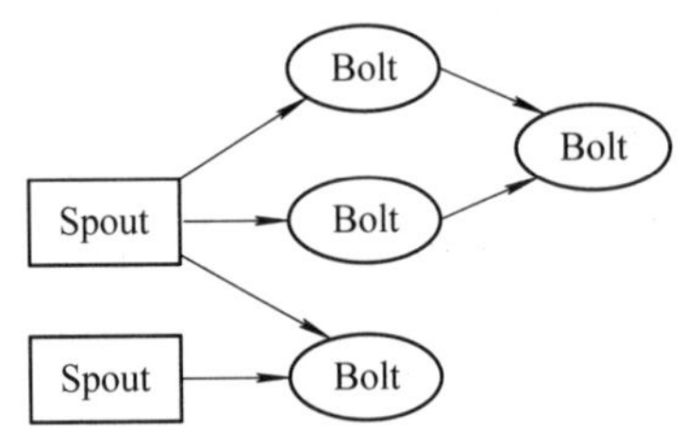

图 8-1 Storm Topology 结构示意图

(2) Tuple。Tuple 是 Storm 中的基本数据单元。实际上，在许多编程语言中，Tuple 是一种数据类型，称为元组，是用来容纳各种类型对象的容器。而 Storm 中的 Tuple 作用与元组基本一致，是数据在 Storm 中流动的基本单位。

(3) Stream。Stream 是 Storm 中的核心概念，即信息流。一个 Stream 是对一个无限的 Tuple 序列的抽象表述，它以分布式的形式被并行地创建和处理。Stream 由一个 Schema 来定义，即 Schema 声明了 Stream 中 Tuple 的数据类型。默认情况下，Tuple 可以包含整型、长整型、短整型、字节、字符串、浮点型、双精度浮点型、布尔型和字节数组等类型

的数据，也可以通过自定义序列化对象的方式，来创建能够在 Tuple 中使用的自定义数据类型。

(4) Spout。Spout 是 Storm 中的一个重要组件，是 Topology 中 Stream 的源头。通常，Spout 会从外部数据源读取 Tuple，然后将其发送到 Topology 内部。Spout 可以是可靠的，也可以是非可靠的：可靠的 Spout 会重新发送 Storm 处理失败的 Tuple；而非可靠的 Spout 在 Tuple 被发送出去之后，不再关心处理结果。

Spout 可以将不止一个 Stream 发送到 Topology 当中。用户可以使用 Output FieldsDeclarer 类中的 declareStream()方法来声明多个 Stream，然后使用 SpoutOutput Collector 类中的 emit()方法来声明要将 Tuple 发送到哪个需要发送的 Stream 中。

Spout 中的核心方法是 nextTuple()，该方法会向 Topology 中发送一个新的 Tuple，如果没有新的 Tuple 可以发送，该方法将会重置，等待新的 Tuple 输入。

另外，Spout 还有两个主要方法：ack()和 fail()。当 Spout 发送的某个 Tuple 成功经过整个 Topology 处理流程时，Storm 会调用 ack()方法，反之则调用 fail()方法。注意：这两个方法只有在可靠的 Spout 中才会被调用。

(5) Bolt。Bolt 是 Topology 的处理组件，Topology 中的所有处理工作都是在 Bolt 中完成的，如过滤、函数、聚合、合并、连接数据库等。一个 Topology 可以包括多个 Bolt。

单个 Bolt 可以完成简单的 Stream 变换，而较为复杂的 Stream 变换通常需要经过许多步骤和许多个 Bolt。例如，把一个微博 Stream 转换为一个热门图片 Stream 至少需要两步：首先使用一个 Bolt 对包含有该图片的微博进行滚动计数，然后使用另一个或多个 Bolt 输出计数位于前 x 的图片。

Bolt 可以发送不止一个 Stream，发送方式与 Spout 相同。

Bolt 还可以向其他的组件订阅特定的 Stream，如果需要订阅其他组件的所有 Stream，则必须要对每个 Stream 逐个进行订阅声明。Storm 提供了一个 InputDeclarer 类，包含有糖衣语法，可以通过缺省的 Stream 编号来订阅 Stream。例如，declarer.shuffleGrouping("1")即向编号为 1 的组件订阅了默认的 Stream，也可以写做 declarer.shuffleGrouping ("1", DEFAULT_STREAM_ID)。

Bolt 的核心方法是 execute()，该方法把一个 Tuple 作为输入，处理完毕后再用 OutputCollector 对象将该 Tuple 向外发射出去。而对于每一个被该 Bolt 处理过的 Tuple，Bolt 都要调用 ack()方法，这样 Storm 就能知道该 Tuple 是什么时候被处理完成的，从而确认某条数据是否安全，并向最初的 Spout 发送确认字符。一般情况下，完成对一个输入 Tuple 的处理后，要对外发送基于输入 Tuple 的新的 Tuple(特殊情况也可以对外不发送任何结果)，然后再调用 ack()方法。Storm 提供了一个 IBasicBolt 接口，它可以自动调用 ack()方法。

Storm 鼓励在 Bolt 中开设新线程来异步地处理数据，OutputCollector 类是线程安全的，可在任何时候调用。

(6) Worker。Topology 是通过一个或多个 Worker 进程来执行的，每个 Worker 进程是一个物理上的 JVM(Java 虚拟机)，负责执行 Topology 中分配的 Task 集合(Task 是处理数据的具体实例，详见下文)。例如，如果一个 Topology 的总并行度为 300，分配给它的 Worker 是 50，则每个 Worker 会执行 6 个 Task。Storm 会尽可能保证 Task 被平均地分配到所有 Worker 中。

(7) Executor&Task。Executor 和 Task 是关系紧密的两个概念：一个 Executor 对应 Worker 创建的一个物理上的线程，Task 则是由该线程创建的用于处理数据的具体实例。默认状态下，每个 Worker 会启动多个 Executor，而每个 Executor 会创建一个 Task 实例(也可手动设置为创建多个 Task 实例)，即 Executor 和 Task 默认是一一对应关系(总体来说，线程数量=Executor 数量≤Task 数量)。

Task 是最终执行 Component(Spout 和 Bolt 的统称)代码的基本单元。Component 会以多 Task 的方式在集群中运行，可以调用 TopologyBuilder 中的 setSpout()方法或 setBolt()方法来设置 Task 的数量，即设置 Task 运行并行度。

(8) Stream grouping。定义一个 Topology，其中一步是需要定义里面的每个 Bolt 接收什么样的输入 Stream，而 Stream grouping 的作用就是定义一个 Stream 应该如何将其中的 Tuple 分发给多个 Bolts 中的处理任务，即对 Tuple 进行分组。

Storm 中内置了 8 种 Stream grouping，也可以通过实现 CustomStreamGrouping 接口来自定义 Stream grouping：

- ✧ Shuffle grouping：随机分组，也是通常情况下最常用的分组。会随机分配 Stream 里面的 Tuple，保证每个 Bolt 接收到的 Tuple 数目基本相同。
- ✧ Fields grouping：通过声明一个字段来分组，字段值相同的 Tuple 会被分到同一个 Task，字段值不同的 Tuple 会被分到不同的 Task。
- ✧ Partial Key grouping：与 Fields grouping 类似，通过指定某个字段，依据该字段的值来分组。与 Fields grouping 不同的是，该分组方式会在下游 Bolt 之间进行负载均衡，当数据为倾斜数据(Skewed Data)时可以有效提高资源的利用效率。
- ✧ All grouping：整个 Stream 会被复制到所有的 Task 中，类似于广播模式。需谨慎使用。
- ✧ Global grouping：全局分组，整个 Stream 会流入 Bolt 中的一个 Task 中。实际上，它会流入 ID 最小的 Task 中。
- ✧ None grouping：这种分组方式表明用户不关心 Stream 是如何被分组的，事实上与 Shuffle grouping 是等同的。Storm 会将声明了 None grouping 的 Bolt 与它所订阅的 Spout 或 Bolt 放在同一个线程中执行。
- ✧ Direct grouping：这种分组方式比较特殊，它意味着由 Tuple 的生产者来决定消费者中的哪个 Task 会收到 Tuple。Direct grouping 只能在被声明为 Direct Stream 的 Stream 中使用，发送 Tuple 到一个 Direct stream 只能使用 OutputCollector 类中的 emitDirect()方法。Bolt 可以通过两种方式获取该 Tuple 的消费者的 ID：一种是从 TopologyContext 对象中获取；另一种是通过追踪 OutputCollector 类中的 emit()方法的输出值(该方法会返回 Tuple 被发送到的 Task 的 ID)。
- ✧ Local or shuffle grouping：使用该分组方式，如果目标 Bolt 在一个 Worker 进程中有大于等于一个 Task，Tuple 就会被分发到处于该 Worker 进程中的 Task。否则，该方式与普通的 Shuffle grouping 相同。

(9) Reliability。Storm 的 Reliability 特性会确保所有 Spout 发送出的 Tuple 都被 Topology 完整地处理。Spout 所发出的每一个 Tuple 都会触发一个 Tuple 树，Storm 会追踪

这个 Tuple 树来确定这条 Tuple 在何时被处理完毕。每一个 Topology 都会被设置一个“消息超时时间”，如果在这个时间范围内 Storm 无法侦测到某条 Tuple 已被处理完毕，则它会将其标记为失败，并在之后重新进行处理。

想要利用 Storm 的 Reliability 特性，必须在 Tuple 树建立以及 Tuple 被处理完毕时通知 Storm，这项工作会在 Bolt 发送 Tuple 的时候由 OutputCollector 类完成。OutputCollector 类中的 emit()方法会标记新产生的 Tuple 树，而 ack()方法会声明一个 Tuple 已处理完成。

2. 工作方式

Storm 采用主从架构体系来实现分布式集群的管理，Nimbus 和 Supervisor 是实现该架构的两个主要服务。Storm 的具体工作方式如图 8-2 所示。

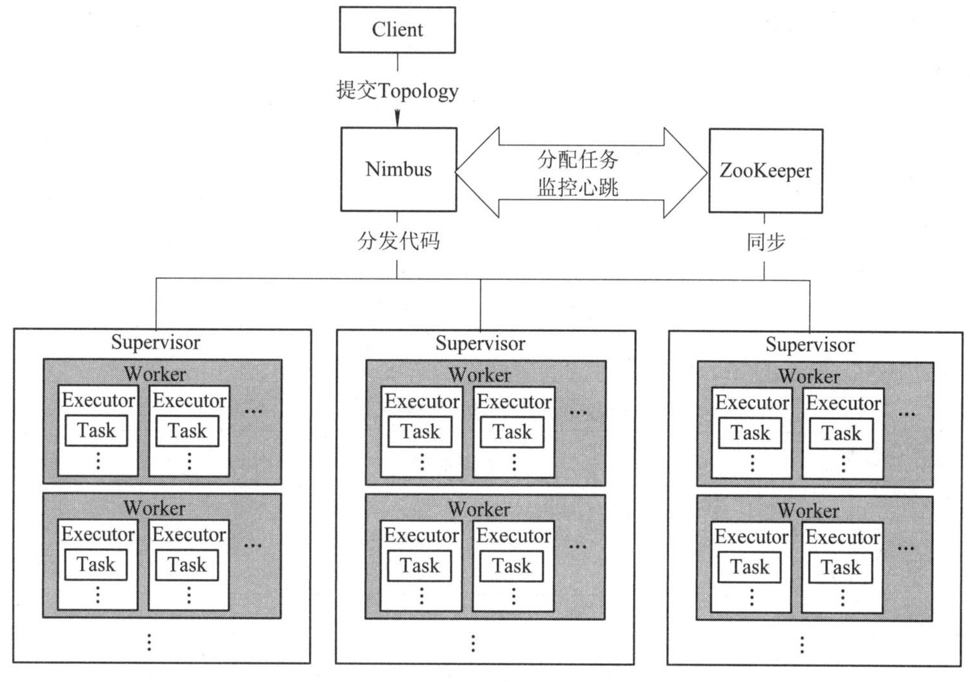

图 8-2 Storm 工作方式

Nimbus 进程运行在集群的主节点上，负责监控主节点状态，同时通过与 ZooKeeper 进行同步来确定任务分配策略，从而向工作节点分发代码和分配任务。

Supervisor 运行在集群的从节点(工作节点)上，负责执行和监听工作节点上所分配的任务，启动和停止工作进程。Supervisor 会定时与 ZooKeeper 同步，从而获取 Topology 信息、任务分配信息及各类心跳信息，以此作为 Nimbus 任务分配的依据。在同步时，Supervisor 会根据新的任务分配情况来调整 Worker 的数量并进行负载均衡。

Worker 是由 Supervisor 启动的运行在工作节点上的 JVM 进程，每个 Worker 进程会维护一个或多个线程(Executor)。每个 Worker 中执行的任务只能来自于一个 Topology，但一个 Topology 可以由多个 Worker 共同完成，所以一个运行中的 Topology 就是由集群中多台物理机上的多个 Worker 进程组成的。每个 Executor 只会运行一个 Topology 的一个

Component 的 Task，并会循环执行该 Component 下面的所有 Task(默认每个 Executor 下有一个 Task)，且在执行期间会调用 Task 中的 nextTuple()或 execute()方法。关于 Worker、Executor 和 Task 的非默认运行数量配置方法，涉及 Storm 并行度的相关配置，请读者查看 Storm 官网配置项相关说明，这里不再详述。

客户端将 Topology 提交到 Nimbus 后，Nimbus 首先会为该 Topology 建立本地目录，目录中除了存放一些临时文件，还要存放 Topology 的相关 jar 包，然后 Supervisor 会从这里将 jar 包下载到工作节点并执行。

同时，Nimbus 一方面要根据 ZooKeeper 所储存的 Topology 配置情况计算和分配 Task，并将 Task 的分配结果(主要为 Task 和 Worker 的对应关系)同步到 ZooKeeper，另一方面要在 ZooKeeper 上创建 taskbeats 节点来监控 Task 的心跳。

最后，Supervisor 从 ZooKeeper 上同步 Task 的分配信息，并据此启动相应的 Worker 进程，然后每个 Worker 进程再启动 Executor 线程并建立相应的 Task 对象，并且根据 Topology 信息建立 Task 之间的连接，最终将整个 Topology 运行起来。

8.1.2 集群环境搭建

本节将介绍如何搭建一个三节点的分布式 Storm 集群，使用的 Storm 版本为 1.1.0，操作系统为 Centos7。

1. 角色分配

本例中，需搭建的 Storm 集群角色的分配情况如表 8-1 所示。

表 8-1 集群角色分配表

	Nimbus	Supervisor	UI	ZooKeeper
node1		√		√
node2	√	√	√	√
node3		√		√

其中，UI 是 Storm 的图形化界面访问接口，使用 Web 浏览器可以访问 UI，看到集群和 Topology 的相关信息，还可以执行关闭 Topology 等操作。

Storm 使用 ZooKeeper 来调度集群，但并不用于传递信息。通常来说单节点的 ZooKeeper 就可以满足需求，但为了更好的容错以及学习规模较大的 ZooKeeper 集群配置方法，本例中使用三个节点的 ZooKeeper 集群。

2. 准备工作

搭建和启动 Storm 集群之前，要确保集群中所有节点的以下工作已经完成：

✧ 安装 Java：官网推荐 Java 7 版本，本例使用 Java 8 版本。
✧ 安装 Python：官网推荐 Python 2.6.6 版本，本书使用 Python 2.7.5 版本。
✧ 安装并启动 ZooKeeper：本书使用 3.4.10 版本。
✧ 其他：修改 hosts 文件、设置 SSH 免密码访问、时间同步、关闭防火墙等。

3．获取和解压二进制码包

从官网下载 Storm 1.1.0 二进制码包(注意不是带有 src 后缀的源码包)，将包放置于 node1 节点中的/bigdata 目录下并解压，解压后修改文件名，代码如下：

```
cd /bigdata
tar –zxvf ./apache-storm-1.1.0.tar.gz
mv ./apache-storm-1.1.0 ./storm
```

Storm 的根目录 STORM_HOME 为/bigdata/storm。为了便于操作，可以将${STORM_HOME}/bin 加入到所有节点的系统环境变量中。

4．配置文件

修改${STORM_HOME}/conf 下的两个配置文件 storm-env.sh 和 storm.yaml。在 storm-env.sh 中添加以下内容：

```
export JAVA_HOME=/usr/java/jdk          #设置 JDK 的路径
export STORM_CONF_DIR="/bigdata/storm/conf"
```

在 storm.yaml 中添加以下内容(注意："-" 后的空格不能省略)：

```
storm.ZooKeeper.servers:
    - "node1"
    - "node2"
    - "node3"
supervisor.slots.ports:
    - 6700
    - 6701
    - 6702
    - 6703
storm.local.dir: "/bigdata/storm-local"
nimbus.seeds: ["node2"]
```

上述代码中，storm.ZooKeeper.servers 是 ZooKeeper 节点的 IP 地址或者 HOST 名称；supervisor.slots.ports 是 Worker 用于通信的端口号，端口的数量为每个 Supervisor 中 Worker 数量的最大值；storm.local.dir 是 Storm 本地文件的储存目录，该目录需要手动创建；nimbus.seeds 是 Nimbus 的候选节点，这里只配置一个。

搭建集群时常用的其他配置项说明详见 https://github.com/apache/storm/blob/v1.1.0/conf/ defaults.yaml。

5．启动服务

将配置好的 Storm 根目录文件复制到 node2 和 node3 节点上的相同位置，使三个节点的/bigdata/storm 目录均为 Storm 的根目录。在各个节点启动 Storm 相关后台进程，命令如下：

```
scp -r /bigdata/storm node2:/bigdata/
scp -r /bigdata/storm node3:/bigdata/
```

执行以下命令，在 node1 上启动 Storm 服务：

```
nohup storm supervisor >/dev/null 2>&1 &
```

执行以下命令，在 node2 上启动 Storm 服务：

```
nohup storm nimbus >/dev/null 2>&1 &
nohup storm ui >/dev/null 2>&1 &
nohup storm supervisor >/dev/null 2>&1 &
```

执行以下命令，在 node3 上启动 Storm 服务：

```
nohup storm supervisor >/dev/null 2>&1 &
```

6. 确认启动成功

可以使用 jps 命令，查看各个 Storm 进程是否启动；或者从 Web 浏览器访问 node2 节点的 8080 端口(http://node2:8080/)，有返回结果代表启动正常。

8.2 Topology 入门

下面基于一个简单实例“Hello World Topology”，系统介绍 Topology 的基本开发方式和生命周期。

8.2.1 Hello World Topology

本小节以程序“Hello World Topology”为例，对 Storm Topology 的实现方式和源码进行简要解析，旨在让读者对其有初步的了解，对 Topology 的类及其方法的详解将在 8.3 小节中给出。

1. 配置依赖包

首先，在 Maven 依赖包配置文件中配置 Storm1.1.0 的核心包，代码如下：

```
<dependency>
    <groupId>org.apache.storm</groupId>
    <artifactId>storm-core</artifactId>
    <version>1.1.0</version>
    <scope>provided</scope>
</dependency>
```

然后，用 maven-assembly-plugin 插件来配置主类，代码如下：

```
<plugin>
  <artifactId>maven-assembly-plugin</artifactId>
  <configuration>
    <descriptorRefs>
      <descriptorRef>jar-with-dependencies</descriptorRef>
    </descriptorRefs>
    <archive>
      <manifest>
        <mainClass>com.path.to.main.Class</mainClass>
```

```
        </manifest>
      </archive>
    </configuration>
  </plugin>
```

2. 代码实现

该项目名称为“StormTest”，其中包含三个包，分别为 com.hyg.StormTest.spouts、com.hyg.StormTest.bolts 和 com.hyg.StormTest.topologies。

首先，在 com.hyg.StormTest.spouts 中创建 HelloWorldSpout 类并继承 BaseRichSpout 类，复写以下三个方法：open()、nextTuple()和 declareOutputFields()。该类的主要功能是：先生成一个固定的随机数 referenceRandom，然后反复生成一个非固定的随机数 instanceRandom，当 instanceRandom 与 referenceRandom 相等时，会向下发送一个字符串“Hello World”，否则将发送一个字符串“Other Random Word”。代码如下：

```
package com.hyg.StormTest.spouts;

import java.util.Map;
import java.util.Random;

import org.apache.storm.spout.SpoutOutputCollector;
import org.apache.storm.task.TopologyContext;
import org.apache.storm.topology.OutputFieldsDeclarer;
import org.apache.storm.topology.base.BaseRichSpout;
import org.apache.storm.tuple.Fields;
import org.apache.storm.tuple.Values;
import org.apache.storm.utils.Utils;

public class HelloWorldSpout extends BaseRichSpout{

    /**
     *
     */
    private static final long serialVersionUID = -4950127656367500944L;

    private SpoutOutputCollector collector;
    private int referenceRandom;
    private static final int MAX_RANDOM = 10;

    public HelloWorldSpout(){
        final Random rand = new Random();
```

```
        referenceRandom = rand.nextInt(MAX_RANDOM);
    }

    public void open(Map conf,
            TopologyContext context,
            SpoutOutputCollector collector) {
        this.collector = collector;

    }

    public void nextTuple() {

        Utils.sleep(100);
        final Random rand = new Random();
        int instanceRandom = rand.nextInt(MAX_RANDOM);
        if(instanceRandom == referenceRandom){
            collector.emit(new Values("Hello World"));
        }
        else {
            collector.emit(new Values("Other Random Word"));
        }

    }

    public void declareOutputFields(OutputFieldsDeclarer declarer) {
        declarer.declare(new Fields("sentence"));

    }

}
```

在 com.hyg.StormTest.bolts 包中创建 HelloWorldBolt 类并继承 BaseRichBolt 类，复写三个方法：prepare()、execute()和 declareOutputFields()。该类的主要功能是：接收 HelloWorld Spout 发送的 sentence 字段，与字符串“Hello World”进行匹配，并计算总共发送过来多少个“Hello World”字符串。代码如下：

```
package com.hyg.StormTest.bolts;

import java.util.Map;

import org.apache.storm.task.OutputCollector;
```

```
import org.apache.storm.task.TopologyContext;
import org.apache.storm.topology.OutputFieldsDeclarer;
import org.apache.storm.topology.base.BaseRichBolt;
import org.apache.storm.tuple.Tuple;

public class HelloWorldBolt extends BaseRichBolt{

    /**
     *
     */
    private static final long serialVersionUID = 982882557341675147L;

    private int myCount = 0;
    private int tastId;

    public void prepare(Map arg0,
            TopologyContext context,
            OutputCollector collector) {
        tastId = context.getThisTaskId();

    }

    public void execute(Tuple input) {

        String test = input.getStringByField("sentence");
        System.out.println("One tuple gets in " + tastId +": " + test);
        if ("Hello World".equals(test)){
            myCount++;
            System.out.println("Found a Hello World! My count is now: "
            + Integer.toString(myCount));
        }

    }

    public void declareOutputFields(OutputFieldsDeclarer declarer) {

    }

}
```

在 com.hyg.StormTest.topologies 包中创建 HelloWorldTopology 类，在其中创建 main 函数，如果把 Topology 的名字作为参数传入 main 函数，会将 Topology 提交远程服务器，并使用集群模式运行 Topology；如果不向 main 函数传入任何参数，则会使用本地模式运行 Topology。代码如下：

```
package com.hyg.StormTest.topologies;

import org.apache.storm.Config;
import org.apache.storm.LocalCluster;
import org.apache.storm.StormSubmitter;
import org.apache.storm.topology.TopologyBuilder;
import org.apache.storm.utils.Utils;

import com.hyg.StormTest.bolts.HelloWorldBolt;
import com.hyg.StormTest.spouts.HelloWorldSpout;

public class HelloWorldTopology {

//可以向 main 函数传入一个参数作为集群模式下 Topology 的名字，如果不传入任何参数则使用本地模式
    public static void main(String[] args) {

        TopologyBuilder builder = new TopologyBuilder();

        builder.setSpout("randomHelloWorld", new HelloWorldSpout(), 10);
        builder.setBolt("randomHelloBolt", new HelloWorldBolt(), 1).shuffleGrouping("randomHelloWorld");

        Config conf =  new Config();

        //使用集群模式
        if (args != null && args.length > 0)
        {
            conf.setNumWorkers(3);
            try
            {
                StormSubmitter.submitTopology(args[0], conf, builder.createTopology());
            } catch (Exception e)
            {
                e.printStackTrace();

            }
```

```
        }
        else
        {
        //使用本地模式
            LocalCluster cluster = new LocalCluster();
            cluster.submitTopology("test", conf, builder.createTopology());

            Utils.sleep(5000);

            cluster.killTopology("test");
            cluster.shutdown();

        }

    }
}
```

3. 提交 Topology

如果要将 Topology 提交到集群运行，需要先将 Topology 项目打包成 jar 包。本文使用 Maven 作为项目管理工具，操作步骤如下：

(1) 在 eclipse 的项目栏的左侧目录树中的 StormTest 目录图标上单击鼠标右键，在弹出的菜单中选择【Run As】/【Maven install】命令，将 Topology 项目打包，如图 8-3 所示。

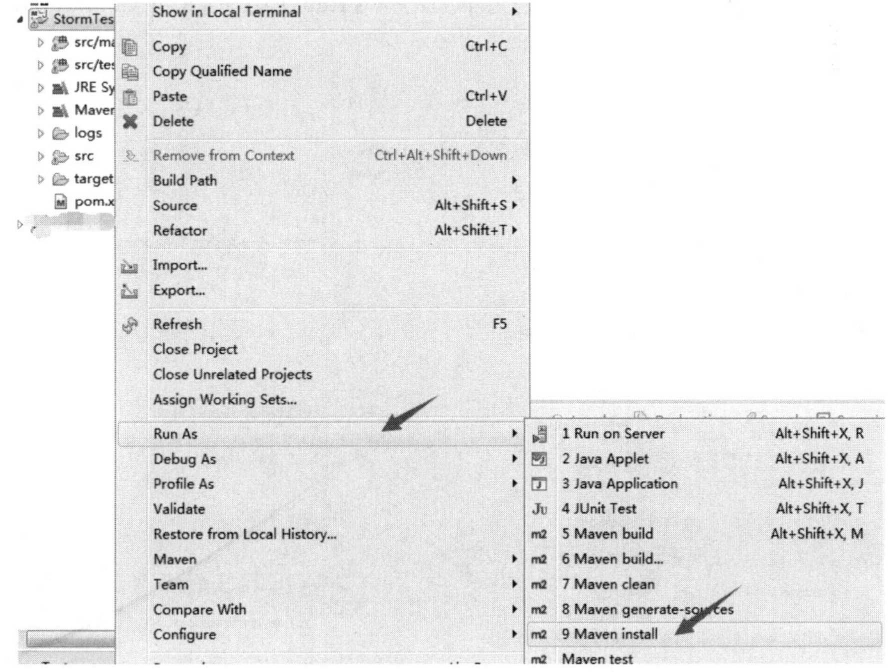

图 8-3　Topology 项目打包

生成的 jar 包会存放在项目下的 target 目录中，如图 8-4 所示。

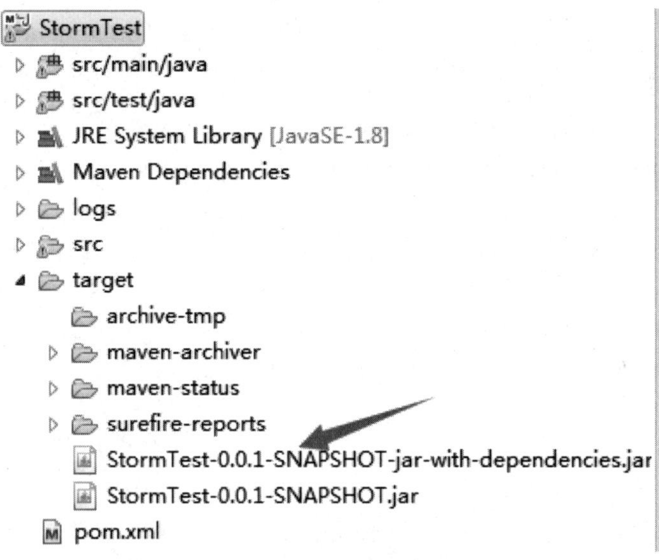

图 8-4　生成的 Topology 项目 jar 包

(2) 将生成的 jar 包复制到 Nimbus 节点。然后使用 storm+jar+jar_package_name+ main_class+参数(“+”代表一个空格)命令，将打包完成的 Topology 提交到集群，代码如下：

```
storm jar StormTest-0.0.1-SNAPSHOT.jar com.hyg.StormTest.topologies.HelloWorldTopology
```

Storm 的 LocalCluster 类提供了一个本地的虚拟环境来模拟 Topology 的集群运行环境，可以将 Topology 项目提交到该模拟环境中进行代码调试。在 HelloWorldTopology 类的 main 方法上单击鼠标右键，在弹出的菜单中选择【Run As】/【Run Configurations】命令，如图 8-5 所示。

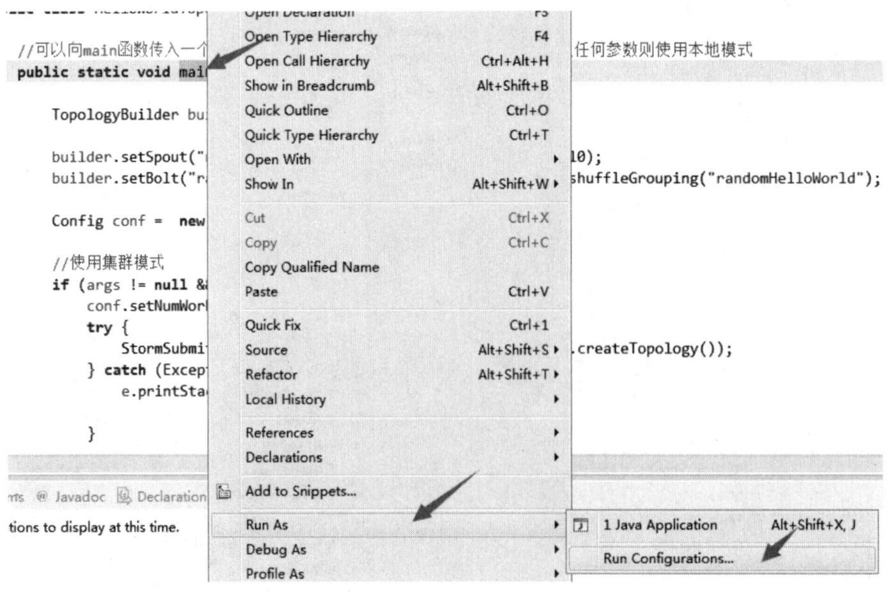

图 8-5　选择使用本地模式运行 Topology 项目

(3) 在弹出的【Run Configuration】窗口左侧列表中的【Java Application】项上单击鼠标右键，在弹出菜单中选择【New】命令，创建一个新的应用配置，如图 8-6 所示。

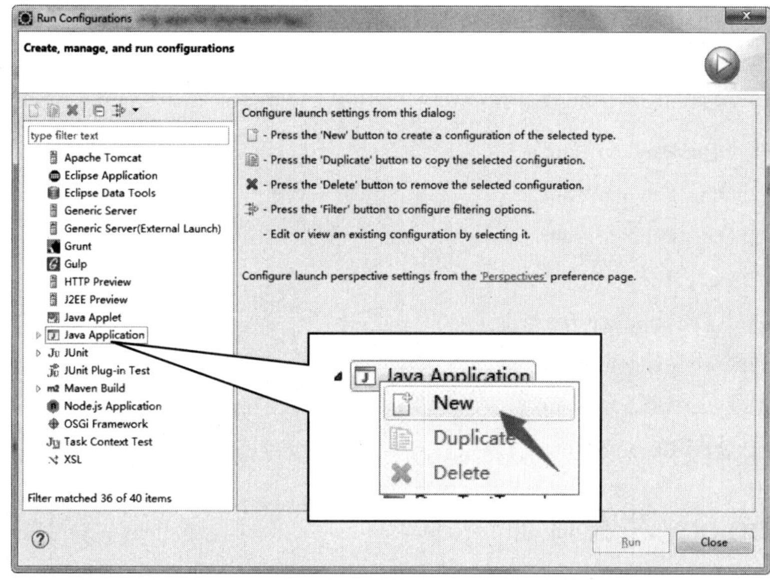

图 8-6　创建新的 Topology 项目配置

(4) 在窗口右侧出现的【Main】选项卡中配置该 Topology 项目的【Name】(该配置项的名称)、【Project】(项目名称)和【Main class】(主函数的完整路径)，不要改动【Arguments】选项卡中的任何参数，然后单击【Run】按钮，运行 Topology 项目。如图 8-7 所示。

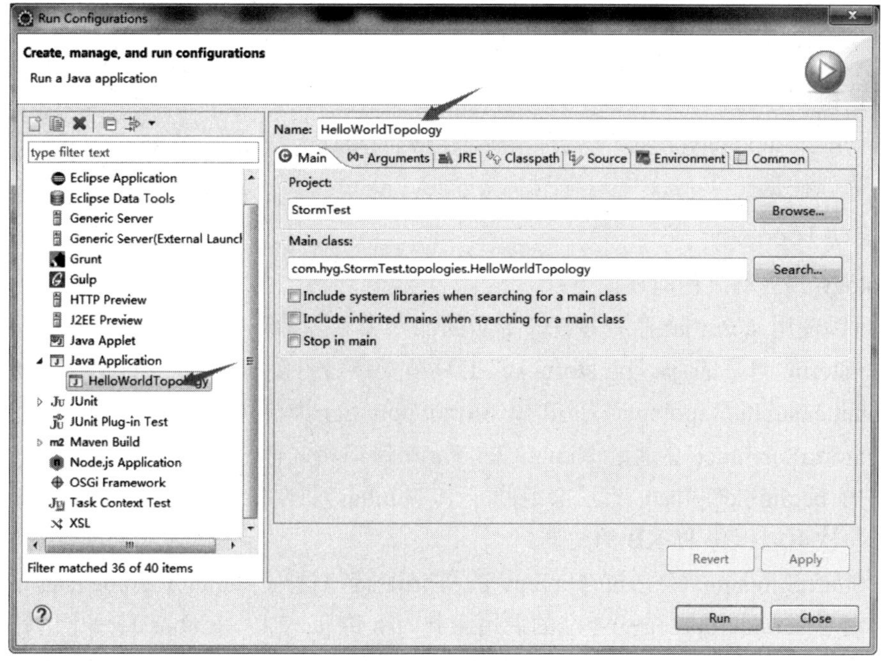

图 8-7　本地运行 Topology 项目

该 Topology 项目的运行结果如下：

```
One tuple gets in 2: Other Random Word
One tuple gets in 2: Hello World
Found a Hello World! My count is now: 34
One tuple gets in 2: Other Random Word
One tuple gets in 2: Other Random Word
One tuple gets in 2: Other Random Word
One tuple gets in 2: Other Random Word
One tuple gets in 2: Hello World
Found a Hello World! My count is now: 35
One tuple gets in 2: Other Random Word
One tuple gets in 2: Other Random Word
One tuple gets in 2: Other Random Word
```

8.2.2 Topology 生命周期

Topology 的生命周期以执行 storm jar 命令将 Toppology 提交给 Nimbus 为起点，并包括随后 Supervisor 对 Worker 的启动和停止、Worker 和 Task 的建立、Nimbus 如何完成对 Topology 的监控，以及 Topology 被杀死时是如何关闭等过程。

关于 Topology 的两点说明：

✧ 实际运行的 Topology 与前面描述的有所不同，它具有一个隐式的 Stream，该 Stream 中存在一个称为“acker”的隐式的 Bolt，用来管理消息确认框架(用于保证数据处理的可靠性)。这个具有隐式 Stream 的 Topology 是由 system-topology()函数创建的。

✧ system-topology()方法在两种情况下会被调用：一种是在 Nimbus 创建 Task 时；另一种是在 Worker 中追踪消息路径时。

1．启动 Topology

Topology 的启动流程简述如下：

(1) 可以使用 storm jar 命令并在命令后面加入类名等参数的方式执行 Topology 类，该命令会对 Storm 自带的 jar 包 storm.jar 的环境变量进行配置。当 Topology 程序执行到 StormSubmitter.submitTopology()方法时，StormSubmitter 类会执行以下操作：

✧ StormSubmitter 会通过 Nimbus 的 Thrift 接口将之前没有上传的 jar 包上传。该类的 beginFileUpload()方法会返回一个 Nimbus 目录中的路径，uploadChunk()方法每次可以上传 15 KB 的数据。

✧ StormSubmitter 会通过 Nimbus 的 Thrift 接口调用 submitTopology()方法。Thrift 对于 submitTopology()方法的调用会载入上传 jar 包时 Nimbus 目录中的路径。

(2) Nimbus 接收 Topology 提交的请求，并使用 JSON 格式对每个 Topology 的配置进

行序列化，其主要目的是保证每一个 Task 都拥有相同的序列化注册器，这对正确地完成序列化操作非常关键。格式化后，Nimbus 会为 Topology 建立共享状态，共享信息的设置如下：

- ✧ jar 包和配置文件对于 ZooKeeper 来说过大，所以会被保留在本地文件系统中，并会被复制到{nimbus local dir}/stormdist/{topology id}路径中。
- ✧ setup-storm-static 会将 Task 到 Component 的映射关系写入 ZooKeeper。
- ✧ setup-heartbeats 会创建 ZooKeeper 目录，用于监控 Task 的心跳。

(3) 共享信息设置完成后，Nimbus 会调用 mk-assignment()方法将 Task 分配到各节点中，包含了以下几点：

- ✧ master-code-dir：Supervisor 基于该目录从 Nimbus 中下载相应的 jar 包和配置文件。
- ✧ task→node/port：从 Task ID 到该 Task 应在的 Worker 的映射(一个 Worker 由一个 node/port 对来表示)
- ✧ node→host：由节点 ID 到主机名的映射，用于 Worker 之间的识别，使它们可以互相通信。节点 ID 用于识别 Supervisor，因此一个节点中可以运行多个 Supervisor。
- ✧ task→start-time-secs：从 Task ID 到时间戳(Nimbus 发动这个 Task 的时间)的映射。当 Topology 被启动时会被赋予一个超时时间，Nimbus 使用这个映射和超时时间来监控每个 Task 的心跳。

(4) Topology 中的 Task 一旦被分配，该 Topology 会处于反激活模式，start-storm 会将相关数据写入 ZooKeeper，从而让集群知道这个 Topology 是活动的，并且可以从 Spout 向外发射 Tuple。

(5) Storm 会创建待办事项集群状态表，显示所有节点及其需要处理的事项。

(6) Supervisor 会在后台进行以下两项工作：

- ✧ synchronize-supervisor：当 ZooKeeper 中的分配信息发生变化时，或者每隔 10 秒钟，以下操作会被执行：
  - 从 Nimbus 中下载 Topology 代码。
  - 把每个节点需要运行的代码，以 port→LocalAssignment 的映射形式写入各自的本地文件系统中。其中，LocalAssignment 包含了 Topology ID 及其 Worker 中 Task 的列表。
- ✧ sync-processes：读取 synchronize-supervisor 写在本地文件系统的文件，把这些本地文件与正在节点中运行的文件进行比较。之后如果需要的话，该操作会启动/停止 Worker 进程来进行文件同步。

(7) Worker 进程会通过 mk-worker 操作来启动。

- ✧ Worker 会与其他 Worker 之间建立连接，并且会开启一个线程来监控其变化。当一个 Worker 被重新分配，它会自动重新连接到其他 Worker。
- ✧ 监控 Topology 是否是活动的，并把其状态储存在 storm-active-atom 变量中。Task 会使用这个变量来确定是否在 Spout 中调用 nextTuple。
- ✧ Worker 会启动相应的 Task 作为自己的线程。

(8) Task 会通过 mk-task 操作来启动。

✧ Task 会启动一个追踪函数，该函数接收一个 Stream 和一个 Tuple，返回一个 Task 列表来指示该 Tuple 应该再发送到哪里。

✧ Task 会根据代码来执行 Spout 或者 Bolt 的业务逻辑。

2. 监控 Topology

Nimbus 负责监控 Topology 的整个生命周期。

(1) 定时线程会执行日常任务来检查 Topology。

(2) Nimbus 的行为被描述为一个有限状态机，具有 active、inactive、killed、rebalancing 四种状态。

(3) 通过 reassign-transition 操作来调用 reassign-topology 操作，执行一个 Topology 的监控事件，该事件会以 nimbus.monitor.freq.secs 为周期来触发。

(4) reassign-topology 操作会调用 mk-assignments 方法，该方法也用于 Topology 的初次分配，并可以进行 Topology 的增量更新：

✧ mk-assignments 方法会检查心跳，如果需要的话会对 Worker 进行再分配。

✧ 任何在 ZooKeeper 中进行的再分配行为都会触发 Supervisor 进行同步，并且启动/停止 Worker。

3. 杀死 Topology

杀死一个 Topology 的具体过程如下：

(1) storm kill 命令会调用 Nimbus Thrift 接口来运行杀死 Topology 的代码。

(2) Nimbus 接收到 kill 命令。

(3) Nimbus 将 kill 命令应用到 Topology 中。

(4) kill 命令函数会将 Topology 的状态改为 killed，然后在“等待时间”过后触发“移除”事件：

✧ “等待时间”默认等同于 Topology 消息的超时时间，但也可通过 storm kill 命令中的-w 选项来修改它。

✧ Topology 在“等待时间”结束，真正被杀死之前，会处于反激活状态。这给了 Topology 一段时间，使其能在被关闭前完成没有处理完的任务。

✧ Kill 命令可以保证 Nimbus 崩溃时的容错性，如果 Topology 的状态为 killed，则 Nimbus 会在“等待时间”结束后才触发 Topology 的移除事件。

(5) 移除一个 Topology 会清空所有 ZooKeeper 中的分配信息和静态信息。

(6) 一个独立的 cleanup 线程会运行 do-cleanup 函数，来清空心跳监控目录和所有本地的 jar 包与配置文件。

8.3 命令行和 UI

使用命令行和 UI，可以获取 Storm 及其正在执行的 Topology 的基本信息，并可以对它们进行简单操作。

8.3.1　常用命令行简介

在 Storm 根目录下的 bin 目录中有一个名为“storm”的脚本文件，使用这个脚本文件，可以在 Linux Shell 中进行 Storm 的命令行操作，常用命令行简介如下。

1. help

语法：

```
storm help [command]
```

作用：如果没有声明[command]参数，该命令会列出所有的 Storm 命令；如果声明了[command]参数，则会显示参数所指向的命令的介绍。

2. jar

语法：

```
storm jar topology-jar-path class [--jar jar_package.jar]...
```

作用：常用命令，用于运行 class 参数所示的类的 main 函数，从而向 Nimbus 提交 Topology。

使用 --jars 选项可以将没有包含在应用程序 jar 包中的其他 jar 包关联至该程序，多个 jar 包用逗号分隔。例如，以下命令表示将 your-local-jar.jar 包与 your-local-jar2.jar 包关联至程序中：

```
storm jar topology-jar-path class --jars "your-local-jar.jar,your-local-jar2.jar"
```

如果预先将需要使用的 jar 包和配置文件所在目录加入到 CLASSPATH 中，当 Topology 被提交时，StormSubmitter 就会自动将 topology-jar-path 所示的应用程序 jar 包及其依赖 jar 包和配置文件都上传至集群。

3. kill

语法：

```
storm kill topology-name [-w wait-time-secs]
```

作用：停止 topology-name 参数所声明的名称指向的 Topology。关闭 Topology 时，Storm 会先反激活(进入非活动状态)Topology 的所有 Spout 直至所有消息超时，不再让消息通过 Spout 进入 Topology，从而让所有正在处理的消息全部处理完成。之后 Storm 会关闭所有的 Worker 并清空它们的状态。使用-w 选项可以重新设置反激活 Spout 到关闭 Worker 之间的延迟时间(单位：秒)。

4. activate

语法：

```
storm activate topology-name
```

作用：激活所声明的 Topology 的所有 Spout。

5. deactivate

语法：

```
storm deactivate topology-name
```

作用：反激活所声明的 Topology 的所有 Spout。

6. rebalance

语法：

```
storm rebalance topology-name [-w wait-time-secs] [-n new-num-workers] [-e component=parallelism]*
```

作用：当 Storm 集群被扩展时，可以使用该命令重新平衡 Topology 的 Worker 分配，即进行负载均衡。例如，当前集群中有 10 个节点(Supervisor)，每个节点中有 4 个 Worker 在执行当前 Topology，如果向集群中再加入 10 个节点，我们会希望将当前的 Topology 分布到 20 个节点中，这样每个节点只需两个 Worker 去执行它。当然，使用杀死 Topology 然后重新提交的方法也可以实现负载均衡，但显然更加笨拙。

rebalance 命令首先会反激活 Topology 直至消息超时，从而让所有正在处理的消息全部处理完(可以使用-w 选项自定义超时时间)，然后基于整个集群节点重新分配 Worker，最后 Topology 会回到先前的状态(如果先前就是未激活状态，则仍然保持未激活)。

rebalance 命令也可以改变 Topology 的并行度。使用选项-n 可以重新设定 Worker 的数量，使用选项-e 可以重新设定某个 Component 的 Executor 数量。

7. classpath

语法：

```
storm classpath
```

作用：打印当前 Storm 客户端所使用的 CLASSPATH。

8. nimbus

语法：

```
storm nimbus
```

作用：启动 Nimbus 进程。

9. supervisor

语法：

```
storm supervisor
```

作用：启动 Supervisor 进程。

10. ui

语法：

```
storm ui
```

作用：启动 UI 进程。

11. get-errors

语法：

```
storm get-errors topology-name
```

作用：获取正在执行中的 Topology 的最近出现的错误信息。返回的结果中包含

component-name 和 component-error 为键值对的错误信息，并以 JSON 的格式返回。

12. kill_workers

语法：

```
storm kill_workers
```

作用：杀死当前 Supervisor 中的所有 Worker。该命令必须在 Supervisor 节点中执行，如果集群在安全模式中运行，用户必须在该节点具备管理员权限。

13. list

语法：

```
storm list
```

作用：列出所有正在运行的 Topology 及其状态。

14. set_log_level

语法：

```
storm set_log_level -l [logger name]=[log level][:optional timeout] -r [logger name] topology-name
```

作用：动态更改 Topology 的日志等级，可以更改为 ALL、TRACE、DEBUG、INFO、WARN、ERROR、FATAL、OFF 中的一项。通过参数 timeout 可以指定动态更改的超时时间，值是以秒为单位的整数。

例如，以下代码表示在接下来 30 秒内将 root 用户的日志等级设置为 DEBUG：

```
storm set_log_level -l ROOT=DEBUG:30 topology-name
```

8.3.2　Storm UI 简介

Storm UI 中有许多界面，大部分界面会以表格的方式展示不同的信息，下面对每个表格中字段的含义进行介绍。

1. 首页面

Storm UI 的首页主要分为五部分内容：Cluster Summary、Nimbus Summary、Topology Summary、Supervisor summary 和 Nimbus Configuration。

(1) Cluster Summary。该部分显示了整个集群的状态信息，如图 8-8 所示。

Cluster Summary

Version	Supervisors	Used slots	Free slots	Total slots	Executors	Tasks
1.1.0	3	0	12	12	0	0

图 8-8　Cluster Summary 界面

其中各字段的含义如表 8-2 所示。

表 8-2　Cluster Summary 说明

字段名	说　　明
Version	Storm 版本号
Supervisors	集群中 Supervisor 的数量
User slots	使用的 Worker 数量(Worker 即 Slot)
Free slots	剩余的 Worker 数量
Total slots	总的 Worker 数量(对应于配置文件的 supervisor.slots.ports 属性配置的端口数量)
Executors	Executor 的数量
Tasks	Task 的数量

(2) Nimbus Summary。该部分显示了 Nimbus 的相关信息，如图 8-9 所示。

Nimbus Summary

Search:

Host	Port	Status	Version	UpTime
node2	6627	Leader	1.1.0	3m 28s

图 8-9　Nimbus Summary 界面

其中各个字段的含义如表 8-3 所示。

表 8-3　Nimbus Summary 说明

字段名	说　明
Host	主机名
Port	端口号
Status	nimbus.seeds 选项允许配置多个节点，该字段显示了这些节点当前的角色状态：Leader 代表该节点为当前主节点，其他节点则显示 Not a Leader，非活动状态的节点会显示 Offline
Version	Nimbus 中运行的 Storm 版本号
UpTime	Storm 已启动时间

(3) Topology Summary。该部分显示了成功提交给 Storm 的 Topology 的相关信息，如图 8-10 所示。

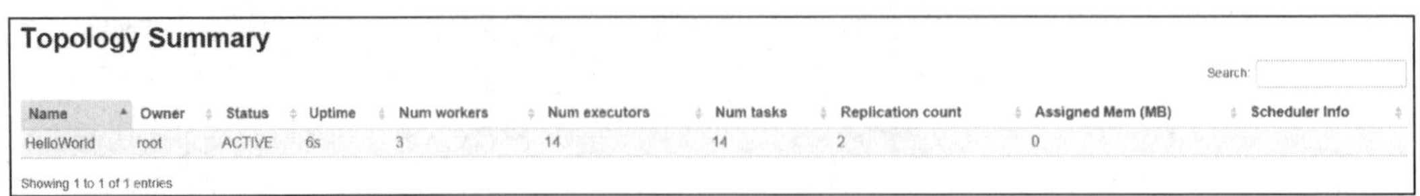

Topology Summary
Search:
Name
Owner
Status
Uptime
Num workers
Num executors
Num tasks
Replication count
Assigned Mem (MB)
Scheduler Info
HelloWorld
root
ACTIVE
6s
3
14
14
2
0
Showing 1 to 1 of 1 entries

图 8-10　Topology Summary 界面

其中各个字段的含义如表 8-4 所示。

表 8-4　Topology Summary 说明

字段名	说　明
Name	提交 Topology 时所指定的名称
Owner	提交 Topology 的用户
Status	Topology 状态，包括 ACTIVE、INACTIVE、KILLED、REBALANCING
Uptime	Topology 被提交后的存在时间
Num workers	执行该 Topology 的 Worker 数量
Num executors	每个 Worker 中的 Executor 数量
Num tasks	每个 Executor 中 Task 的数量，默认为 1 个
Replication count	该 Topology 的代码在该 Nimbus 主机中被复制的次数
Assigned Mem(MB)	调度器所分配的总内存
Scheduler Info	最新调度信息

(4) Supervisor Summary。该部分显示了 Supervisor 的相关信息，如图 8-11 所示。

Supervisor Summary

Search:

Host	Id	Uptime	Slots	Used slots	Avail slots	Used Mem (MB)	Version
node1 (log)	1d66757f-6875-4861-9b88-9142007d16da	28m 27s	4	0	4	0	1.1.0
node2 (log)	bef6a8e6-65ee-400f-856f-4caf94980b46	28m 6s	4	0	4	0	1.1.0
node3 (log)	2be27a4a-d2c9-492e-89f0-ed41cd609fdc	7s	4	0	4	0	1.1.0

图 8-11　Supervisor Summary 界面

其中各个字段的含义如表 8-5 所示。

表 8-5　Supervisor Summary 说明

字段名	说　明
Host	主机名
Id	主机在加入集群时取得的在集群中的唯一编号
Uptime	Supervisor 进程启动时间
Slots	总 Worker 数量
Used slots	已经使用的 Worker 数量
Avail slots	可以使用的 Worker 数量
Used Mem(MB)	已经被分配的内存空间数
Version	Storm 版本号

(5) Nimbus Configuration。该部分列出了 Nimbus 中的所有配置信息，即 storm.yaml 配置文件所设置的配置内容，如图 8-12 所示。storm.yaml 的配置已在 8.1.2 小节讲过，此处不再赘述。

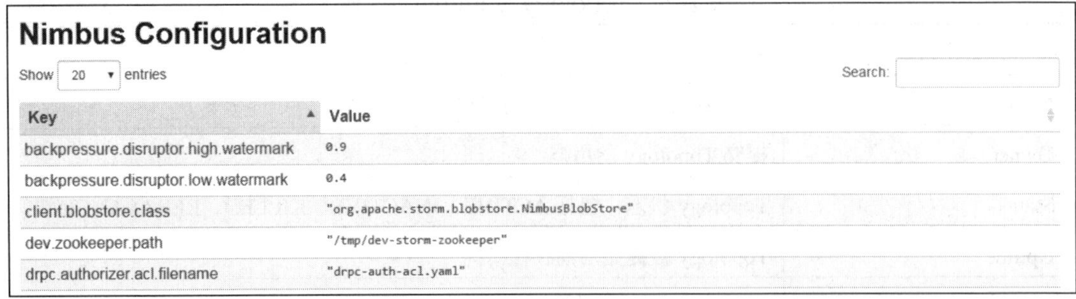
Nimbus Configuration

Show 20 entries　　Search:

Key	Value
backpressure.disruptor.high.watermark	0.9
backpressure.disruptor.low.watermark	0.4
client.blobstore.class	"org.apache.storm.blobstore.NimbusBlobStore"
dev.zookeeper.path	"/tmp/dev-storm-zookeeper"
drpc.authorizer.acl.filename	"drpc-auth-acl.yaml"

图 8-12　Nimbus Configuration 界面

2. 子页面

单击 Topology Summary 栏中的 Topology 名称(例如 HelloWorld)，则可以进入该 Topology 的子页面。

该子页面包含了八个部分的信息：Topology summary、Topology actions、Topology stats、Spouts(All time)、Bolts(All time)、Worker Resources、Topology Visualization 和 Topology Configuration。

(1) Topology summary。该部分为 Topology 的基本信息汇总，如图 8-13 所示。

Topology summary

Name	Id	Owner	Status	Uptime	Num workers	Num executors	Num tasks	Replication count	Assigned Mem (MB)	Scheduler Info
HelloWorld	HelloWorld-1-1503474550	root	ACTIVE	33s	3	14	14	2	2496	

图 8-13　Topology summary 界面

其中各字段的含义如表 8-6 所示。

表 8-6　Topology summary 说明

字段名	说　明
Name	提交 Topology 时所指定的名称
Id	Topology 启动时所指定的唯一编号
Owner	提交 Topology 的用户
Status	Topology 状态，包括 ACTIVE、INACTIVE、KILLED、REBALANCING
Uptime	Topology 被提交后的时间
Num workers	执行该 Topology 的 Worker 数量
Num executors	每个 Worker 中的 Executor 数量
Num tasks	每个 Executor 中 Task 的数量，默认为 1 个
Replication count	该 Topology 的代码在该 Nimbus 主机中被复制的次数
Assigned Mem(MB)	调度器所分配的总内存
Scheduler Info	最新调度信息

(2) Topology actions。使用这部分的按钮可以执行一些 Topology 操作，许多操作与命令行操作相同，如图 8-14 所示。

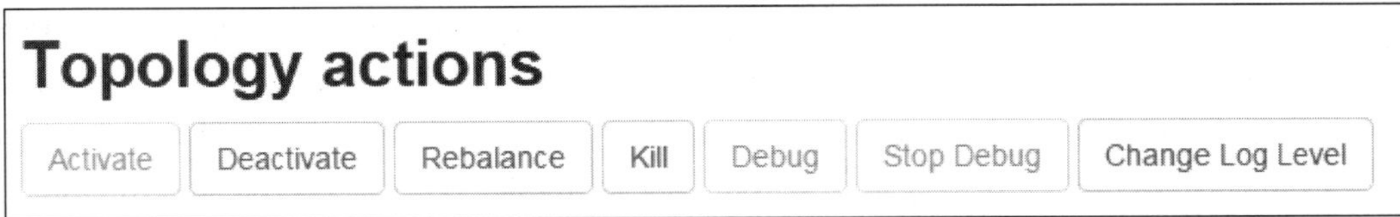

图 8-14　Topology actions 界面

各按钮的具体含义如表 8-7 所示。

表 8-7　Topology actions 说明

按钮名称	说　明
Activate	激活 Topology
Deactivate	反激活 Topology
Rebalance	负载均衡
Kill	杀死 Topology
Debug	开启 Debug 模式
Stop Debug	停止 Debug 模式
Change Log Level	改变日志级别

(3) Topology stats。该部分显示了 Topology 处理数据的状态，如图 8-15 所示。

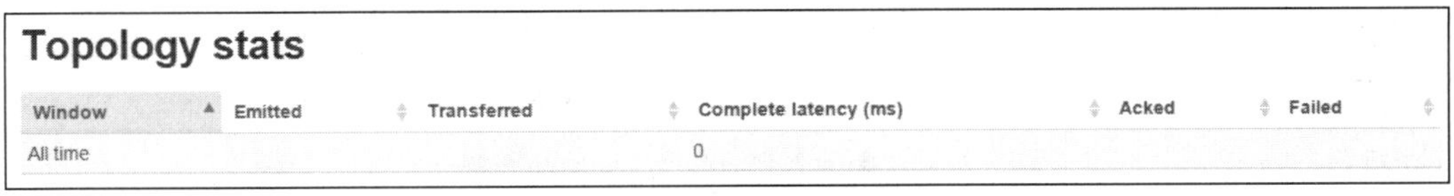

Topology stats

Window	Emitted	Transferred	Complete latency (ms)	Acked	Failed
All time			0		

图 8-15　Topology stats 界面

其中各字段的含义如表 8-8 所示。

表 8-8　Topology stats 说明

字段名	说　明
Window	Topology 的时间窗口
Emitted	发射出的 Tuple 数量
Transferred	已经发射到 Bolt 的 Tuple 数量
Complete latency(ms)	Topology 处理一个完整 Tuple 树所花费的平均时间
Acked	成功处理完成的 Tuple 树的数量
Failed	处理失败或者超时的 Tuple 树的数量

注意：Emitted 表示的是调用 OutputCollector 的 emit()方法的次数；而 Transferred 表示的是 Tuple 实际发送到下一个 Task 的数量。也就是说，如果一个 Bolt A 使用 All grouping 的方式(要求每个 Task 都接收到)调用 emit()方法向 Bolt B 发射 Tuple，此时 Bolt B 启动了两个 Task，那么 Transferred 显示的数量就是 Emitted 的 2 倍；而如果一个 Bolt A 在内部执行了 emit()方法，但是没有指定 Tuple 的接收者，那么 Transferred 将为 0。

(4) Spouts(All time)。该部分显示了 Topology 中 Spout 的相关信息，如图 8-16 所示。

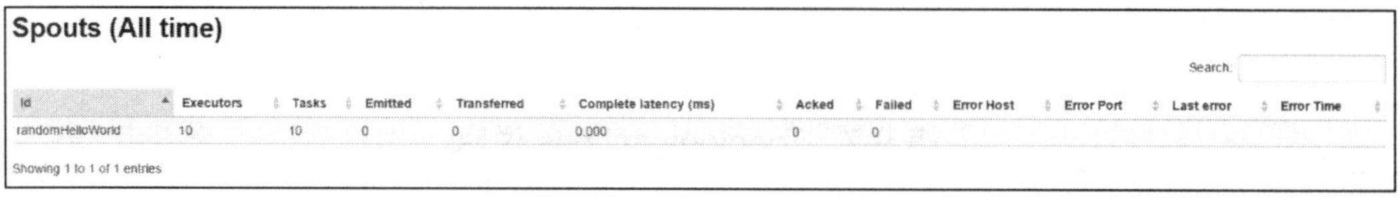

Spouts (All time)

Search:

Id	Executors	Tasks	Emitted	Transferred	Complete latency (ms)	Acked	Failed	Error Host	Error Port	Last error	Error Time
randomHelloWorld	10	10	0	0	0.000	0	0				

Showing 1 to 1 of 1 entries

图 8-16　Spouts(All time)界面

其中各字段的含义如表 8-9 所示。

表 8-9　Spouts(All time)说明

字段名	说　明
Id	分配给该 Spout 的 ID
Executors	Executor 的数量
Tasks	Task 的数量
Emitted	发射出的 Tuple 数量
Transferred	已经发射到 Bolt 的 Tuple 数量
Complete latency(ms)	Topology 处理一个完整 Tuple 树所花费的平均时间
Acked	成功处理完成的 Tuple 树的数量
Failed	处理失败或者超时的 Tuple 树的数量
Error Host	发生错误的节点
Error Port	发生错误的端口
Last error	最后发生的错误
Error Time	发生错误的时间

(5) Bolts(All time)。该部分显示了 Topology 中 Bolt 的相关信息，如图 8-17 所示。

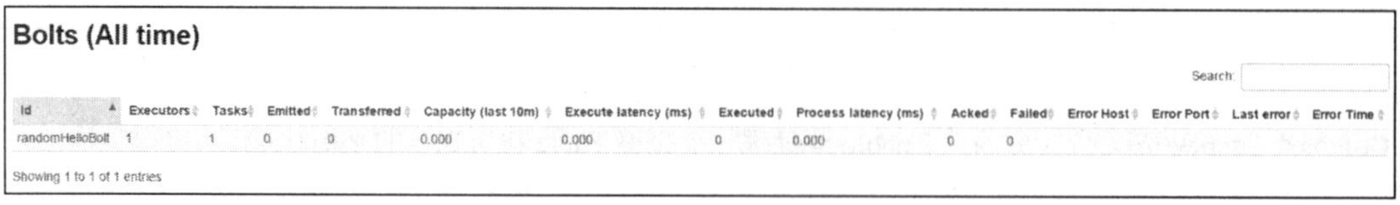

Bolts (All time)

Search:

Id	Executors	Tasks	Emitted	Transferred	Capacity (last 10m)	Execute latency (ms)	Executed	Process latency (ms)	Acked	Failed	Error Host	Error Port	Last error	Error Time
randomHelloBolt	1	1	0	0	0.000	0.000	0	0.000	0	0				

Showing 1 to 1 of 1 entries

图 8-17　Bolts(All time)界面

其中各字段的含义如表 8-10 所示。

表 8-10　Bolts(All time)说明

字段名	说　明
Id	分配给该 Bolt 的 ID
Executors	Executor 的数量
Tasks	Task 的数量
Emitted	发射出的 Tuple 数量
Transferred	已经发射到 Bolt 的 Tuple 数量
Capacity(last 10m)	该 Bolt 的负荷。如果这个数值接近 1，说明该 Bolt 的性能已经全部用尽，此时最好增加该 Bolt 的并行度
Execute latency(ms)	一个 Tuple 在 execute()方法中所花费的平均时间
Executed	该 Bolt 进行处理的 Tuple 数量
Process latency(ms)	一个 Tuple 从首次被接收到被 ack 所花费的平均时间
Acked	成功处理完成的 Tuple 树的数量
Failed	处理失败或者超时的 Tuple 树的数量
Error Host	发生错误的主机
Error Port	发生错误的端口
Last error	最后发生的错误
Error Time	发生错误的时间

(6) Worker Resources。该部分用于显示各个 Worker 的状态信息，如图 8-18 所示。

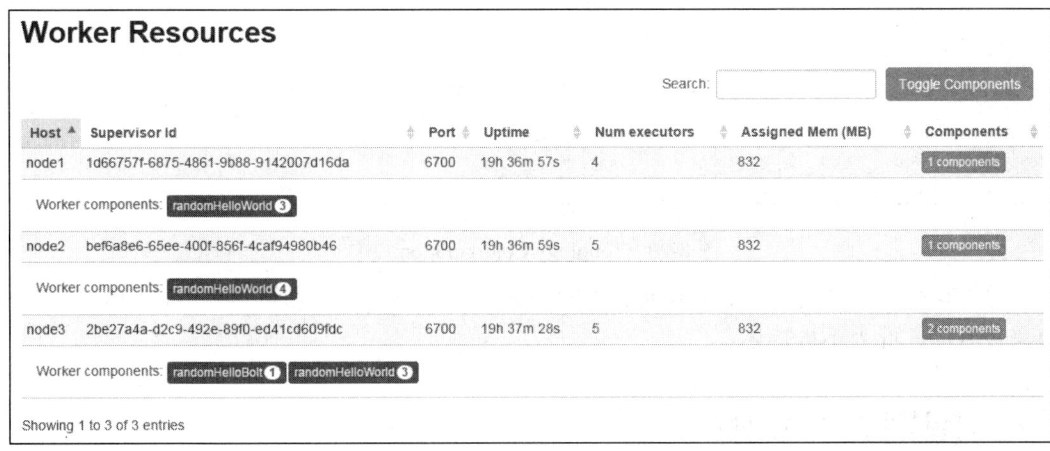

Worker Resources

Search: | Toggle Components

Host	Supervisor Id	Port	Uptime	Num executors	Assigned Mem (MB)	Components
node1	1d66757f-6875-4861-9b88-9142007d16da	6700	19h 36m 57s	4	832	1 components
Worker components: randomHelloWorld 3						
node2	bef6a8e6-65ee-400f-856f-4caf94980b46	6700	19h 36m 59s	5	832	1 components
Worker components: randomHelloWorld 4						
node3	2be27a4a-d2c9-492e-89f0-ed41cd609fdc	6700	19h 37m 28s	5	832	2 components
Worker components: randomHelloBolt 1 randomHelloWorld 3						

Showing 1 to 3 of 3 entries

图 8-18　Worker Resources 界面

其中各字段的含义如表 8-11 所示。

表 8-11　Worker Resources 说明

字段名	说　明
Host	Worker 所在的主机名
Supervisor Id	Supervisor 节点加入集群时被指定的唯一编号
Port	Worker 所使用的端口号
Uptime	Worker 已经启动的时间
Num executors	Executor 的数量
Assigned Mem(MB)	由调度器分配的内存空间
Components	在该 Worker 上运行的 Component 的数量以及每个 Component 的 Task 数量

(7) Topology Visualization。单击【Show Visualization】按钮，会以可视化方式显示该 Topology 的结构，如图 8-19 所示。

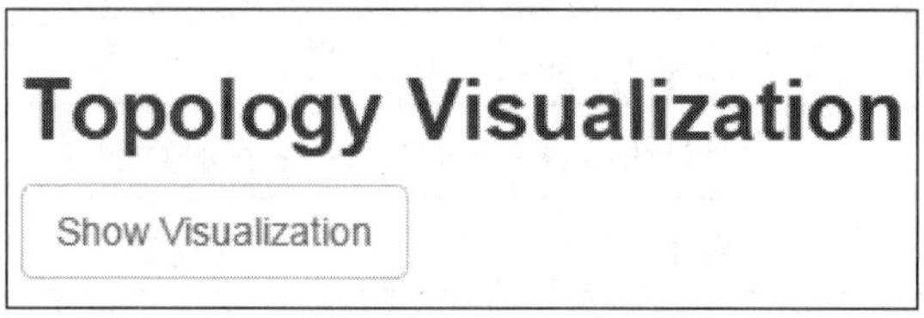
Topology Visualization
Show Visualization

图 8-19　Topology Visualization 界面

(8) Topology Configuration。该部分显示了 Topology 的配置项信息，如图 8-20 所示。

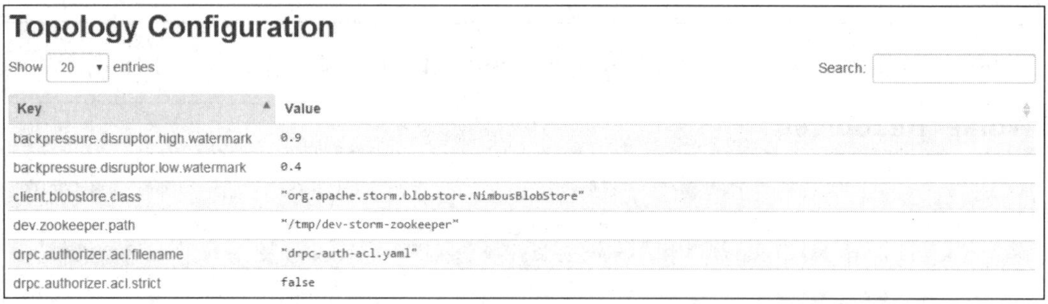
Topology Configuration
Show 20 entries
Search:
Key
Value
backpressure.disruptor.high.watermark
0.9
backpressure.disruptor.low.watermark
0.4
client.blobstore.class
"org.apache.storm.blobstore.NimbusBlobStore"
dev.zookeeper.path
"/tmp/dev-storm-zookeeper"
drpc.authorizer.acl.filename
"drpc-auth-acl.yaml"
drpc.authorizer.acl.strict
false

图 8-20　Topology Configuration 界面

这些信息是在使用 submitTopology()方法提交 Topology 时，通过传入方法的 Config 对象来设置的，此处不再赘述。

8.4　常用 API 详解

经过前几节内容的学习，我们已经对 Storm 的原理和结构有了一定的了解。8.2.1 小节通过示例“Hello World Topology”，直观地展示了 Storm Topology 的程序开发模式。本章将以此作为基础，对 Storm 中常用的接口、类和方法及其参数进行简要介绍。

8.4.1　TopologyBuilder

TopologyBuilder 类的完整类名为 org.apache.storm.topology.TopologyBuilder，它直接继承自 java.lang.Object，没有继承其他父类或实现任何接口。该类的主要功能是声明和构建 Topology 结构。

例如，要求构建一个 Topology，其结构如图 8-21 所示。

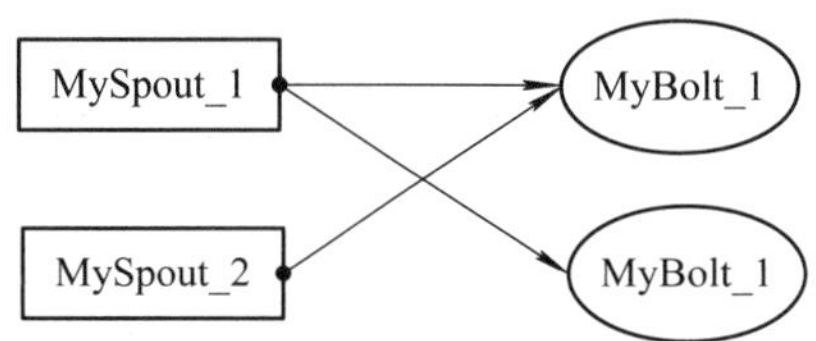

图 8-21　Topology 结构示意图

使用 TopologyBuilder 类构建该 Topology 的代码如下：

```
//创建 TopologyBuilder 对象
TopologyBuilder builder = new TopologyBuilder();

//声明 Spout 和 Bolt
builder.setSpout("1", new MySpout_1(), 5);
builder.setSpout("2", new MySpout_2(), 3);
builder.setBolt("3", new MyBolt_1(), 3)
        .fieldsGrouping("1", new Fields("word"))
        .fieldsGrouping("2", new Fields("word"));
builder.setBolt("4", new MyBolt_2())
        .globalGrouping("1");

//创建 config，并设置 worker 数量
Map conf = new HashMap();
conf.put(Config.TOPOLOGY_WORKERS, 4);

//提交 Topology
StormSubmitter.submitTopology("mytopology", conf, builder.createTopology());
```

TopologyBuilder 类中有三个重要方法：setSpout()、setBolt()和 createTopology()。下面依次进行讲解。

1．setSpout()

作用：声明一个 Spout。

声明格式 1：

```
public SpoutDeclarer setSpout(String id,  IRichSpout spout) throws IllegalArgumentException
```

声明格式 2：

```
public SpoutDeclarer setSpout(String id,IRichSpout spout,Number parallelism_hint)
                                                    throws IllegalArgumentException
```

上述代码中的各参数含义如下：

✧ id：为 Spout 赋予一个 id，该 id 会被其他 Component 引用，以声明其要从该 Spout 中消费数据。
✧ spout：Spout 对象。
✧ parallelism_hint：被分配到该 Spout 中的每个 Executor 的 Task 的数量，默认值为 1。

2. setBolt()

作用：定义一个 Bolt。

声明格式 1：

```
public BoltDeclarer setBolt(String id,
                            IRichBolt bolt)
                     throws IllegalArgumentException
```

声明格式 2：

```
public BoltDeclarer setBolt(String id,
                            IRichBolt bolt,
                            Number parallelism_hint)
                     throws IllegalArgumentException
```

上述代码中的各参数含义如下：

✧ id：为 Bolt 赋予 id，该 id 被其他 Component 引用，以声明其要从该 Bolt 中消费数据。
✧ bolt：Bolt 对象。
✧ parallelism_hint：被分配到该 Bolt 中的每个 Executor 的 Task 的数量，默认值为 1。

返回一个 BoltDeclarer 对象，用于指定数据的流向。

3. createTopology()

作用：获取 StormTopology 对象。

声明格式：

```
public StormTopology createTopology()
```

返回一个 StormTopology 对象，即 Topology 对象，StormSubmitter.submitTopology()会接收这个对象，并将其提交给集群处理。

8.4.2 Component

在 Storm 中，Spout 和 Bolt 统称为 Component。所有 Component 的相关类和接口都继承或实现自 IComponent 总接口，Component 的实现和继承关系如图 8-22 所示(图中只列出了部分比较常用的 Spout 和 Bolt 接口)。

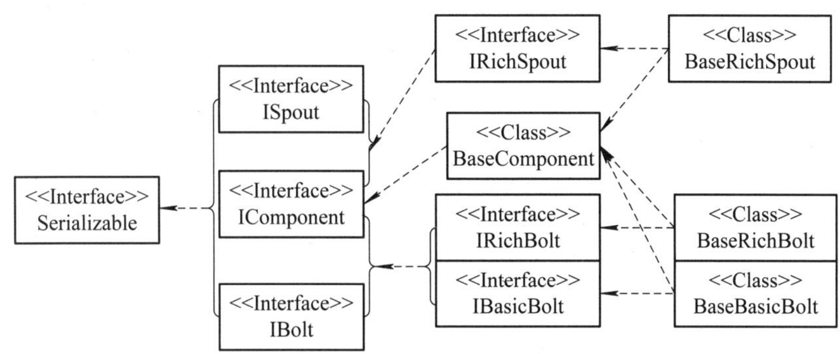

图 8-22 Component 实现和继承关系图

1. IRichSpout 和 BaseRichSpout

当需要实现一个 Spout 的时候，最常用的方式是实现 IRichSpout 或者继承 BaseRichSpout。通常更推荐后一种方式，因为 BaseRichSpout 已经实现了大部分 IRichSpout 中的方法，如果 Spout 继承了 BaseRichSpout，只需要实现 open()、nextTuple() 和 declareOutputFields()三个核心方法即可。

下面介绍 IRichSpout 中常用的成员方法。

(1) open()。当 Spout 的 Task 在 Storm 集群的某个 Worker 中初始化时，可以调用该方法，向该 Spout 提供操作环境，格式如下：

```
void open(Map conf,
        TopologyContext context,
        SpoutOutputCollector collector)
```

上述代码中的各参数含义如下：

✧ conf：该 Spout 的 Storm 配置。
✧ context：上下文对象，可从中获取该 Task 的相关信息，例如 Task 的 ID、Component 的 ID、输入输出信息等。
✧ collector：该对象用于从该 Spout 中向外发射 Tuple。由于 open()和 close()方法是线程安全的，因此只要将 collector 作为该 Spout 类中的成员实体变量进行定义，Tuple 就可以在任何时候被发射。

(2) close()。关闭 Spout 时调用，通常用来释放资源，格式如下：

```
void close()
```

该方法不保证一定被执行，因为集群中的 Supervisor 节点可以使用 kill -9 命令来杀死 Worker 进程。但当 Storm 是在本地模式下运行时，该方法一定会被执行。

(3) activate()。该方法用于激活 Spout，格式如下：

```
void activate()
```

(4) deactivate()。该方法用于反激活 Spout，格式如下：

```
void deactivate()
```

(5) nextTuple()。该方法用于使 Spout 持续向外发送 Tuple，格式如下：

```
void nextTuple()
```

该方法是非阻塞的，因此当 Spout 没有 Tuple 可以发送时，该方法会重置，然后再次执行。nextTuple()、ack()和 fail()方法都会在 Spout Task 的同一个线程中被循环调用，因此当没有 Tuple 可以处理时，最好让这些方法睡眠，以节省 CPU 资源。

(6) ack()。Storm 确认从该 Spout 中发送出去的以 msgId 为标识的 Tuple 消息已经被完整处理时，将调用该回调函数，格式如下：

```
void ack(Object msgId)
```

通常情况下，该方法会将该消息从队列中删除，以防它被再次处理。

(7) fail()。Storm 确认从该 Spout 中发送出去的以 msgId 为标识的 Tuple 消息处理失败时，将调用该回调函数，格式如下：

```
void fail(Object msgId)
```

通常情况下，该方法会将该消息重新放入队列中，使其在之后能被重新处理。

(8) declareOutputFields()。声明某 Topology 的所有 Stream 的输出形式，格式如下：

```
void declareOutputFields(OutputFieldsDeclarer declarer)
```

各参数含义如下：

✧ declarer：声明输出 Stream 的 ID 和字段，以及其是否为 Direct Stream。

✧ OutputFieldsDeclarer：declarer 参数的类型，该类型包含以下两个声明 Stream 的方法：

```
void declare(boolean direct, Fields fields)
void declareStream(String streamId, boolean direct, Fields fields)
```

其中，declare()方法默认生成一个 Stream ID；布尔类型的参数 direct 表示该 Spout 是否为 Direct Stream(declare()方法有省略 direct 参数的多态形式，此时默认参数 direct 为 false)；参数 fields 声明了 Stream 中包含的字段，可以通过传入一个 String 泛型的 List 或者多个 String 类型的参数来初始化 Fields 实例。示例代码如下：

```
List<String> fieldList = new ArrayList<String>();
fieldList.add("id");
fieldList.add("name");
fieldList.add("age");
Fields fields1 = new Fields(fieldList);
//等同于
Fields fields2 = new Fields("id","name","age");
```

declareStream()方法通过参数 streamId 来指定 Stream ID，另外两个参数与 declare()方法相同(该方法同样有省略 direct 参数的多态形式，此时默认 direct 值为 false)。

(9) getComponentConfiguration()。声明专用于此 Component 的配置，代码如下：

```
Map<String,Object> getComponentConfiguration()
```

注意：只有为“topology.*”配置的子集才可以被重写；而在使用 TopologyBuilder 类构建 Topology 时，也可以对 Component 的配置进行重写。

2. IRichBolt 和 BaseRichBolt

当需要实现一个 Bolt 的时候，最常用的方式是实现 IRichBolt 或者继承 BaseRichBolt。通常更推荐后一种方式，因为 BaseRichBolt 已经实现了大部分 IRichBolt 中

的方法，如果 Bolt 继承了 BaseRichBolt，只需要实现 prepare()、execute()和 declareOutputFields()三个核心方法即可。

下面介绍 IRichBolt 中常用的成员方法：

(1) prepare()。该方法会在初始化 Task 时被调用，用于初始化运行环境，格式如下：

```
void prepare(Map stormConf,
            TopologyContext context,
            OutputCollector collector)
```

(2) execute()。该方法用于处理 input 中的单个 Tuple，格式如下：

```
void execute(Tuple input)
```

其中，input 是输入到该 Bolt 中需要被处理的 Tuple 实例。

Tuple 对象中的元数据可以提供该 Tuple 实例来自于哪些 Component/Stream/Task 的信息。通过 Tuple.getValue()方法可以获得 Tuple 中数据的值。

需要使用 prepare()方法中的 OutputCollector 对象来发射 Tuple。所有输入的 Tuple 都必须通过 OutputCollector 对象在某个时刻进行 ack 或者 fail 操作，否则 Storm 将无法获知 Tuple 从 Spout 中发射出来后是在何时被处理完成的。

(3) cleanup()。该方法用于关闭 Bolt，格式如下：

```
void cleanup()
```

该方法不保证一定被执行，因为在集群中的 Supervisor 节点可以使用 kill -9 杀死 Worker 进程。而当 Storm 在本地模式下运行时，该方法一定会被执行。

此外，declareOutputFields()方法、getComponentConfiguration()方法与 IRichSpout 中的同名方法一样，都是继承自 IComponent 接口，此处不再赘述。

3. IBasicBolt 和 BaseBasicBolt

IBasicBolt 和 BaseBasicBolt 与 IRichBolt 和 BaseRichBolt 的功能基本相同，但其成员方法存在少许不同，简述如下：

(1) execute()。该方法用于实现 Bolt 的具体功能，代码如下：

```
void execute(Tuple input,
            BasicOutputCollector collector)
```

与 IRichBolt 接口的 execute()方法相比，该方法多了一个 BasicOutputCollector 类型的参数，使用该参数发射 Tuple 的时候，会自动和输入的 Tuple 相关联，而在 execute()方法结束的时候，输入的 Tuple 会自动被 ack/fail。而 IRichBolt 及其实现类并不关心 ack/fail，相当于该 Bolt 的 ack/fail 行为被忽略了，这样做提高了运行效率，但是降低了数据的可靠性，所以 IRichBolt 及其实现类比较适合用来做 Filter(过滤)等简单计算。

(2) prepare()。该方法会在初始化 Task 时被调用，用于初始化运行环境，代码如下：

```
void prepare(Map stormConf,
            TopologyContext context)
```

与 IRichBolt 接口的 prepare()方法相比，由于 IBasicBolt 接口中的 execute()方法已经提供了 BasicOutputCollector 类型的对象来完成发射工作，因此该方法中不再接收 OutputCollector 对象。

本 章 小 结

最新更新

- ✧ Apache Storm 是一个免费的开源分布式实时计算系统。相对于 Hadoop 的批量式处理，Storm 可以对无限流数据提供稳定的实时处理能力。
- ✧ Topology 用于承载实时处理应用的逻辑结构，是 Storm 任务的基本单位。
- ✧ Stream 是 Storm 中的核心概念，即信息流。一个 Stream 是对一个无限的 Tuple 序列的抽象表述，它会以分布式的形式被并行地创建和处理。
- ✧ Nimbus 是 Storm 的主节点服务，Supervisor 是 Storm 的从节点(Slave 节点)服务。
- ✧ 可以使用 TopologyBuilder 类来声明和构建 Topology 结构。

本 章 练 习

1. 简述什么是流式计算(实时计算)。
2. 什么是 Storm？它有哪些特点？
3. Spout 和 Bolt 的作用分别是什么？
4. Worker、Component、Executer 和 Task 之间有什么关系？
5. 编写一个 Topology，以实现单词去重功能。

第 9 章　Sqoop

本章目标

- 了解 Sqoop 的架构
- 掌握 Sqoop 的安装和配置
- 掌握 Sqoop 的命令行操作
- 掌握使用 Sqoop 进行数据导入/导出操作的方法

Sqoop 是 Apache 的一个子项目，在 Hadoop 生态系统中占有非常重要的地位，被广泛应用于企业的应用开发当中。本章从 Sqoop 的基本概念入手，深入讲解 Sqoop 的架构原理以及安装配置，最后通过实例讲解使用 Sqoop 进行数据导入/导出操作的方法。

9.1 Sqoop 简介

Sqoop 主要用于把关系型数据库的数据导入到 Hadoop 及其相关系统(如 HBase 和 Hive)中，也可以把 Hadoop 系统中的数据导出到关系型数据库里，如图 9-1 所示。

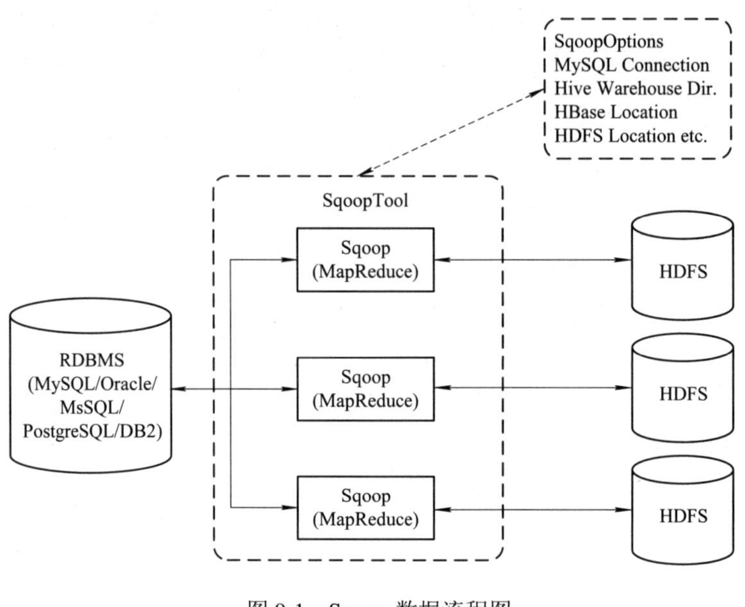

图 9-1　Sqoop 数据流程图

9.1.1 Sqoop 基本架构

Sqoop 架构非常简单，其整合了 Hive、HBase 和 Oozie(一种框架，可以将多个 Map/Reduce 作业整合到一个逻辑工作单元中)，通过 MapReduce 任务来传输数据，从而实现并发特性和容错机制，如图 9-2 所示。

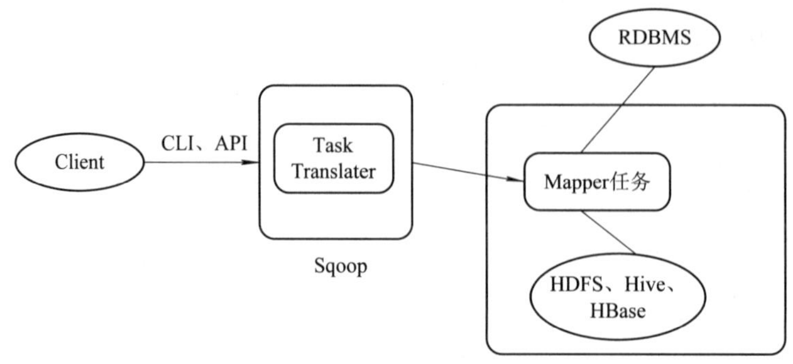

图 9-2　Sqoop 架构图

Sqoop 接收到客户端的 Shell 命令或者 Java API 命令后，通过内部的任务翻译器(Task Translator)将命令转换为对应的 MapReduce 任务，然后将关系型数据库和 Hadoop 中的数据进行相互转移。

9.1.2　Sqoop 实际应用

Sqoop 广泛应用于企业的实际业务当中，主要的应用场景如下。

1．将业务数据导入分析平台

业务数据通常存放在关系数据库中，但在数据量达到一定规模后，如需对其进行分析统计，单纯使用关系数据库就可能会成为瓶颈，此时就可以使用 Sqoop，将数据从业务数据库数据导入(import)到 Hadoop 平台进行离线分析。

2．将分析结果同步到关系数据库

在 Hadoop 平台上完成对大规模数据的分析后，可能需要将分析结果同步到关系数据库中用做业务辅助，此时就需要使用 Sqoop，将 Hadoop 平台的分析结果数据导出(export)到关系数据库。

Sqoop 的业务开发流程如图 9-3 所示。

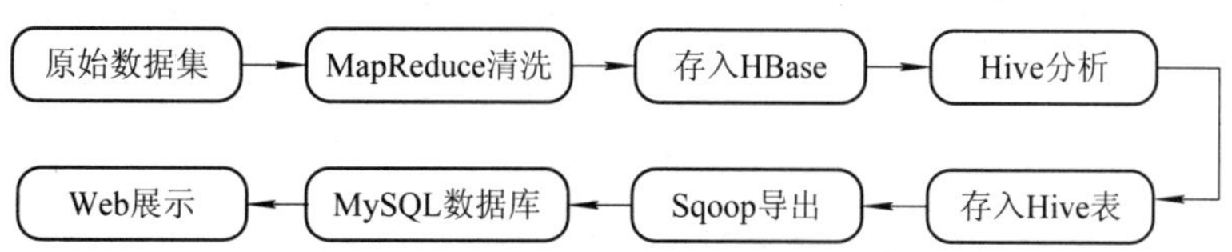

图 9-3　Sqoop 业务开发流程图

如图 9-3 所示，应用 Sqoop 时，首先使用 MapReduce 对原始数据集进行数据清洗，将清洗后的数据存入到 HBase 数据库中；之后通过数据仓库 Hive 对 HBase 中的数据进行统计与分析，并将分析结果存入到 Hive 表中；然后使用 Sqoop 将分析结果导入到 MySQL 数据库中；最后通过 Web 浏览器将结果展示给客户。

9.2　导入/导出工具

Sqoop 主要使用了两个工具：导入工具(import)和导出工具(export)。这两个工具非常强大，提供了很多选项与参数，可用于实现数据的迁移和同步。安装 Sqoop 后，在操作系统中执行 sqoop help 命令，就可以查看相关选项的说明。

Sqoop 导入和导出工具的通用选项如表 9-1 所示。

表 9-1　Sqoop 导入/导出工具的通用选项及含义

选　项	含　义
--connect <jdbc-uri>	指定 JDBC 要连接的字符串
--connection-manager <class-name>	指定要使用的连接管理器类
--driver <class-name>	指定要使用的 JDBC 驱动类

续表

选　项	含　义
--hadoop-mapred-home <dir>	指定 Hadoop 配置文件中参数$HADOOP_MAPRED_HOME (MapReduce 主目录)的路径
--help	打印选项帮助信息
--password-file	设置用于存放认证的密码信息文件的路径
-P	从控制台读取输入的密码
--password <password>	设置认证密码
--username <username>	设置认证用户名
--verbose	打印详细的运行信息
--connection-param-file <filename>	指定存储数据库连接参数的属性文件(可选)

9.2.1 数据导入工具 import

import 工具用来将 HDFS 平台外部的结构化存储系统中的数据导入到 Hadoop 平台，以便于后续分析。import 工具的基本选项及含义如表 9-2 所示。

表 9-2　import 工具选项及含义

选　项	含　义
--append	将数据追加到 HDFS 的一个已存在的数据集上
--as-avrodatafile	将数据导入到 Avro 数据文件
--as-sequencefile	将数据导入到序列化文件
--as-textfile	将数据导入到普通文本文件(默认)
--boundary-query <statement>	根据特定值查询数据，用于创建分片(InputSplit)
--columns <col,col,col…>	从表中导出指定的一组列的数据
--delete-target-dir	删除指定的目标目录(如果存在)
--direct	使用直接导入模式(优化导入速度)
--direct-split-size <n>	分割输入流的字节大小(在直接导入模式下)
--fetch-size <n>	从数据库中批量读取记录数
-inline-lob-limit <n>	设置内联的 LOB 对象的大小
-m,--num-mappers <n>	使用 n 个 Map 任务并行导入数据
-e,--query <statement>	指定导入数据时使用的查询语句
--split-by <column-name>	指定按照哪个列分割数据
--table <table-name>	导入源表的表名
--target-dir <dir>	导入 HDFS 的目标路径
--warehouse-dir <dir>	HDFS 存放表的根路径
--where <where clause>	指定导出时所使用的查询条件
-z,--compress	启用压缩
--compression-codec <c>	指定 Hadoop 的 codec 方式(默认为 gzip)
--null-string <null-string>	将某个为空值的 string 类型的字段替换成指定的字符
--null-non-string <null-string>	将某个为空值的非 string 类型的字段替换成指定的字符

使用 import 工具时，需要指定 split-by 的参数值。Sqoop 会根据不同的 split-by 参数值来对数据进行切分，然后将切分的区域分配到不同的 Map 中。每一个 Map 则把数据库中对应区域内的数据导入到 Hadoop 中。由此可知，导入/导出的事务是以 Mapper 任务为单位的。

同时，根据不同的 split-by 参数类型，Sqoop 有不同的数据切分方法，如比较简单的 int 型，Sqoop 会取最大和最小的 split-by 字段值，然后根据传入的 num-mappers(Map 任务数量)来确定将数据划分为几个区域。例如，split-by 字段值在表中的列名为 ID，则 select max(ID),min(ID) from table 得到的 max(ID)和 min(ID)分别为 1000 和 1，如果 num-mappers 为 2 的话，则会将数据分为两个区域(1,500)和(501-1000)，同时也会分成两个 SQL 给两个 Map 去进行导入操作，分别为 select XXX from table where ID>=1 and ID<=500 和 select XXX from table where ID>=501 and ID<=1000。最后，每个 Map 各自执行自己的 SQL 将数据导入。

9.2.2　数据导出工具 export

export 工具用来将 Hadoop 平台的数据导出到外部的结构化存储系统中。export 工具的基本选项及含义如表 9-3 所示。

表 9-3　export 工具选项及含义

选　项	含　义
--validate <class-name>	启用数据副本验证功能，仅支持单表复制，可以指定验证所使用的 Java API 类
--validation-threshold <class-name>	指定验证权限所使用的 Java API 类
--direct	使用直接导出模式(优化导出速度)
--export-dir <dir>	导出 HDFS 源数据的路径
-m,--num-mappers <n>	使用 n 个 Map 任务并行导出数据
--table <table-name>	导出目标表的名称
--call <stored-proc-name>	指定导出数据时需调用的数据库的存储过程名称
--update-mode <mode>	指定更新策略，可以为 updateonly(默认值，仅允许修改)或 allowinsert(允许插入)
--input-null-string <null-string>	使用指定字符串，替换字符串类型值为 null 的列
--input-null-non-string <null-string>	使用指定字符串，替换非字符串类型值为 null 的列
--staging-table <staging-table-name>	设置数据在导出到数据库之前临时存放的表的名称
--clear-staging-table	清除工作区中临时存放的数据
--batch	使用批量模式导出

9.3　Sqoop 安装与配置

Sqoop 是基于 Hadoop 系统的一款数据转移工具，因此在安装 Sqoop 之前需要先安装 Hadoop。Hadoop 的安装在本书第 2 章已经详细介绍，此处不再赘述。

1．下载 Sqoop

从 Apache 官网下载 Sqoop 的稳定版本，本书使用的是 sqoop-1.4.6.bin_hadoop-2.0.4-alpha.tar.gz 版本。官网下载地址：https://sqoop.apache.org。

2．安装 Sqoop

(1) 将下载的 Sqoop 安装文件上传到 CentOS 操作系统的合适目录(例如/usr/local)下，然后执行以下命令，进行解压：

```
tar -zxvf sqoop-1.4.6.bin__hadoop-2.0.4-alpha.tar.gz
```

(2) 将解压后生成的文件夹 sqoop-1.4.6.bin__hadoop-2.0.4-alpha 重命名为 sqoop-1.4.6，命令如下：

```
mv sqoop-1.4.6.bin__hadoop-2.0.4-alpha sqoop-1.4.6
```

(3) 为了以后的操作方便，可在环境变量配置文件/etc/profile 中添加以下内容，对 Sqoop 的环境变量进行配置：

```
export SQOOP_HOME=/usr/local/sqoop-1.4.6
export PATH=$PATH:$SQOOP_HOME/bin
```

内容添加完毕后执行 source/etc/profile 命令，对环境变量文件进行刷新操作。

(4) 将下载的 MySQL 驱动包 mysql-connector-java-5.1.20-bin.jar 上传到${SQOOP_HOME}/lib 目录下。

(5) 复制文件${SQOOP_HOME}/conf/sqoop-env-template.sh，将复制的文件重命名为${SQOOP_HOME}/conf/sqoop-env.sh，在其中添加以下内容，指定 Hadoop 的安装目录：

```
export HADOOP_COMMON_HOME=/usr/local/hadoop-2.7.1
export HADOOP_MAPRED_HOME=/usr/local/hadoop-2.7.1
```

(6) 执行如下命令，查询 MySQL 的数据库列表，测试安装是否成功：

```
sqoop list-databases --connect jdbc:mysql://192.168.1.69:3306/test --username root --password 123456
```

上述代码中的各参数含义如下：

- ✧ --connect：数据库的连接 URL。
- ✧ --username：数据库用户名。
- ✧ --password：数据库密码。

如果能输出当前 MySQL 中的数据库列表，说明 Sqoop 安装成功。

9.4 案例分析：使用 Sqoop 进行数据导入/导出

本例使用的关系型数据库为 MySQL，已知 MySQL 中存在数据库 test，数据库 test 中存在表 user_info，且表 user_info 中有两条数据，如图 9-4 所示。

	userId	userName	password	trueName	addedTime
☐	1	hello	123456	张三	2017-06-21
☐	2	hello2	123456	李四	2017-06-10

图 9-4 表 user_info

其中，主键是字段 userId，为 int 类型；字段 userName、password 和 trueName 为字符

串类型；字段 addedTime 为 date 类型。

9.4.1　将 MySQL 表数据导入到 HDFS 中

下面使用 Sqoop 将表 user_info 中的数据导入到 HDFS 中，具体步骤如下。

1．启动 Hadoop

在用 Sqoop 向 HDFS 导入数据之前，需要先启动 Hadoop 系统，然后才能执行导入命令。执行如下命令，启动 Hadoop 集群：

```
start-all.sh
```

2．执行导入命令

执行如下命令，使用 Sqoop 连接 MySQL，并将数据导入到 HDFS 中：

```
sqoop import \
--connect 'jdbc:mysql://192.168.1.69:3306/test?characterEncoding=UTF-8' \
--username root \
--password 123456 \
--table user_info \
--columns userId,userName,password,trueName,addedTime \
--target-dir /sqoop/mysql
```

注意：“\”后面紧跟回车，表示下一行是当前行的续行。

上述代码中的参数含义如下：

- ✧ --connect：数据库的连接 URL。
- ✧ --username：数据库用户名。
- ✧ --password：数据库密码。
- ✧ --table：数据库表名。
- ✧ --columns：数据库列名。
- ✧ --target-dir：数据在 HDFS 中的存放目录，如果 HDFS 中没有该目录，则会自动生成。

3．查看导入结果

执行以下命令，可以查看/sqoop/mysql 目录下的文件：

```
hadoop fs -ls /sqoop/mysql
```

输出结果如下：

```
Found 3 items
-rw-r--r-- 2 root supergroup     0 2017-11-16 17:23 /sqoop/mysql/_SUCCESS
-rw-r--r-- 2 root supergroup    33 2017-11-16 17:23 /sqoop/mysql/part-m-00000
-rw-r--r-- 2 root supergroup    34 2017-11-16 17:23 /sqoop/mysql/part-m-00001
```

可以看到，在/sqoop/mysql 目录下生成了三个文件，分别是_SUCCESS、part-m-00000 和 part-m-00001，而导入的数据则存在于后两个文件中。

执行以下命令，可以查看/sqoop/mysql/目录下所有文件的内容：

```
hadoop fs -cat /sqoop/mysql/*
```

输出结果如下：

```
1,hello,123456,张三,2017-06-21
2,hello2,123456,李四,2017-06-10
```

可见，MySQL 中的表 user_info 已经完全导入到 HDFS 中。

9.4.2 将 HDFS 中的数据导出到 MySQL 中

下面使用 Sqoop 将 9.4.1 小节中 HDFS 生成的文件 part-m-00000 中的数据导出到 MySQL 表中，具体步骤如下。

1. 新建表

在 MySQL 数据库 test 中新建表 user_info_2，字段及类型与表 user_info 相同。

2. 执行导出命令

执行以下命令，使用 Sqoop 将 HDFS 中的数据导出到 MySQL 中：

```
sqoop export \
--connect jdbc:mysql://192.168.1.69:3306/test?characterEncoding=UTF-8 \
--username root \
--password 123456 \
--table user_info_2 \
--export-dir /sqoop/mysql/part-m-00000
```

上述代码中的参数含义如下：

✧ --table：目标数据所在表的位置。

✧ --export-dir：源数据目录的位置。

导出完毕后，在 MySQL 中执行以下 SQL 命令，查询表 user_info_2 的数据：

```
select * from user_info_2
```

输出结果如图 9-5 所示，可以看到，已成功导入了一条数据。

	userId	userName	password	trueName	addedTime
□	1	hello	123456	张三	2017-06-21
*	(NULL)	(NULL)	(NULL)	(NULL)	(NULL)

图 9-5　表 user_info_2

也可以将 HDFS 中/sqoop/mysql 目录下的所有文件一起导出到表 user_info_2 中，只需将上述导出命令中的/sqoop/mysql/part-m-00000 替换为/sqoop/mysql/*即可。

9.4.3 将 MySQL 表数据导入到 HBase 中

本例依然使用 Sqoop 将 MySQL 中的表 user_info 的数据导入到 HBase 中，具体步骤如下。

1．启动 HBase

执行以下命令，启动 HBase 集群：

```
start-hbase.sh
```

2．新建 HBase 表

执行以下命令，在 HBase 中新建表 user_info 及列族 baseinfo：

```
create 'user_info','baseinfo'
```

3．执行导入命令

执行以下命令，使用 Sqoop 将 MySQL 中的数据导入到 HBase 中：

```
sqoop import \
--connect jdbc:mysql://192.168.1.69/test?characterEncoding=UTF-8 \
--username root --password 123456 \
--query "SELECT * FROM user_info WHERE 1=1 AND \$CONDITIONS" \
--hbase-table user_info \
--column-family baseinfo \
--hbase-row-key userId \
--split-by addedTime \
--m 2
```

上述代码中的参数含义如下：

- ✧ --query：指定导入数据的查询条件。如果希望通过并行的方式导入数据，需要设置查询所用 Map 任务的数量，Sqoop 会根据任务数量自动生成边界条件，并依此对导入数据进行分区。--query 必须包含$CONDITIONS，Sqoop 程序会将边界条件在其中补全，生成一个完整的 SQL 查询语句，每个 Map 任务都要执行一个该 SQL 查询语句的副本。
- ✧ --hbase-table：指定要导入的 HBase 表的名称。
- ✧ --column-family：指定要导入的 HBase 表的列族。
- ✧ --hbase-row-key：指定 MySQL 中的某一列作为 HBase 表中的 RowKey。
- ✧ --split-by：指定 MySQL 中需要作为分区导入的列，默认为主键。
- ✧ --m：指定复制过程使用的 Map 任务的数量，也就是分区的数量。

4．查看导入结果

进入 HBase Shell，使用 scan 'user_info'命令扫描表 user_info 中的数据，结果如下：

```
hbase(main):001:0> scan 'user_info'
ROW                                  COLUMN+CELL
 1                                  column=baseinfo:addedTime, timestamp=1510887550010,
value=2017-06-21
 1                                  column=baseinfo:password, timestamp=1510887550010,
value=123456
 1                                  column=baseinfo:trueName, timestamp=1510887550010,
value=\xE5\xBC\xA0\xE4\xB8\x89
```

```
 1                                 column=baseinfo:userName, timestamp=1510887550010, value=hello
 2                                 column=baseinfo:addedTime, timestamp=1510887550110,
value=2017-06-10
 2                                 column=baseinfo:password, timestamp=1510887550110,
value=123456
 2                                 column=baseinfo:trueName, timestamp=1510887550110,
value=\xE6\x9D\x8E\xE5\x9B\x9B
 2                                 column=baseinfo:userName, timestamp=1510887550110, value=hello2
2 row(s) in 0.6870 seconds
```

可以看到，MySQL 中的数据已经成功导入。

本 章 小 结

最新更新

✧ Sqoop 主要使用 import 和 export 两个工具进行数据的导入/导出。

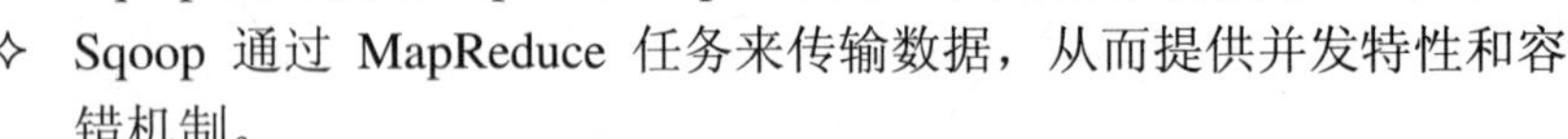

✧ Sqoop 通过 MapReduce 任务来传输数据，从而提供并发特性和容错机制。

✧ 使用 import 工具时，需要指定 split-by 的参数值。Sqoop 会根据不同的 split-by 参数值来对数据进行切分，然后将切分的区域分配到不同的 Map 中。

本 章 练 习

1. 简述 Sqoop 的主要作用。
2. 使用 Sqoop 将 MySQL 中的数据导入到 Hadoop 中。

第10章　Kafka

本章目标

- 了解 Kafka 的基本概念
- 了解 Kafka 的架构
- 掌握 Kafka 的安装和配置方法
- 掌握 Kafka 的命令行操作
- 掌握使用 Kafka Java API 发送与接收消息的方法

Kafka 最初由 Linkedin 公司开发，是一个支持分区的(Partition)、多副本的(Replica)、基于 ZooKeeper 协调的分布式消息系统，它的最大特性就是可以实时地处理大量数据以满足各种需求。比如基于 Hadoop 的批处理系统、低延迟的实时系统等。

10.1 Kafka 简介

Kafka 是一种高吞吐量的分布式发布订阅消息系统，它可以处理消费者规模的网站中所有动作流数据。由于吞吐量的要求，这些动作流数据通常是通过日志和日志聚合来处理。但如果要对基于日志数据的离线分析系统(如 Hadoop)进行实时处理，使用 Kafka 就是一个可行的解决方案。Kafka 的目的是通过 Hadoop 的并行加载机制来统一线上和离线的消息处理，并通过集群来实时消费消息。即便使用非常普通的硬件，Kafka 每秒也可以处理数百万条消息，其延迟最低只有几毫秒。

简单来说，Kafka 是消息中间件的一种。那么，消息中间件是什么呢？以生产者与消费者的关系为例：生产者生产鸡蛋，消费者吃鸡蛋，生产者生产一个鸡蛋，消费者就吃一个鸡蛋，假设消费者吃鸡蛋的时候噎住了(系统宕机了)，生产者还在生产鸡蛋，那新生产的鸡蛋就丢失了。再比如生产者很强劲(交易量大的情况)，生产者 1 秒钟生产 100 个鸡蛋，而消费者 1 秒钟只能吃 50 个鸡蛋，那过不了多长时间，消费者就吃不消了(消息堵塞，最终导致系统超时)，导致鸡蛋又丢失了。这时候如果放个篮子在二者中间，生产者生产出来的鸡蛋都放到篮子里，消费者则去篮子里拿鸡蛋，这样鸡蛋就不会丢失了，这个篮子就是消息中间件 Kafka。

上述例子中的鸡蛋就是数据流，系统之间的交互都是通过数据流来传输的(TCP、HTTP 等)。数据流也称为报文，或者消息。消息队列满了，就是篮子满了，鸡蛋放不下了，这时如果多放几个篮子，就是 Kafka 的扩容。

Kafka 的消息传递流程如图 10-1 所示：生产者通过网络发送消息给 Kafka 集群，同时，Kafka 集群把消息转发给消费者。

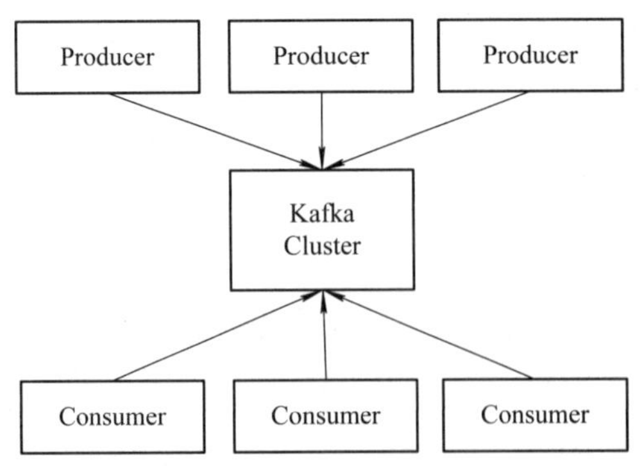

图 10-1　Kafka 消息传递流程

客户端和服务器之间的通信是通过一个简单的、高性能的、无关语言的 TCP 协议实现的。Kafka 不仅提供 Java 客户端，也提供其他多种语言版本的客户端。

10.1.1　基本概念

学习 Kafka 首先需要理解以下基本概念。

1．Broker

Broker 即代理，也就是通常所说的服务器节点。Kafka 集群包含一个或多个服务器节点，这种服务器就被称为 Broker。一个 Kafka 节点就是一个 Broker。Broker 接收来自生产者(Producer)的消息，并将消息提交到磁盘保存。Broker 也会为消费者(Consumer)提供服务，对消费者的请求做出响应，返回已经提交到磁盘上保存的消息。根据硬件性能，单个 Broker 可以轻松处理每秒百万级的消息量。

2．Message

Message 即消息。Kafka 的数据单元被称为消息。可以把消息看成数据库里的一行数据或一条记录。消息有一个可选的元数据，也就是键。当消息以一种可控的方式写入不同的分区时，就会用到键。

一组消息被称为批次，这些消息属于同一个主题和分区。消息可以分批次写入 Kafka，这样可以提高写入效率，减少网络开销，但带来的问题是批次越大，单位时间内处理的消息就越多，单个消息的传输时间就越长，所以需要在时间延迟和吞吐量之间做出权衡。也可以将批次数据进行压缩，这样可以提升数据的传输和存储能力，但是要进行更多的计算处理。

3．Topic

Topic 即主题。每条发布到 Kafka 集群的消息都有一个类别，这个类别就被称为 Topic。在物理上，不同主题的消息分开存储；在逻辑上，一个主题的消息虽然保存于一个或多个 Broker 上，但用户只需指定消息的主题即可生产或消费数据，而不必关心数据存于何处。

主题在逻辑上可以被认为是一个队列(Queue)。每条消息都必须指定它的主题，可以简单理解为必须指明把这条消息放进哪个 Queue 里。

此外，Kafka 集群还能够同时负责多个主题的分发。

4．Partition

Partition 即分区。分区是物理上的概念，Kafka 为使自身的吞吐率可以水平扩展，把主题在物理上分成一个或多个分区。创建主题时可以指定分区数量，每个分区对应一个文件夹，其中存储着该分区的数据和索引文件。

5．Segment

分区在物理上由多个 Segment 组成，每个 Segment 中存放着消息(Message)数据。

6．Producer

Producer 即消息生产者，负责将消息发布到 Kafka 的 Broker 上。通常一个消息会被发布到一个特定的主题上。默认生产者会把消息均衡地分布到主题的所有分区上，但在某些情况下，生产者会把消息直接写到指定的分区。

7．Consumer

Consumer 即消息消费者，从 Kafka 的 Broker 上读取消息的客户端。消费者通常会订阅一个或多个主题，并按照消息生成的顺序读取它们。

可以这样理解：不同的主题就是不同的高速公路，分区就是某条高速公路上面的车道，如果车流量大，则拓宽车道，反之，则减少车道；而消费者就好比高速公路上的收费站，开放的收费站越多，则通过速度越快。

10.1.2 集群架构

一个典型的 Kafka 集群中包含若干生产者(Web 前端产生的页面内容，或是服务器日志等)、若干 Broker(Kafka 支持水平扩展，一般 Broker 数量越多，集群吞吐率越高)、若干消费者组以及一个 ZooKeeper 集群。

ZooKeeper 用于管理和协调 Broker。每个 Broker 都通过 ZooKeeper 协调其他 Broker。当 Kafka 系统中新增了 Broker 或者某个 Broker 失效时，ZooKeeper 服务将把这个变化通知生产者和消费者，生产者和消费者就会据此协调与其他 Broker 的工作。

Kafka 的集群架构如图 10-2 所示。其中，生产者使用 Push 模式将消息发布到 Broker，而消费者使用 Pull 模式从 Broker 订阅并消费消息。

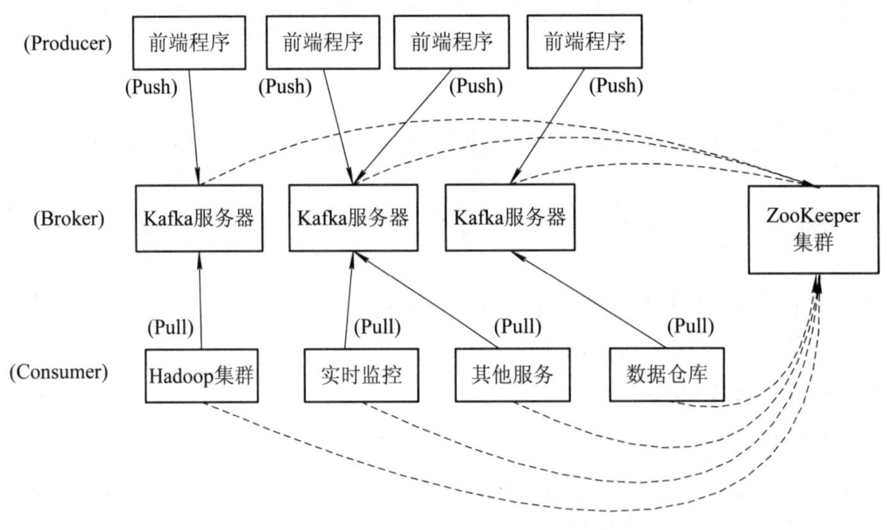

图 10-2 Kafka 集群架构

10.1.3 主题和分区

Kafka 的消息通过主题(Topic)进行分类。一个主题就是一个用来发布消息的目录或订阅的名字，就好比数据库的表或者文件系统里的文件夹。主题可以被分为若干分区，分区可以分布在不同服务器上，也就是说一个主题可以横跨多个服务器。Kafka 会为每个主题维护一个分区日志，记录各个分区中消息的存放情况，如图 10-3 所示。

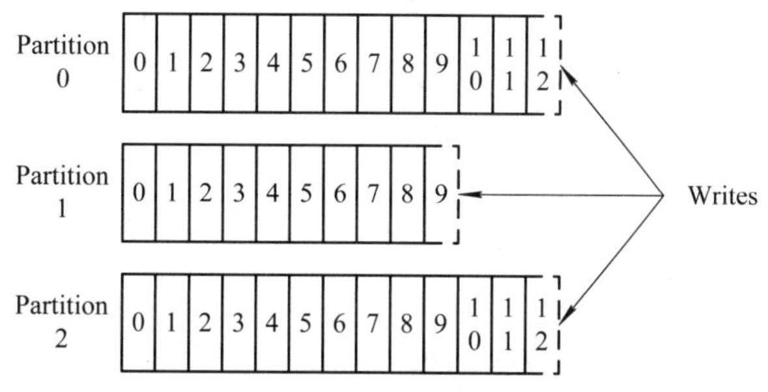

图 10-3　Kafka 分区日志

当一条消息被发送到 Broker 时，会根据分区规则被存储到某一个分区里。如果分区规则设置得合理，所有消息就可以均匀分布到不同的分区里，这样就实现了水平扩展。如果一个主题对应一个文件，则这个文件所在的机器 I/O 将会成为这个主题的性能瓶颈，而分区解决了这个问题。

每个分区都是一个有序的、不可变的记录序列，它不断被附加到结构化的提交日志中。分区中的每个记录都被分配了一个名为偏移量(offset)的连续 ID 号，它唯一地标识分区中的某个记录。

对日志进行分区的好处是：允许日志规模超出一台服务器的文件大小上限。虽然每个单独的分区都受限于服务器的文件上限，但一个主题可有多个分区，因此就可以处理无限数量的数据。

消费者需要保存的元数据仅仅是消费者在日志中的消费位置(偏移量)，这个偏移量是由消费者控制的。通常，消费者读取消息后偏移量会线性递增，但消费者也可以按任意顺序消费消息，比如可以将偏移量重置到老版本，如图 10-4 所示。

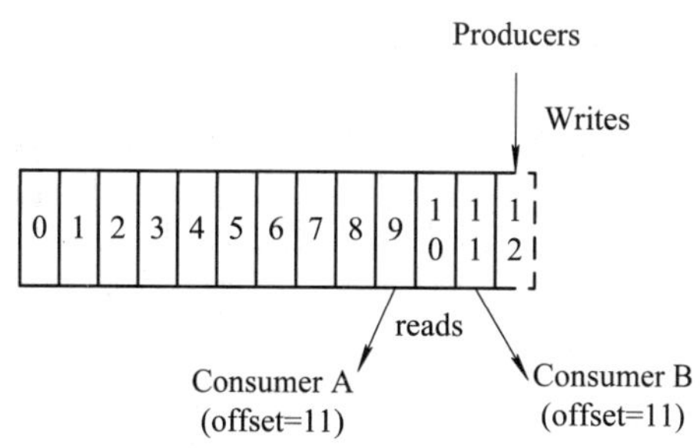

图 10-4　Kafka 通过偏移量读取消息

此外，Kafka 集群会将所有已经发布的消息(无论这些消息是否已经被消费)保留一段时间，可以对相关参数进行配置以选择保留时间的长短。例如，如果消息被设置为保存两天，那么两天内，该消息都是可以被消费的，但两天后就会为节省磁盘空间而将该消息删除。Kafka 的性能对数据大小不敏感，因此保留大量数据毫无压力。

10.1.4　消费者组

传统的消息处理有队列模式和发布订阅模式两种。队列模式是指消费者池中的消费者

可以从一台服务器读取数据，并且每个消息只被其中一个消费者消费；发布订阅模式是指消息通过广播方式发送给所有消费者。而 Kafka 提供了消费者组(Consumer Group)模式，能够同时具备这两种(队列、发布订阅)模式的特点。

消费者组就是一组消费者的集合，每个消费者都属于一个特定的消费者组。可为每个消费者指定组名称，若不指定组名称则属于默认的组。

在 Kafka 中，消费者通过分组名来标识自己，这些消费者即可以是同一台服务器上不同的进程，也可以是位于不同服务器上的进程。每条消息被发布到主题后，只会分发给某个消费者组中的唯一一个消费者实例(同一个消费者组内部，只能有一个消费者消费某条消息；不同消费者组中的成员则可以同时消费某条消息)。例如，如果同一个应用有 100 个客户端，这些客户端属于同一个消费者组，则同一条消息只能被在这 100 个客户端中的一个消费，如果另一个应用也需要同时消费这个消息，就要新建一个消费者组，才能消费同一个主题的消息。

显然，如果所有的消费者实例属于同一分组(有相同的分组名)，该过程就是传统的队列模式(相同主题，只有一个消费者能抢到消息)；如果所有的消费者实例不属于同一分组，该过程就是发布订阅模式(每个消费者都能收到消息)。

我们已经知道，消息存储于分区中，那么消费者组与分区的关系是怎样的呢？

如图 10-5 所示，图中的 C1～C6 为不同的消费者，P0～P2 为不同的分区。

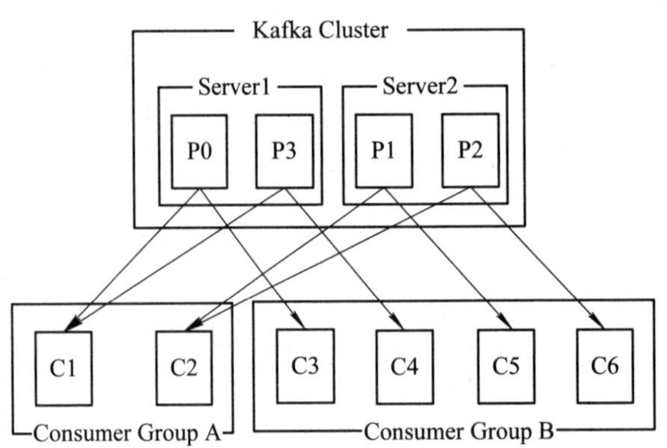

图 10-5　Kafka 消费者组与分区的关系

从图 10-5 中可以看出，同一消费者组中的不同消费者不能共享同一分区，而不同消费者组中的消费者则可以共享同一分区。

10.1.5　主要特性

Kafka 具备以下主要特性。

1. 消息压缩

Kafka 支持对消息集合进行压缩，生产者端可以使用 GZIP 或 Snappy 格式对消息集合进行压缩，然后在消费者端进行解压。消息压缩的好处是能减少传输的数据量，减轻网络传输的压力。因为现阶段大数据处理的瓶颈因素往往是网络速度，而不是 CPU 效能(压缩

和解压会耗掉部分 CPU 资源)。

2. 消息可靠性

在消息系统中，保证消息在生产和消费过程中的可靠性是十分重要的，但在实际的消息传递过程中，可能会出现以下三种情况：

- ✧ 一个消息发送失败。
- ✧ 一个消息被发送多次。
- ✧ 一个消息发送成功且仅发送了一次，这是最理想的情况。

生产者或消费者在生产和消费消息的过程中都有可能存在失败的情况。比如，生产者成功发送了一个消息，但是消息在发送途中丢失；或者该消息虽然成功发送到了 Broker，也被消费者成功取走，但是这个消费者对消息的处理失败了。

在生产者端，Kafka 的处理方法是：当一个消息被发送后，生产者会等待 Broker 成功接收到该消息的反馈(可通过参数控制等待的时间)，如果消息在途中丢失，或是集群中的某个 Broker 失效，生产者就会重新发送该消息。

在消费者端，Broker 记录了分区中的一个 offset 值，这个值会默认指向消费者下一个即将消费的消息。如果消费者收到了消息却处理失败，可以通过这个 offset 值重新获取上一个消息，再次进行处理。

3. 备份机制

备份机制是 Kafka 0.8 版本之后的新特性，该机制的出现大大提高了 Kafka 集群的可靠性和稳定性。有了备份机制后，Kafka 集群中的部分 Broker 失效不会影响整个集群的工作，一个备份数量为 n 的集群最多可以允许 n−1 个 Broker 失效。在所有备份 Broker 中，有一个 Broker 为 Lead，这个 Broker 保存了其他备份 Broker 的列表，并维持各个备份间的状态同步。

10.1.6 应用场景

在大数据开发中，Kafka 主要应用于以下几种场景。

1. 消息队列(Messaging)

Kafka 可以平滑地替换传统的消息中间件。消息中间件一般用于解耦生产者、消费者、缓存未处理消息等。与传统的消息中间件相比，Kafka 有更大的吞吐量、更完善的内置分区和分区复制机制、更成熟的容错机制，因此更适合作为大型消息处理应用的消息中间件解决方案。

根据实际使用经验来看，Kafka 多用于对吞吐量要求不高，但消息发送端与接收端的延迟较低，并能对消息进行持久化保存的业务。

2. 网站活动跟踪(Website Activity Tracking)

网站活动跟踪需要非常高的吞吐量，因为每个用户页面都会生成许多的活动消息。而 Kafka 可以建立一个用户跟踪管道，来作为一组实时的发布-订阅源(feeds)。这意味着，所有的网站活动(浏览、搜索、用户的其他活动)消息都会根据类型被发布到中心主题(每个活动一个主题)。这些 feeds 可以被广泛用于大量的订阅，包括实时处理、实时监控、为离线数据仓库做离线处理和报告分析等。

3. 日志聚合(Log Aggregation)

Kafka 的日志聚合工具可以将物理的日志文件从分散的多个主机上收集过来，并集中放入一个位置，以便于后续处理。

Kafka 对日志文件的各种细节进行了抽象化处理，并针对日志数据或事件数据提供了一个更干净、一致的消息流。Kafka 具备低延迟处理、易于支持多个数据源以及分布式数据处理(消费)的特性。相比于中心化的日志聚合系统(如 scribe/flume)，Kafka 可以在提供同样性能的条件下，实现更高的数据持久化水平，以及更低的端到端延迟。

4. 流处理(Stream Processing)

在一些应用场景中，用户需要进行阶段性的数据处理：用户首先会消费保存在 Kafka 主题中的原始数据，然后对数据进行聚合、丰富等加工，或者干脆转换成一种新的 Kafka 主题，便于将来进一步处理。例如，某个文章推荐功能的处理流可能会从 RSS 源抓取文章内容，然后发布到一个文章的主题，下一阶段的处理就会对数据进行规范化，最后阶段则会尝试对内容和用户进行匹配。这样就在本来相互独立的主题之上创建出了一个实时的数据流图。Storm 和 Samza 是目前比较流行的实现此类转换的框架。

5. 事件溯源(Event Sourcing)

事件溯源是一种应用设计模式，在按照这种模式设计的应用中，状态改变会被记录为一系列按时间排序的日志记录。Kafka 可以支持海量的日志数据，因此非常适合作为这种类型应用的后端。

6. 日志提交(Commit Log)

Kafka 可以作为分布式系统的一种外部日志提交工具(External Commit-log)。Kafka 的日志系统能够在 Broker 间复制数据，可作为失败 Broker 恢复数据时的一种数据重新同步机制。Kafka 的日志压缩功能也可为这种数据重新同步机制提供支持。

10.2 Kafka 集群搭建

Kafka 是使用 Java 开发的应用程序，它可以运行在 Windows、MacOS 和 Linux 等多种操作系统上，推荐使用 Linux 系统。下面介绍如何在 Linux 上安装和使用 Kafka。

10.2.1 前提条件

Kafka 依赖 ZooKeeper 集群，因此在搭建 Kafka 集群之前，需要先搭建好 ZooKeeper 集群。ZooKeeper 集群的具体搭建步骤参考本书第 5 章，此处不再赘述。

本例使用三台服务器搭建 Kafka 集群，三台服务器的主机名和 IP 地址分别为：

master　192.168.170.128

slave1　192.168.170.129

slave2　192.168.170.130

10.2.2 搭建步骤

由于 Kafka 集群的各个节点(Broker)是对等的，配置基本相同，因此只需要配置一个 Broker，然后将这个 Broker 的配置复制到其他 Broker 上，并进行微调即可。

1. 上传安装文件

将安装包 kafka_2.10-0.10.1.0.tgz 上传到 master 节点的/usr/local 目录下，执行以下命令，进行解压：

```
tar -zxvf kafka_2.10-0.10.1.0.tgz
```

执行以下命令，将解压后的文件夹重命名为“kafka”：

```
mv kafka_2.10-0.10.1.0 kafka
```

2. 修改配置文件

修改 Kafka 安装目录下的 config 文件夹中的 server.properties 文件。建议在分布式环境中至少修改以下配置项，其他配置项可根据具体的项目环境进行调优：

```
broker.id=0
num.Partitions=2
default.replication.factor=2
listeners=PLAINTEXT://master:9095
zookeeper.connect=master:2181,slave1:2181,slave2:2181
```

上述代码中各配置项的含义如下：

✧ broker.id：每一个 Broker 都需要有一个标识符，使用 broker.id 表示。类似于 ZooKeeper 的 myid，broker.id 必须是一个全局(集群)独一无二的整数值，即 Kafka 集群中每个服务器对该值的设置都不能完全相同。broker.id 的值虽然可以任意选定，但建议设置为与主机名有关联的整数，这样维护时将 ID 号映射到主机名的操作就没那么麻烦了。

✧ num.Partitions：每个 Topic 的分区数量，默认为 1。需要注意的是，可以增加分区的个数，但不能减少分区的个数。而且，为了能让分区分布到所有 Broker 上，主题分区的个数必须大于 Broker 的个数。

✧ default.replication.factor：消息备份副本数，默认为 1，即不进行备份。

✧ listeners：socket 监听的端口，供 Broker 监听生产者和消费者的请求，格式为 listeners=security_protocol://host_name:port。如果没有配置该参数，则默认通过 Java 的 API java.net.InetAddress.getCanonicalHostName()来获取主机名。该监听端口默认为 9092，建议进行显式配置，避免使用多网卡时解析错误。

✧ zookeeper.connect：ZooKeeper 的连接地址。该参数是用冒号分隔的一组格式为 hostname:port/path 的列表。其中，hostname 是 ZooKeeper 服务器的机器名或 IP 地址；port 是 ZooKeeper 的客户端连接端口；/path 是可选的 ZooKeeper 路径，如果不指定，则默认使用 ZooKeeper 根路径。

3. 复制配置信息到其他服务器

执行以下命令，将 master 节点配置好的 Kafka 复制到 slave1 节点的相应目录下：

```
scp -r /usr/local/kafka/ slave1:/usr/local/
```

复制完成后，将 slave1 节点中的 Kafka 配置文件 server.properties 的属性修改如下：

```
broker.id=1
listeners=PLAINTEXT://slave1:9095
```

同理，执行以下命令，将 master 节点配置好的 Kafka 复制到 slave2 节点的相应目录下：

```
scp -r /usr/local/kafka/ slave2:/usr/local/
```

复制完成后，将 slave2 节点中的 Kafka 配置文件 server.properties 的属性修改如下：

```
broker.id=2
listeners=PLAINTEXT://slave2:9095
```

4. 启动 ZooKeeper 服务

分别在三个节点上执行以下命令，启动 ZooKeeper 服务：

```
zkServer.sh start
```

5. 启动 Kafka 服务

分别在三个节点的 Kafka 安装目录中执行以下命令，启动 Kafka 服务：

```
bin/kafka-server-start.sh -daemon config/server.properties
```

服务启动成功后，分别在各节点上执行 jps 命令，查看启动的 Java 进程，输出信息如下：

```
2848 Jps
2518 QuorumPeerMain
2795 Kafka
```

可以看到，Kafka 进程已存在。

查看 Kafka 安装目录下的日志文件./logs/server.log，确保运行稳定，没有抛出异常。至此，Kafka 集群搭建完成。

10.3 Kafka 集群测试

生产者接收用户的输入并将消息发送到 Kafka，消费者则一直尝试从 Kafka 中获取生产出来的数据，并打印到输出中。下面使用 Kafka 命令行来创建主题、生产者与消费者，以测试 Kafka 集群能否正常使用。

如无特殊说明，以下所有命令都是在 Kafka 安装目录下执行。

10.3.1 创建主题

使用 Kafka 提供的命令工具 kafka-topics.sh 可以创建主题。例如，创建一个名为“topictest”、分区数为 2、消息副本数为 2 的主题，可在 master 节点上执行以下命令：

```
bin/kafka-topics.sh --create --zookeeper master:2181,slave1:2181,slave2:2181 --replication-factor 2 --partitions 2
--topic topictest
```

上述代码中的参数含义如下：

✧ --create：指定命令的动作是创建主题，使用该命令时必须指定-topic 参数。
✧ --topic：所创建主题的名称。
✧ --partitions：所创建主题的分区数。
✧ zookeeper：指定 ZooKeeper 集群的访问地址。
✧ --replication-factor：所创建主题的消息副本数，其值必须小于或等于 Kafka 的节点数。

命令执行完毕后，如输出以下结果，则表明主题创建成功：

```
Created Topic "topictest".
```

10.3.2 查询主题

主题成功创建后，可以执行以下命令，查询当前 Kafka 集群中存在的所有主题：

```
bin/kafka-topics.sh --list --zookeeper master:2181
```

也可以在该命令中使用--describe 参数，查询某一个主题的详细信息。例如，执行以下命令，可以查询主题 topictest 的详细信息：

```
bin/kafka-topics.sh --describe --zookeeper master:2181 --topic topictest
```

输出结果如下：

```
Topic:topictest PartitionCount:2        ReplicationFactor:2       Configs:
        Topic: topictest        Partition: 0    Leader: 0       Replicas: 0,2   Isr: 0,2
        Topic: Topictest        Partition: 1    Leader: 1       Replicas: 1,0   Isr: 1,0
```

10.3.3 创建生产者

Kafka 生产者是生产数据的角色，可以使用 Kafka 自带的命令工具 kafka-console-producer.sh 创建一个最简单的生产者。例如，在控制台上输入以下命令，就可以在主题 topictest 上创建一个生产者：

```
bin/kafka-console-producer.sh --broker-list master:9095,slave1:9095,slave2:9095 --topic topictest
```

上述命令中的参数说明如下：

✧ --broker-list：指定 Kafka 的 Broker 地址，只要能访问其中的一个即可，若写多个则需用逗号隔开。
✧ --topic：指定生产者所在的主题名称。

创建完成后，控制台进入等待键盘输入消息的状态。接下来需要创建一个消费者，来接收生产者发送的消息。

10.3.4 创建消费者

新开启一个控制台，在主题 topictest 上创建一个消费者，命令如下：

```
bin/kafka-console-consumer.sh --bootstrap-server master:9095,slave1:9095,slave2:9095 --topic topictest
```

上述命令中，参数--bootstrap-server 用来指定 Kafka 的 Broker 地址。

消费者创建完成后，等待接收生产者的消息。此时在生产者控制台输入消息“hello kafka”后按回车(可以将文件或者标准输入的消息发送到 Kafka 集群中，默认一行作为一个消息)，在消费者控制台就能看到输出相同的消息“hello kafka”。

至此，Kafka 集群通过测试，确定能够正常运行。

10.4 Kafka Java API

Kafka 提供了专门的 Java API 以进行消息的创建与接收。下面通过在 eclipse 中编写 Java 客户端程序的方式，来创建 Kafka 的生产者与消费者。

10.4.1 创建生产者

使用 Java API 创建 Kafka 生产者的完整步骤如下所示。

1. 新建项目

在 eclipse 中新建 Maven 项目，在项目的 pom.xml 文件中引入 Kafka 客户端的 jar 包，代码如下：

```
<dependency>
        <groupId>org.apache.kafka</groupId>
        <artifactId>kafka-clients</artifactId>
        <version>0.10.1.0</version>
</dependency>
```

2. 编写代码

新建一个生产者类 MyProducer.java，向主题 topictest(10.3 节中创建的主题)循环发送 10 条消息，代码如下：

```
import java.util.Properties;
import org.apache.kafka.clients.producer.KafkaProducer;
import org.apache.kafka.clients.producer.Producer;
import org.apache.kafka.clients.producer.ProducerConfig;
import org.apache.kafka.clients.producer.ProducerRecord;
import org.apache.kafka.common.serialization.IntegerSerializer;
import org.apache.kafka.common.serialization.StringSerializer;

/**生产者类**/
public class MyProducer {
    public static void main(String[] args) {
        //1.使用 Properties 类定义 Kafka 环境属性
```

```
        Properties props = new Properties();
        //设置生产者 Broker 服务器连接地址
        props.setProperty(ProducerConfig.BOOTSTRAP_SERVERS_CONFIG,
"master:9095,slave1:9095,slave2:9095");
        //设置序列化 key 程序类，将键定义为字符串
        props.setProperty(ProducerConfig.KEY_SERIALIZER_CLASS_CONFIG,
StringSerializer.class.getName());
        //设置序列化 value 程序类，此处不一定非得是 Integer，也可以是 String
        props.setProperty(ProducerConfig.VALUE_SERIALIZER_CLASS_CONFIG,
IntegerSerializer.class.getName());
        //2.定义消息生产者对象，依靠此对象可以进行消息的传递
        Producer<String,Integer> producer=new KafkaProducer<String,Integer>(props);
        //3.循环发送 10 条消息
        for(int i=0;i<10;i++){
            //第一个参数为主题名称，第二个参数为消息的 key 值，第三个参数为消息的 value 值
            producer.send(new ProducerRecord<String,Integer>("topictest","hello kafka "+i,i));
        }
        //4.关闭生产者
        producer.close();
    }
}
```

上述代码中，实例化生产者对象后，就可以使用生产者对象发送消息。而生产者的消息发送方法 send()将 ProducerRecord 对象作为参数，因此需要先创建 ProducerRecord 对象。ProducerRecord 有多个构造函数，这里使用其中一个构造函数，该构造函数的第一个参数为目标主题的名字，第二个参数为要发送的键，第三个参数为要发送的值。此处的键为字符串类型，值为整数类型，也可以都为字符串类型。但键和值对象的类型必须与序列化器和生产者对象相匹配。

上述这种消息发送方式的特点是：消息发送给服务器即是完成发送任务，而不管消息是否正常到达。因为 Kafka 的高可用性，在大多数情况下，消息都可以正常到达，但也不排除存在丢失消息的情况。所以，如果发送结果并不重要，就可以使用这种发送方式。例如记录消息日志，或记录不太重要的应用程序日志。

除了上述的消息发送方式外，还有两种消息发送方式：同步发送和异步发送。下面分别进行介绍。

1) 同步发送

使用生产者对象的 send()方法发送消息，会返回一个 Future 对象，调用 Future 对象的 get()方法，然后等待结果，就可以知道消息是否发送成功。如果服务器返回错误，get()方法会抛出异常；如果没有发生错误，则会得到一个 RecordMetadata 对象，可以用它获取消息的偏移量。同步发送消息的最简单代码如下：

```
try {
    producer.send(new ProducerRecord<String,Integer>("topictest","hello kafka ",1)).get();
} catch (Exception e)
{
    e.printStackTrace();
}
```

2) 异步发送

使用生产者对象的 send()方法发送消息时，可以指定一个回调函数，服务器返回响应信息时就会调用该函数。可以在该函数中对一些异常信息进行处理，比如记录错误日志，或是把消息写入“错误消息”文件以便日后分析，示例代码如下：

```
producer.send(new ProducerRecord<String,Integer>("topictest","hello kafka",1),new Callback(){
                public void onCompletion(RecordMetadata recordMetadata, Exception e) {
                    if(e!=null)
                    {
                        e.printStackTrace();
                    }
                }
            });
```

上述代码中，为了使用回调函数，在 ProducerRecord 的构造函数中加入了一个参数，该参数是实现了 Callback 接口的匿名内部类。Callback 接口只有一个 onCompletion()方法，其中有两个参数：第一个参数为 RecordMetadata 对象，从该对象可以获取消息的偏移量；第二个参数为 Exception 对象。如果 Kafka 返回一个错误，则 onCompletion()方法会抛出一个非空异常，可以从 Exception 对象中获取这个异常信息，从而对异常进行处理。

10.4.2 创建消费者

在 Maven 项目中新建消费者类 MyConsumer.java，接收上述生产者发送的所有消息，代码如下：

```
import java.util.Arrays;
import java.util.Properties;

import org.apache.kafka.clients.consumer.Consumer;
import org.apache.kafka.clients.consumer.ConsumerConfig;
import org.apache.kafka.clients.consumer.ConsumerRecord;
import org.apache.kafka.clients.consumer.ConsumerRecords;
import org.apache.kafka.clients.consumer.KafkaConsumer;
import org.apache.kafka.common.serialization.IntegerDeserializer;
```

```
import org.apache.kafka.common.serialization.StringDeserializer;

/**消费者类**/
public class MyConsumer {
	public static void main(String[] args) {
		//1.使用 Properties 类定义 Kafka 环境属性
		Properties props = new Properties();
		//设置消费者 Broker 服务器连接地址
		props.setProperty(ConsumerConfig.BOOTSTRAP_SERVERS_CONFIG,
"master:9095,slave1:9095,slave2:9095");
		//设置反序列化 Key 的程序类，与生产者对应
		props.setProperty(ConsumerConfig.KEY_DESERIALIZER_CLASS_CONFIG,
StringDeserializer.class.getName());
		//设置反序列化 Value 的程序类，与生产者对应
		props.setProperty(ConsumerConfig.VALUE_DESERIALIZER_CLASS_CONFIG,
IntegerDeserializer.class.getName());
		//设置组 ID，值可自定义
		props.setProperty(ConsumerConfig.GROUP_ID_CONFIG, "groupid-1");
		//2.定义消费者对象
		Consumer<String,Integer> consumer=new KafkaConsumer<String,Integer>(props);
		//3.设置消费者读取的主题名称，可以设置多个
		consumer.subscribe(Arrays.asList("topictest"));
		//4.不停地读取消息
		while(true){
			//拉取消息，并设置超时时间
			ConsumerRecords<String, Integer> records = consumer.poll(1000);
		  for(ConsumerRecord<String, Integer> record : records)
		  {
			System.out.println("key="+record.key()+"------value="+record.value());
		  }
		}
	}
}
```

上述代码在读取消息之前先创建了一个 KafkaConsumer 对象，KafkaConsumer 对象的创建与 KafkaProducer 对象的创建类似，需要把想传递给消费者的属性放在 Properties 对象里。第一个属性 ConsumerConfig.BOOTSTRAP_SERVERS_CONFIG 指定的是 Kafka 集群的连接字符串，本例中为常量字符串“bootstrap.servers”；第二个属性 ConsumerConfig.KEY_DESERIALIZER_CLASS_CONFIG 是用来指定对键(生产者发送消

息时指定的)进行反序列化的程序类的常量字符串，使用其指定的类可以把字节数组转成 Java 对象，本例中为常量字符串“key.deserializer”；第三个属性 ConsumerConfig.GROUP_ID_CONFIG 是用来指定 KafkaConsumer 属于哪个消费者组的常量字符串，本例中为常量字符串“group.id”。注意：创建不属于任何一个群组的消费者也可以，但不太常见。

消费者创建完成后，使用消费者对象的 subscribe()方法，可以对主题进行订阅。该方法可以接受一个主题列表作为参数。上述代码中的相关部分如下：

```
consumer.subscribe(Arrays.asList("topictest"));
```

最后，消费者可以通过 while 无限循环来使用消息轮询 API，对服务器发送轮询请求。在消费者进行轮询时，Kafka 会自动处理所有的细节，包括群组协调、分区再均衡、发送心跳和获取数据等。消费者必须持续对 Kafka 进行轮询，否则该消费者会被认为已经失效，其分区会被移交给群组里的其他消费者。

poll()方法就是一种消息轮询 API，可以对消息进行拉取，并返回一个消息记录列表，每条记录都包含了记录的键值对、记录所属主题信息、分区信息及所在分区的偏移量。可以根据业务需要遍历这个记录列表，取出所需信息。

poll()方法有一个超时时间参数，它指定了方法在多久之后可以返回消息记录，单位为毫秒。如果到达参数设置的时间，不管有没有可用数据，poll()都要返回记录。如果该参数被设为 0，则 poll()会立即返回，否则它会在指定的毫秒数内一直等待 Broker 返回消息数据。上述代码中的相关部分如下：

```
ConsumerRecords<String, Integer> records = consumer.poll(1000);
```

10.4.3 运行程序

生产者与消费者的代码编写完成后，先在 eclipse 中运行消费者程序，监听消息，然后再运行生产者程序，发送消息。

上述程序执行完毕后，可在 eclipse 中查看消费者程序控制台的输出结果：

```
key=hello kafka 1------value=1
key=hello kafka 2------value=2
key=hello kafka 4------value=4
key=hello kafka 5------value=5
key=hello kafka 7------value=7
key=hello kafka 8------value=8
key=hello kafka 0------value=0
key=hello kafka 3------value=3
key=hello kafka 6------value=6
key=hello kafka 9------value=9
```

可以看到，消费者消费的消息是无序的，而生产者程序则是按照从 0 到 9 的顺序进行消息发送。那么，Kafka 消息的消费是没有顺序的吗？下面对此进行验证。

在 eclipse 中再启动一个消费者(在 eclipse 中运行消费者程序)，此时就有两个消费者

共同消费消息，并且这两个消费者属于同一个组，组 ID 为 groupid-1(在消费者程序 MyConsumer 中已对组 ID 进行了定义)。然后重新运行生产者程序，发送消息，发送完毕后，查看两个消费者程序控制台的输出结果。

消费者一的输出结果如下：

```
key=hello kafka 1------value=1
key=hello kafka 2------value=2
key=hello kafka 4------value=4
key=hello kafka 5------value=5
key=hello kafka 7------value=7
key=hello kafka 8------value=8
```

消费者二的输出结果如下：

```
key=hello kafka 0------value=0
key=hello kafka 3------value=3
key=hello kafka 6------value=6
key=hello kafka 9------value=9
```

从上述两个输出结果可以看到，10 条消息由两个消费者共同消费，且每个消费者都是按顺序消费的。那么，为什么会产生这样的结果呢？

因为，Kafka 仅仅支持分区内的按消息顺序消费，并不支持全局(同一主题的不同分区之间)的按消息顺序消费。而本例开始时使用一个消费者消费了主题 topictest(10.3.1 小节为该主题指定了两个分区)中两个分区的内容，因此不支持顺序消费。

Kafka 通过给主题内相同分组下的消费者提供多个分区的架构，来实现每个分区只能被一个消费者消费。通过这种方式，可以确保同一分区只有一个消费者，分区内的信息按顺序消费；同时，由于有多个分区，因此可以负载均衡。注意：一个分组内，消费者数量不能多于分区数量，否则多出的消费者将不能消费消息。本例中，主题 topictest 有两个分区，所以需要两个消费者才能各自按顺序消费。

如果需要全局都按顺序消费消息，可以通过给一个主题只设置一个分区的方法实现，但是这也意味着一个分组只能有一个消费者。

本 章 小 结

最新更新

- ✧ Kafka 是一种高吞吐量的分布式订阅消息发布系统，它可以处理消费者规模的网站中所有动作流数据。
- ✧ Kafka 的消息通过主题(Topic)进行分类。一个主题就是一个用来发布消息的目录或订阅的名字，就好比数据库的表或者文件系统里的文件夹。
- ✧ Kafka 的客户端和服务器之间的通信是通过一个简单的、高性能的且与语言类型无关的 TCP 协议实现的。
- ✧ Kafka 不仅提供 Java 客户端，同时也提供其他多种语言版本的客户端。

✧ 一个典型的 Kafka 集群中包含若干生产者、若干 Broker、若干消费者组以及一个 ZooKeeper 集群。

本 章 练 习

1．简述 Kafka 的主要特性。

2．搭建 Kafka 集群环境。

3．使用 Kafka Java API 进行消息的发送与接收。

第11章　Spark

本章目标

- 掌握 Spark 的相关概念
- 了解 Spark 的主要组件
- 掌握 Spark 的环境搭建方法
- 熟悉 Spark 应用程序的执行流程
- 熟练使用 Spark Shell 进行相关操作
- 掌握 RDD 编程的基本操作
- 掌握常用数据格式的读写方法

Spark 是一个快速而通用的基于集群的大数据处理引擎，由加州大学伯克利分校的AMP 实验室主导开发。作为 MapReduce 的继承产品，Spark 从开源以来一直受到普遍关注，它能对外提供基于 Java、Scala、Python 和 R 的高级 API 以及优化过的图运算引擎，同时还提供了丰富的高级数据处理工具，包括面向 SQL 和结构化数据处理的 Spark SQL、面向机器学习的 MLlib、面向图处理的 GraphX 和面向流式计算的 Spark Streaming。

11.1 Spark 简介

Spark 生态系统全称为“伯克利数据分析栈”(Berkeley Data Analytics Stack，BDAS)，主要基于 Scala 语言开发。

Spark 与 Hadoop 生态系统是高度兼容的，它支持 Hive、HDFS、HBase 等 Hadoop 数据源，因此，它也可以被看做是 MapReduce 的升级版——MapReduce 会将一个计算作业切分成多个任务，每个任务会使用 HDFS 作为中间结果的存储介质；而 Spark 可以支持包括 Map 和 Reduce 在内的更多操作，这些操作相互连接形成一个有向无环图(Directed Acyclic Graph,，DAG)，各个操作的中间数据则会被保存在内存中。

11.1.1 Spark 基本概念

Spark 涉及若干基本概念，如图 11-1 所示。下面分别进行说明。

图 11-1　Spark 基本概念

1．Cluster

Cluster 是指一个被有机整合、统一管理的多台计算机的集合，该集合称为集群。每个计算机作为独立的计算节点，共同为集群提供计算资源。

2．Application

Application 是指用户自定义的 Spark 应用程序，是数据处理作业的集合。Application 的 main 方法是该程序的入口，也是数据处理作业的起点。

Spark 提供多种语言的 API，包括 Java、Scala、Python 和 R，一个 Application 的实体形态是一个应用程序包，里面包含所有已定义了数据处理逻辑的代码以及相关的依赖、配

置等文件。

3．RDD

RDD 全称为弹性分布式数据集(Resilient Distributed DataSet)，一个 RDD 可以看做是 Spark 在执行分布式计算时的一批相同来源、相同结构、相同用途的数据集，这个数据集在物理上可能被切割成多个分区(Partition)，分布在不同的机器上。

在编程时，RDD 被看做一个数据操作的基本单位，由此，Spark 中的计算可以抽象为对 RDD 进行创建、转化(Transformation)和行动(Action)，并最终返回结果的过程。RDD 被创建后是不能被改变的，因此，对一个已有 RDD 的操作只有转化和行动两种：

✧ 转化：对已有 RDD 中的数据进行计算，将其转化为新的 RDD，在这个过程中可能会产生中间 RDD。Spark 对于转化操作采用惰性计算机制，即遇到转化操作时并不会立即计算结果，而是要等遇到行动操作时才一起执行。

✧ 行动：对已有 RDD 中的数据进行计算并立即产生结果，将结果返回 Driver 程序或写入到外部物理存储中，在行动操作过程中同样有可能生成中间 RDD。

另外，DataFrame 和 DataSet 是继 RDD 之后 Spark 引入的两种新的弹性分布式数据集类型，它们在 RDD 的基础上进行了改进和优化，对数据的结构化管理、执行效率、内存等方面的功能进行了提升，其封装的数据处理方法也有所不同。

RDD、DataFrame 和 DataSet 是当前 Spark 中最常用的数据类型，三者的功能既存在交集，又各具特点，在使用过程中要根据实际情况选择适合的数据类型。

4．Driver & Executor

Spark 在执行 Application 的过程中会启动 Driver 和 Executor 两种 JVM 进程：Driver 进程为主控进程，负责执行 Application 中的 main 方法，提交 Job(Spark 批处理作业)并将 Job 转化为 Task，然后在各个 Executor 进程间对 Task 进行调度；Executor 进程运行在 Worker 上，负责 Task 的执行，并将结果返回给 Driver，同时为需要缓存的 RDD 提供存储功能。

在 Spark 中，Application 有两种部署模式：Client 和 Cluster。Application 以 Client 模式部署时，Driver 运行在提交 Application 的 Client 节点上，而 Client 进程会一直保持到 Application 运行结束；而以 Cluster 模式部署时，Driver 运行在某一个 Worker 节点(在 Spark 中，Slave 节点也叫做 Worker 节点)上，与 Executor 一样由集群管理器启动，此时 Client 进程在完成任务提交工作后就会退出，而不会保持到整个 Application 运行结束再退出。

5．DAG

在 Spark 中，每一个操作会生成一个 RDD，这些 RDD 会组成一个关于计算路径的有向无环图，这个图就是 DAG。有了 DAG，Spark 的下一步任务就是根据该图将计算划分成若干计算任务集，即划分为若干 Stage。

6．Task

Task 是对一个 Stage 之内的 RDD 进行串行操作的计算任务，简称任务。

每个 Stage 的计算工作由一组 Task 并行完成，这些 Task 的执行逻辑完全相同，只是作用到的 Partition(分区)不同。一个 Stage 的总 Task 个数由 Stage 中最后一个 RDD 的 Partition 的个数决定。

Task 分为 ShuffleMapTask 和 ResultTask 两种，位于最后一个 Stage 的 Task 为 ResultTask，其他 Stage 中的 Task 都属于 ShuffleMapTask。

7. SparkContext & SparkSession

SparkContext 是 Spark 中非常重要的 API，是用户与 Spark 集群的主要交互接口，此外它也会和 Cluster Master 交互，执行计算资源申请等操作。

但早期版本的 Spark 中存在一个问题：对于不同的 Spark API，需要使用不同的 Context。例如，对于 Spark Streaming 需要使用 StreamingContext，对于 SparkSQL 需要使用 SQLContext，对于 Hive 则需要使用 HiveContext，这在无形之中提高了用户的使用门槛，降低了开发效率。

从 Spark 2.0 版本开始，Spark 引入了新概念 SparkSession，它最初被用做 DataSet 和 DataFrame 的交互接口，但同时也封装了 SparkConf、SparkContext 和 SQLContext 等接口，从而为用户提供了更加通用的 Spark 接入点。

为了向下兼容，单独的 SparkContext 等接口也都被保留了下来，我们可以根据实际情况选择相应的接口使用。

8. Dependency

对 RDD 的各种操作(创建操作、转化操作或行动操作)会产生一连串的 RDD 对象，形成 RDD 之间的计算链，这些 RDD 对象之间依靠父子依赖关系构成了 RDD 的血统(Lineage)，并在逻辑上形成一个 DAG。在 Spark 中，这种 RDD 的父子依附关系称为依赖(Dependency)。依赖关系可分为窄依赖(NarrowDependency)和宽依赖(WideDependency，又称 ShuffleDependency)两种：

- ✧ 窄依赖：父 RDD 中的每个 Partition(分区)最多可被子 RDD 中的一个 Partition 使用，这种依赖关系称为窄依赖。让 RDD 产生窄依赖的操作被称为窄依赖操作，如 map、union。
- ✧ 宽依赖：父 RDD 中的每个 Partition 可被子 RDD 中的多个 Partition 使用，这种依赖关系称为宽依赖。宽依赖关系中，RDD 会依据每条记录的 key 进行数据重组，这个过程称为 Shuffle。让 RDD 产生宽依赖的操作称为宽依赖操作，如 reduceByKey、groupByKey。

依靠这些 RDD 的依赖关系，当部分分区数据丢失时，Spark 可以只重新计算丢失分区的数据，而无需重新计算 RDD 的所有分区，这是 Spark 容错机制中的一个重要手段。

9. Partition

与 Hadoop 中的 HDFS 类似，一个 RDD 在物理上被切分为多个 Partition(即分区)，这些分区有可能分布在不同的节点上。

分区是 Spark 计算任务的基本处理单位，它的数量决定了任务的数量，影响着程序的并行度。分区中的一条记录是一个基本的处理对象。例如对某个 RDD 进行 map 操作，在具体执行时是由多个并行的任务对各自分区的每一条记录进行 map 操作。

10. Persist & Checkpoint

Persist 和 Checkpoint 是 RDD 的两种持久化方式。其中，Persist 方式可以将 RDD 的分区数据持久化在硬盘中；Checkpoint 方式则是将 RDD 的分区数据持久化在 Spark 外部的存储(例如本地文件系统或 HDFS)中。这两种方式有一个重要区别：Persist 方式的持久化是暂时的，即当应用程序结束时，持久化的数据会被一同清除；而 Checkpoint 方式则是将数据永久保存下来，即使应用程序结束，数据也不会被删除。

Spark 引入了 Checkpoint 机制，因为被 Persist 方式持久化的 RDD 数据可能丢失或被替换，此时 Checkpoint 方式就会发挥作用，避免重新计算丢失的数据。另外，Checkpoint 方式还可以实现跨应用程序的数据传递，因为通过 Checkpoint 方式持久化的数据在应用程序结束后不会被清除，其他的应用程序就可以加载并利用这些数据。

Spark 的操作在执行时采用惰性机制，即只有在遇到行动操作时，Spark 才会真正地提交作业进行计算。因此 RDD 只有在经过至少一次行动操作之后才能被持久化，从而能在作业间共享数据。所以，如果两个作业用到了相同的 RDD，可在第一个作业中先用持久化的方式对该 RDD 进行缓存，在第二个作业中就不用重新计算这个 RDD 了。持久化机制可使需要访问重复数据的应用程序运行更快，是 Spark 提升运算速度的一个重要手段。

需要注意的是，当一个作业开始处理 RDD 的各个分区时，或者更准确地说，当一个 Executor 中运行的任务开始获取 RDD 的分区数据时，Spark 会先判断该 RDD 是否已经通过 Persist 持久化，没有的话，再判断用户是否通过 Checkpoint 进行了持久化，如果还为“否”，则会重新计算该 RDD 的分区。而这个 Checkpoint 持久化缓存的创建是在当前的 Job 完成后，再由另外一个专门的 Job 完成，相当于需要进行 Checkpoint 的 RDD 会被重复计算两次。因此，在使用 Checkpoint 持久化时，建议先执行缓存操作，这样专门执行创建 Checkpoint 持久化缓存的 Job 就不用再去计算该 RDD 了。

11.1.2 Spark 的优势

Spark 有以下几点重要优势。

1. 速度快

Spark 最大的优势是处理速度快。对于相同规模的大数据集，Spark 基于内存的处理速度可达 MapReduce 的 100 倍，基于磁盘的处理速度可达 MapReduce 的 10 倍。

Spark 的处理速度优势主要得益于它的整个处理过程是尽可能在内存中完成的，因而更快。更快的处理速度意味着 Spark 可以提供交互式的数据操作，而不需要在每次操作后等待数分钟甚至数小时。

2. 易用性

Spark 提供了超过 80 种的高级 API，使用户能够使用 Java、Scala、Python 和 R 等多种语言方便、快捷地构建并行化的应用程序，同时也允许用户在 Shell 中使用 Scala、Python 和 R 语言进行交互式操作。

3. 综合性

Spark 中包含了 SQL、DataFrames、MLlib、GraphX 和 Spark Streaming 组件，用户可以在同一个应用中无缝整合这些组件。

4. 兼容性

Spark 可以运行在 Hadoop 或者 Mesos 上，也可以独立运行或者部署在云上。Spark 可以读取包括 HDFS、Cassandra、HBase 和 S3 等数据源，以及所有实现了 Hadoop 接口的数据源。

11.1.3 Spark 的核心组件

如图 11-2 所示，Spark 是由诸多组件构成的软件栈。中间层(核心部分)是一个由若干计算任务组成的，对运行在多个工作节点上或者一个计算集群上的应用进行分发、调度和监控的综合计算引擎；最底层的是集群管理器，用于管理集群的计算资源；最上层为 Spark 高级程序库，是一些面向特定应用场景的独立工具包，它们可以方便地在同一个应用程序中整合并运行。

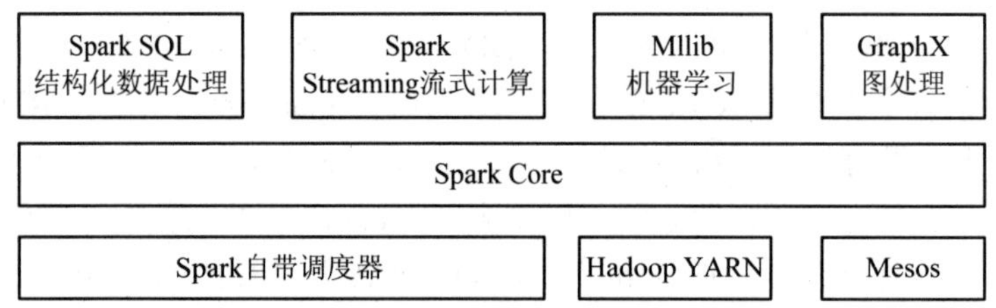

图 11-2 Spark 核心组件

Spark 可以在多种集群管理器上运行，包括 Hadoop YARN、Apache Mesos 等，同时 Spark 也自带一个简易的管理器，使其能够独立运行。集群管理器采用 Master-Slave 结构：Master 节点负责集群中所有计算资源的统一管理和分配；Slave 节点负责在当前节点创建一个或多个具备独立计算能力的 JVM 实例。另外还会有一个至多个 Client 节点，即用户提交 Spark Application 时所在的节点。

上述架构使 Spark 各组件既能有机地结合在一起，又可以相对独立地工作，减少耦合性，具体来说主要有以下优点：

- ✧ 上层的工具库和组件都可以在下层组件的改进中获益。例如，当 Spark Core 引入一个针对运算速度的优化时，其上层的 SQL 等工具库的速度都可以得到提升。
- ✧ 各个组件可以作为一个整体进行部署、维护和测试等工作，而不需使用多套独立软件分别维护，大大降低了系统的维护成本。
- ✧ 各个组件可以无缝整合，从而高效地构建出适用于各种复杂应用场景的程序。其对 SQL 和 Python 的支持还可以降低 Spark 系统的使用门槛，让数据分析师可以平滑地使用该系统。

下面分别对 Spark 的各个核心组件进行讲解。

1. Spark Core

Spark Core 是 Spark 的核心模块，负责调度和管理在集群上运行的分布式计算任务。Spark Core 包含了两个主要功能：一是负责 Spark 任务的调度、内存管理、错误恢复以及与存储系统的交互等；二是负责 RDD 的封装，提供了创建和操作 RDD 的相关 API。

2. Spark SQL

Spark SQL 提供了面向结构化数据的 SQL 查询接口，使用户可以使用 SQL 或基于 Apache Hive 的 HiveQL 来方便地进行数据处理。Spark SQL 支持包括 Hive 表、Parquet 以及 JSON 等多种形式的数据源，同时还提供在 RDD 中使用 SQL 的接口，使开发者能高效地将 SQL 与更加复杂的数据处理逻辑整合在同一应用中。

3. Spark Streaming

Spark Streaming 是 Spark 提供的流式计算(也称实时计算)组件，该组件与 RDD API 高度集成，可以帮助开发人员高效地处理数据流中的数据。

4. MLlib

MLlib 提供了常用的机器学习工具库，其中集成了诸如分类、回归、聚类、协同过滤等常用的机器学习算法，同时还提供了数据导入、模型评估等支持功能。另外，MLlib 还提供了一些更加底层的机器学习原语，例如一个通用的梯度下降优化算法等。

5. GraphX

GraphX 是 Spark 针对图处理所设计的工具库，可以方便地进行并行化的图运算。GraphX 对 RDD 进行了拓展，可以用其创建一个顶点和边都包含任意属性的有向图。另外，GraphX 还封装了针对图的各种操作(例如进行图分片的 subgraph()方法和操作所有顶点的 mapVertices()方法)以及一些常用的图算法(例如 PageRank 算法和三角形统计算法)。

11.1.4 Spark 应用程序执行流程

在集群模式下，Spark 的应用程序会由一组相互独立的进程并行执行，这组进程由 Driver 中的 SparkContext 对象统一协调。

当应用程序被提交到 Spark 集群时，SparkContext 会与集群管理器通信，集群管理器会创建作业调度模块和任务调度模块，集群的资源管理器则负责向应用程序分配资源。

作业调度模块会将作业分解为 Stage，并决定如何分配任务，然后将分配方式连同相应的任务传递给其所属的下级任务调度模块。

与此同时，Spark 会在集群的各个 Worker 节点上创建 Executor 进程，同时 Driver 会将代码(jar 包或 Python 文件等)发送到 Executor 中。

最后，SparkContext 会把任务(Task)发送到 Executor 中执行，任务执行完毕后，Executor 会向 SparkContext 返回信息并释放资源。

在任务执行过程中，Driver 会监控 Executor 的心跳，集群管理器会根据 Driver 的监控

信息，向活动的 Executor 分配任务。当作业调度模块发现 Shuffle 数据存在异常时，会重新运行之前的 Stage。任务调度模块则会始终维护所有任务的运行状态，如果任务失败，任务调度模块会重新启动任务。

Spark 应用程序的完整执行流程如图 11-3 所示。

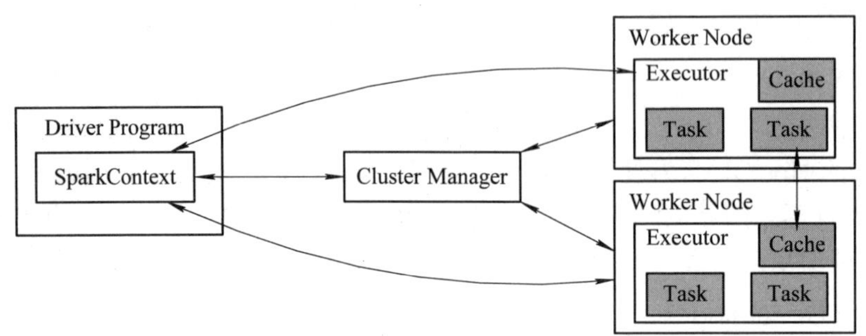

图 11-3　Spark 应用程序执行流程图

执行 Spark 应用程序时需注意以下问题：

(1) 每个应用程序都拥有属于自己的 Executor 进程，这些进程会在应用程序的整个运行阶段一直存在，每个进程会启动多个线程来执行任务。这样做的好处是：不管是在任务调度端(每个 Driver 只调度自己的任务)还是在 Executor 端(来自不同应用程序的任务都会运行在不同的 JVM 中)，应用程序之间始终可以保持相互独立。但是，这也意味着不同应用程序(或 SparkContext 实例)之间的数据是不能共享的，除非将数据写入外部储存系统中。

(2) Spark 不关心底层的集群管理器到底是谁，只要它能获取到 Executor 进程，且这些进程之间可以互相通信，就算是在最初被设计用于支持其他应用的集群管理器(例如 YARN 或 Mesos)上也能方便地运行。

(3) Driver 程序中的 Executor 在整个生命周期中必须始终接收并监听传入的连接信息，所以 Driver 程序对 Worker 节点来说必须是网络可寻址的。

(4) 由于 Driver 程序需要对集群中的任务进行调度，因此它在运行时要尽可能靠近 Worker 节点，最好是与 Worker 节点运行在同一个局域网中。如果需要向远程集群发送请求，最好能为 Driver 程序构建一个 RPC(远程过程调用)，然后让 RPC 在 Worker 节点的附近执行提交操作，从而避免在距离 Worker 节点很远的地方启动一个 Driver 程序。

11.2　Spark 集群环境搭建

本节主要讲解在 Linux 操作系统上搭建 Spark 集群开发环境的方法。

11.2.1　前提条件

本节使用 5 个节点搭建 Spark 集群，各节点的角色分配如表 11-1 所示。

表 11-1　Spark 集群角色分配表

节点名称	角　色
node1	Master，Slave
node2	Slave
node3	Slave
node4	Slave
node5	Slave

Scala 环境依赖于 Java 环境，所以要先将 Java 环境配置好，本书不对此做详细介绍。

11.2.2　搭建步骤

本小节对 Spark 集群的搭建步骤进行介绍。

1．下载 Scala 和 Spark 安装包

为避免出现兼容性问题，在运行环境和开发环境中都要严格检查 Spark 与 Scala 的版本匹配。本书使用的 Spark 版本为 2.2.0，该版本对应的 Scala 版本为 2.11.x，因此本书使用 Scala 2.11.12。

登录 Spark 与 Scala 的官方网站，下载对应安装包，官网地址如表 11-2 所示。

表 11-2　Spark 集群搭建所需的安装包信息

名称	版本	官网地址
Spark	2.2.0	http://spark.apache.org/
Scala	2.11.12	http://www.scala-lang.org/

2．安装 Scala

(1) 将 Scala 的安装包解压，将解压后的文件复制到 node1 节点的/usr 目录下，并将该目录重命名为“scala”，代码如下：

```
tar -zxvf scala-2.11.12.tgz
cp ./scala-2.11.12 /usr/scala
```

(2) 执行以下命令，修改环境变量文件/etc/profile：

```
vim /etc/profile
```

在文件中加入以下内容，配置 Scala 环境变量：

```
export SCALA_HOME=/usr/scala
export PATH=$PATH:SCALA_HOME/bin
```

最后执行以下命令，刷新环境变量文件：

```
source /etc/profile
```

(3) 将 Scala 安装文件目录复制到其他节点，并在其他节点重复第(2)步操作。

(4) 分别在各个节点上执行 scala-version 命令，若输出以下结果，则表示安装成功：

```
Scala code runner version 2.11.12 -- Copyright 2002-2017, LAMP/EPFL
```

3. 安装 Spark

(1) 将 Spark 的安装包解压，复制到 node1 节点的/bigdata 目录下，并重命名为“spark”，代码如下：

```
tar -zxvf spark-2.2.0.tgz
cp ./spark-2.2.0 /bigdata/spark
```

(2) 复制文件${SPARK_HOME}/conf/spark-env.sh.template，将复制的文件重命名为“${SPARK_HOME}/conf/spark-env.sh”，并在其中添加以下内容，指定 Spark 的配置信息：

```
JAVA_HOME=/usr/java/jdk #JDK 目录
SCALA_HOME=/usr/scala #Scala 目录
HADOOP_CONF_DIR=/bigdata/hadoop/etc/Hadoop #Hadoop 配置文件所在目录
SPARK_LOCAL_IP=192.168.1.75 #本机 IP 地址(也可配置为 node1)，每个节点要分别修改
SPARK_LOG_DIR=/bigdata/logs/spark #Spark 日志目录
SPARK_PID_DIR=/bigdata/pid/spark #集群守护进程 pid 文件目录
SPARK_LOCAL_DIRS=/bigdata/tmp/spark #Spark 临时文件目录
```

(3) 修改 conf/slaves 文件，将 Spark 集群的所有 Slave 节点的主机名都添加进去(前提是已经配置了 hosts 文件)，每个主机名占一整行，内容如下：

```
node1
node2
node3
node4
node5
```

(4) 将 Spark 的安装目录复制到其他节点的相同目录下(本章统一放置于/bigdata 下)，并将每个节点中 spark-env.sh 文件的 SPARK_LOCAL_IP 项修改为所在节点的 hostname(或 IP 地址)。

(5) 修改各个节点的环境变量文件，在其中加入以下内容：

```
export SPARK_HOME=/bigdata/spark
export PATH=$PATH:$SPARK_HOME/bin
```

(6) 执行以下命令，刷新环境变量文件：

```
source /etc/profile
```

(7) 分别在每个节点上执行以下命令，查看环境变量是否配置正确：

```
spark-shell –version
```

若输出以下信息，则说明配置正确：

```
Welcome to
      ____              __
     / __/__  ___ _____/ /__
    _\ \/ _ \/ _ `/ __/  '_/
   /___/ .__/\_,_/_/ /_/\_\   version 2.2.0
      /_/
```

```
Using Scala version 2.11.8, Java HotSpot(TM) 64-Bit Server VM, 1.8.0_131
Branch
Compiled by user jenkins on 2017-06-30T22:58:04Z
Revision
Url
Type --help for more information.
```

4. 启动 Spark 集群

在 node1 上节点上执行以下命令，启动 Spark 集群：

```
/bigdata/spark/sbin/start-all.sh
```

Spark 集群启动后，在浏览器中输入网址 http://node1:8080/并访问，可以查看 Spark 集群的运行状态，如图 11-4 所示。可以看到，各个 Slave 节点都已经启动。

Workers

Worker Id	Address	State	Cores	Memory
worker-20[illegible]163525-192.168.1.79-39927	192.168.1.79:39927	ALIVE	4 (0 Used)	29.8 GB (0.0 B Used)
worker-201[illegible]163526-192.168.1.78-41873	192.168.1.78:41873	ALIVE	4 (0 Used)	29.8 GB (0.0 B Used)
worker-201[illegible]163527-192.168.1.77-43322	192.168.1.77:43322	ALIVE	4 (0 Used)	29.8 GB (0.0 B Used)
worker-20[illegible]163528-192.168.1.75-41871	192.168.1.75:41871	ALIVE	4 (0 Used)	29.8 GB (0.0 B Used)
worker-20[illegible]163528-192.168.1.76-46068	192.168.1.76:46068	ALIVE	4 (0 Used)	29.8 GB (0.0 B Used)

图 11-4　Spark 集群运行状态

至此，Spark 集群部署完成。

11.3　Spark Shell 命令操作

Spark Shell 是 Spark 提供的交互式编程工具。Linux 的 Bash 或 Windows 的 CMD 就可以被认为是一种交互式编程环境。但与这些交互式编程语言或环境不同的是，Spark Shell 所执行的工作是基于集群中的多个节点来分布式完成的，整个处理过程由 Spark 自动进行分发。基于该特性，Spark 可以在几秒内完成较为复杂的计算，特别是在数十个节点中处理 TB 级的数据时，它的优势就更加明显。因此，Spark Shell 尤其适合进行交互式的探索性数据分析。

Spark 提供了基于 Python、Scala 和 R(仅支持 DataFrame 相关 API)三种语言的 Shell，这三种 Shell 都能够与集群连接，读者可根据自身情况，选择其中的任何一种语言访问 Spark Shell。

下面将通过几个简单示例，基于 Scala 语言对 Spark Shell 进行介绍。

1. 启动和退出 Spark Shell

启动 Shell 的命令放置于 SPARK_HOME/bin 目录下，在该目录下执行以下命令，可以启动 Spark Shell：

```
spark-shell --master local[2]
```

其中，选项--master 声明了分布式集群的主节点的 URL(如果为 local 则代表本地模式)；使用选项--help，可以查看该命令所包含的其他所有选项。

执行以下命令，可以退出 Spark Shell：

```
scala> :quit
```

执行以下命令，可以进入基于 Python 或 R 语言的 Spark Shell：

```
#进入 Python Spark Shell：
pyspark
#进入 R Spark Shell：
sparkR
```

2．DataSet 操作示例

DataSet 是一种分布式的数据项集合，是 Spark 的基础抽象。DataSet 可以由 Hadoop 的 InputFormat 类型(如 HDFS 文件或本地文件)创建，也可以由其他 DataSet 转化而来。下面通过几个实例简单介绍 DataSet 的基本操作。

(1) 执行以下命令，以集群模式启动 Spark Shell：

```
spark-shell --master spark://node1:7077
```

(2) 执行以下命令，通过 Spark 本地主目录下的 README.md 文件创建一个名为 theFile 的 DataSet：

```
scala> val theFile = spark.read.textFile("file:///bigdata/spark/README.md")
theFile: org.apache.spark.sql.Dataset[String] = [value: string]
```

(3) 执行以下命令，可以通过行动操作直接获取 textFile 中的数据：

```
scala> theFile.count() // 获取 theFile 中数据的数量(行数)
res0: Long = 103 //  该结果会因 README.md 文件具体内容不同而发生变化

scala> theFile.first() // 获取第一行数据
res1: String = # Apache Spark
```

(4) 使用 filter 方法，从 theFile 中过滤出含有字符串“Spark”的行，将 theFile 转化为由含有字符串“Spark”的行组成的新 DataSet，并命名为 linesWithSpark，代码如下：

```
scala> val linesWithSpark = theFile.filter(line => line.contains("Spark"))
linesWithSpark: org.apache.spark.sql.Dataset[String] = [value: string]

scala> linesWithSpark.count() // 获取 linesWithSpark 中数据的数量(行数)
res2: Long = 20
```

(5) 获取 READMEN.md 中含有字符串“Spark”的行数，代码如下：

```
scala> spark.read.textFile("file:///bigdata/spark/README.md").filter(line => line.contains("Spark")).count()
res3: Long = 20
```

3．单词计数(WordCount)示例

使用 Spark Shell 可以简洁、高效地实现 MapReduce 中的 WordCount 程序。本例中，我们将数据文件 README.md 置于 HDFS 中的/test 目录下，然后仍以集群模式启动 Spark Shell，并依次执行如下操作：

```
scala> val file = spark.read.textFile("/test/README.md").rdd
file: org.apache.spark.rdd.RDD[String] = /test/README.md MapPartitionsRDD[1] at textFile at <console>:24

scala> val count = file.flatMap(line => line.split(" ")).map(word => (word,1)).reduceByKey(_+_)
count: org.apache.spark.rdd.RDD[(String, Int)] = ShuffledRDD[4] at reduceByKey at <console>:26

scala> count.collect() //返回 RDD 中的所有元素
res0: Array[(String, Int)] = Array((package,1), (this,1), (Version"](http://spark.apache.org/docs/latest/building-
spark.html#specifying-the-hadoop-version),1), (Because,1), (Python,2),
(page](http://spark.apache.org/documentation.html).,1), (cluster.,1), ([run,1), (its,1), (YARN,,1), (have,1),
(general,3), (pre-built,1), (locally,2), (locally.,1), (changed,1), (sc.parallelize(1,1), (only,1), (Configuration,1),
(This,2), (first,1), (basic,1), (documentation,3), (learning,,1), (graph,1), (Hive,2), (info,1), (["Specifying,1),
("yarn",1), ([params]`.,1), (several,1), ([project,1), (prefer,1), (SparkPi,2), (<http://spark.apache.org/>,1),
(engine,1), (version,1), (file,1), (documentation,,1), (MASTER,1), (example,3), (are,1), (systems.,1), (params,1),
(scala>,1), (DataFrames,,1), (provides,1)...

scala> count.saveAsTextFile("file:///home/test/output") // 将 RDD 中的元素持久化到本地文件系统中
```

上述操作首先加载数据文件 READMEN.md。其中，spark 是在启动 Spark Shell 时自动创建的 SparkSession 对象，它通过 textFile()方法读取文件，最终得到一个名为 file 的 RDD 对象，READMEN.md 中的每一行数据就是 file 中的一个记录(Record)。

接下来是整个操作的核心部分。首先，对 file 中的每个记录(即原数据文件中的每一行)以空格进行切分，flatMap()方法的作用是在 map()方法的基础上将切分的记录做扁平化处理，即切分后的每个单词都是一个新记录；其次，由 map()将每个单词组成一个(key,value)形式的元组(本例中为(word,1))，即将切分出的单词 word 作为 key，将 1 作为 value；最后的 reduceByKey()方法会将 key 相同的记录收集到一起，对其 value 进行迭代相加操作，最终得到一个数组 count，其元素是(key,value)形式的元组，其中 key 是切分出的单词，value 是该单词出现的次数。

对数组 count 调用 collect()方法，可以输出 count 中的所有元素；对 count 调用 saveAsTextFile()方法，可以将其中的数据持久化到文件系统中。本例使用 saveAsTextFile()方法，将最终结果持久化到了 Spark Shell 所在节点的本地文件系统中，可以在/home/test/output 中查看输出结果。

11.4 Spark 编程

Spark 是基于 Scala 语言开发的，因此对 Scala 语言兼容性最好，但同时 Spark 也提供了 Java 语言和 Python 语言的 API。另外，Spark 也开始支持 R 语言的部分功能。

本节介绍如何在独立应用程序中使用 Spark 相关接口，以及如何将独立应用程序部署到 Spark 集群中。如无特殊说明，本节示例全部基于 Scala 语言编写。

11.4.1 IntelliJ IDEA 开发环境搭建

IntelliJ IDEA 是一款支持 Java、Scala 和 Groovy 等语言的开发工具，支持目前大多数主流的技术和框架，主要用于企业应用、移动应用和 Web 应用的开发。IntelliJ IDEA 被许多开发者认为是当前最好的程序开发工具，也是本书开发 Scala 程序的首选工具。

Scala 语言是一个类 Java 语言，它与 Java 都具有基于 JVM 运行的跨平台特性，但与 Java 不同的是：Scala 同时支持面向对象编程和面向函数编程(注：最新的 Java 版本也开始逐渐支持面向函数)，另外 Scala 还可以作为一门脚本语言使用。

下面以 Windows 系统为例，介绍 IntelliJ IDEA + Scala + Maven 开发环境的搭建与使用方法。

1. 准备工作

(1) 安装 Windows 7 64 位系统。

(2) 安装 JDK，本书使用的版本为 1.8.0_131。

(3) 安装 Maven，本书使用的版本为 3.5.0。

(4) 下载 Scala 与 IntelliJ IDEA 安装文件，程序版本与下载地址如表 11-3 所示。

表 11-3 IntelliJ IDEA 开发环境搭建所需的安装包信息

名称	官网地址	版本	安装包类型
Scala	www.scala-lang.org/	2.11.12	zip
IntelliJ IDEA	www.jetbrains.com/idea/	Ultimate 2017.1.1	exe

注意：Spark 2.2.0 官方指定的 Scala 兼容版本为 2.11.x，因此不建议使用包括最新版在内的其他 Scala 版本。

2. 安装 Scala

(1) 将 Scala 安装包解压到合适位置(如 C:\Scala)，此时 Scala 的根目录为 C:\Scala\scala-2.11.12。

(2) 在桌面的【计算机】图标上单击鼠标右键，在弹出的菜单中选择【属性】命令，在弹出的窗口中，单击左侧边栏中的【高级系统设置】命令，在弹出的【系统属性】对话框中，单击【高级】选项卡右下角的【环境变量】按钮。在弹出的【环境变量】对话框中，单击【系统变量】列表框下方的【新建…】按钮，如图 11-5 所示。

图 11-5 设置系统环境变量

在弹出的【新建系统变量】窗口中，设置【变量名】为“SCALA_HOME”，【变量值】为“C:\Scala\scala-2.11.12”，然后单击【确定】按钮，如图 11-6 所示。

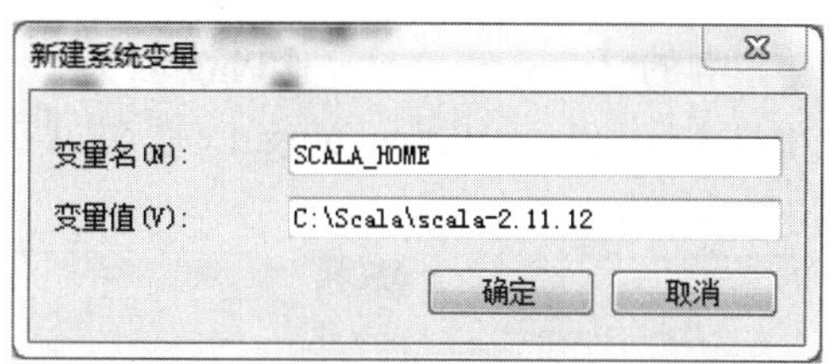

图 11-6 新建 SCALA_HOME 系统环境变量

(3) 修改系统变量 Path。在【环境变量】对话框的【系统变量】列表框中，选择变量名为“Path”的环境变量，然后单击下方的【编辑】按钮，在弹出的【编辑系统变量】对话框中，在【变量值】后面的文本框中添加 SCALA_HOME 的 bin 目录的路径“%SCALA_HOME%\bin”(与前后的路径之间用分号隔开)，然后单击【确定】按钮，如图 11-7 所示。

图 11-7 配置 Scala Path 变量

(4) 启动 CMD，输入以下命令，如果输出第二行的结果，则说明 Scala 安装成功：

```
> scala -version
Scala code runner version 2.11.12 -- Copyright 2002-2017, LAMP/EPFL
```

3．安装配置 IntelliJ IDEA

(1) IntelliJ IDEA 的安装包为.exe 格式，安装过程与一般的 Windows 软件安装过程相同，本书全部使用默认设置进行安装，具体步骤不再赘述。

(2) 安装完毕，启动 IntelliJ IDEA，弹出启动窗口【Welcome to IntelliJ IDEA】，如图 11-8 所示。

图 11-8　IntelliJ IDEA 启动窗口

(3) 选择启动窗口右下角的【Configure】/【Plugins】命令，弹出插件选择窗口【Plugins】，单击窗口下方的【Install JetBrains plugin…】或【Browse repositories…】按钮，如图 11-9 所示。

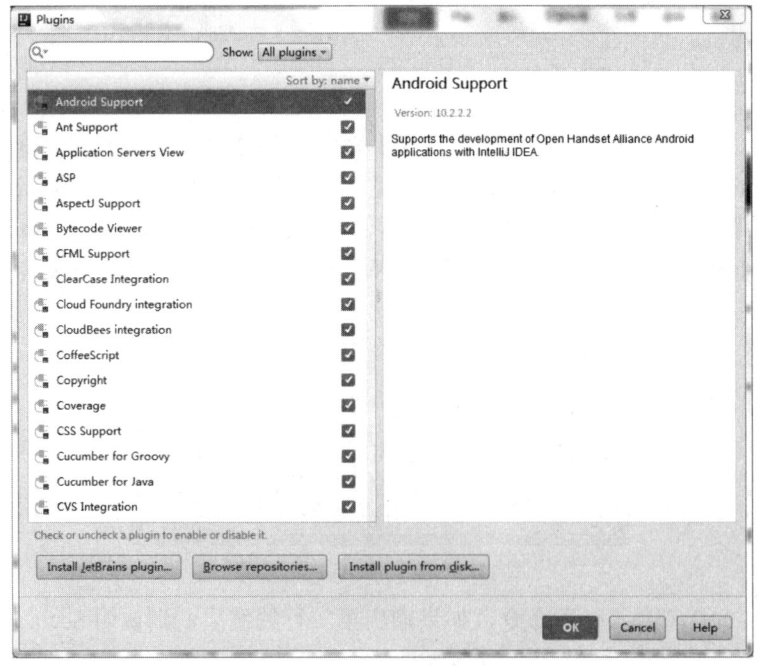

图 11-9　选择 IntelliJ IDEA 插件

(4) 在弹出的【Browse JetBrains Plugins】窗口左上角的搜索框中搜索关键字"scala"，选择搜索结果中的插件 Scala，然后单击窗口右侧的【Install】按钮，如图 11-10 所示。

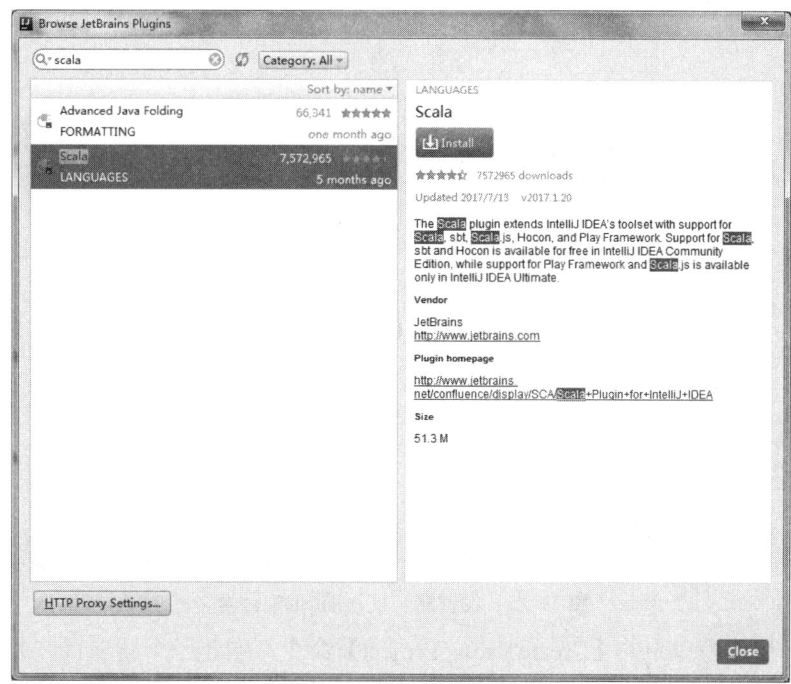

图 11-10　搜索并安装 Scala 插件

(5) 等待下载安装完成后，根据提示，重启 IntelliJ IDEA 使其生效即可。

程序重启之后，IntelliJ IDEA 以及 Scala 插件就安装完成了，接下来创建 Scala 项目。

4. 创建由 Maven 管理的 Scala 项目

(1) 启动 IntelliJ IDEA，在启动窗口的右下角选择【Configure】/【Project Defaults】/【Project Structure】命令，配置项目的默认 SDK 环境，如图 11-12 所示。

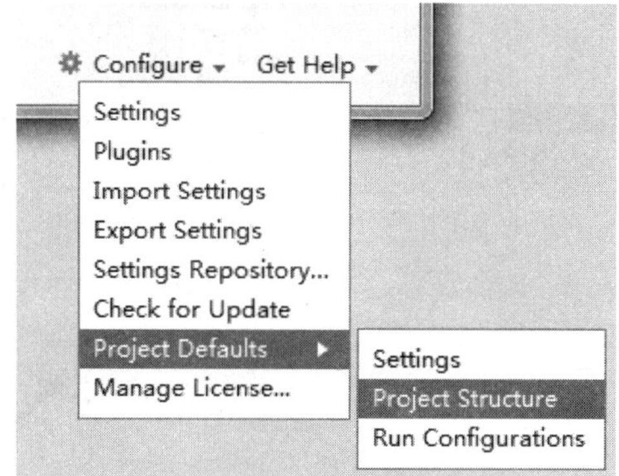

图 11-11　进入默认 SDK 环境配置

(2) 在出现的【Default Project Structure】窗口中，单击左侧边栏中的【Project】项，然后单击窗口右侧【Project SDK】下方的【New...】按钮，将项目使用的默认 SDK 设置

为本机 JDK，设置完成后单击【OK】按钮，返回启动窗口，如图 11-12 所示。

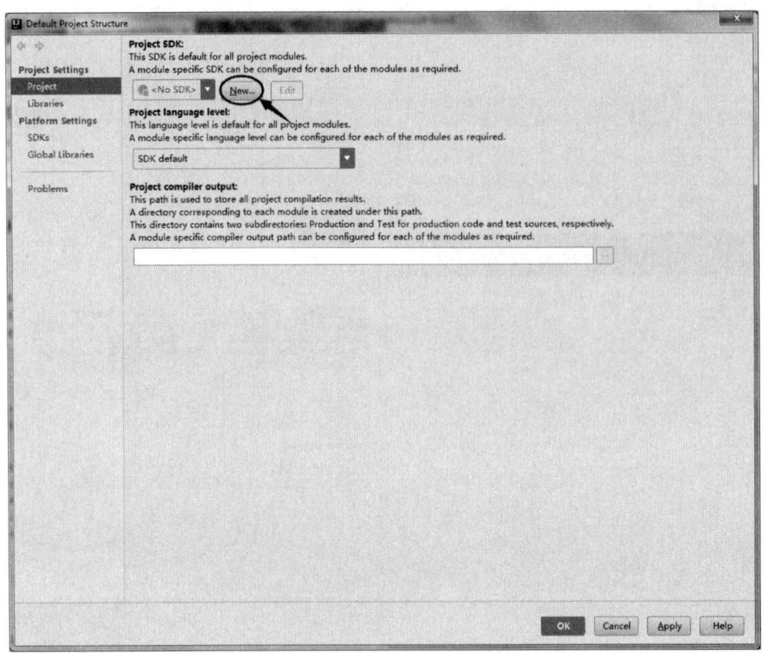

图 11-12　设置默认使用的 SDK 环境

(3) 选择启动窗口中的【Create New Project】命令，创建一个新项目，此时会弹出新建项目窗口【New Project】，在窗口左侧的列表中选择【Maven】，然后在窗口右侧勾选【Create from archetype】，在下面出现的条目中选择【scala-archetype-simple】，然后单击【Next】按钮，进入下一步设置，如图 11-13 所示。

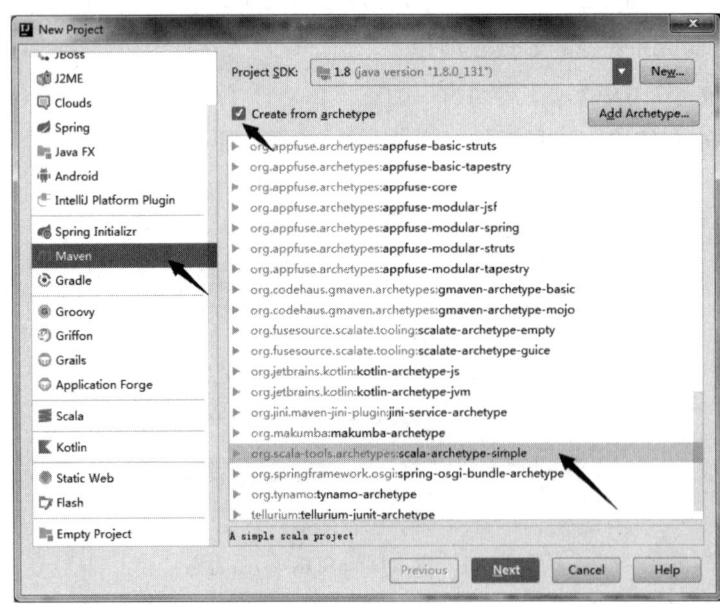

图 11-13　选择新建 Maven 项目的类型

(4) 在弹出的【New Project】窗口中，将新建 Maven 项目的【Maven home directory】(主目录)设置为本地 Maven 地址，将【User settings file】(配置文件)设置为指向 Maven 项目的本地配置文件地址，设置完毕后单击【Next】按钮，如图 11-14 所示。

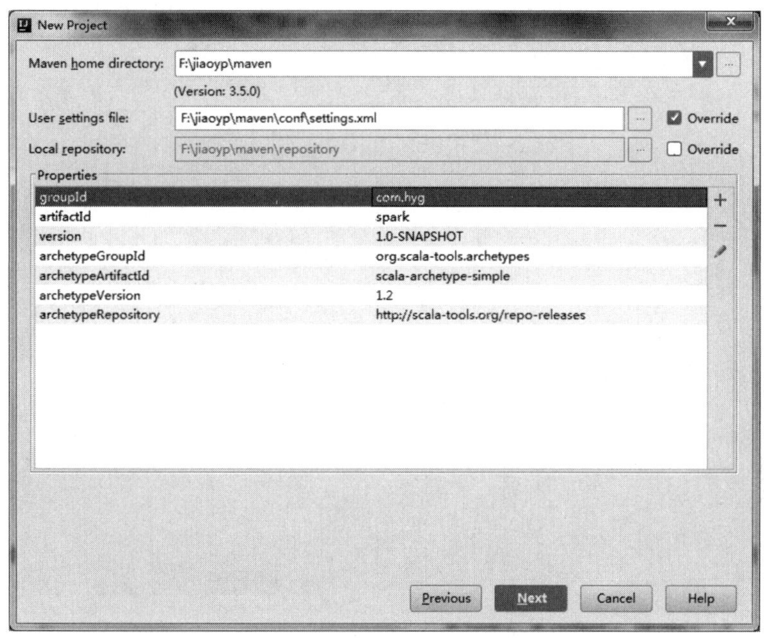

图 11-14　配置新建 Maven 项目

在接下来出现的窗口中，将【GroupId】(组 ID)的值设置为“com.hyg”，将【ArtifactId】(成员 ID)的值设置为“spark”，其他项保持默认。设置完毕后单击【Next】按钮，如图 11-15 所示。

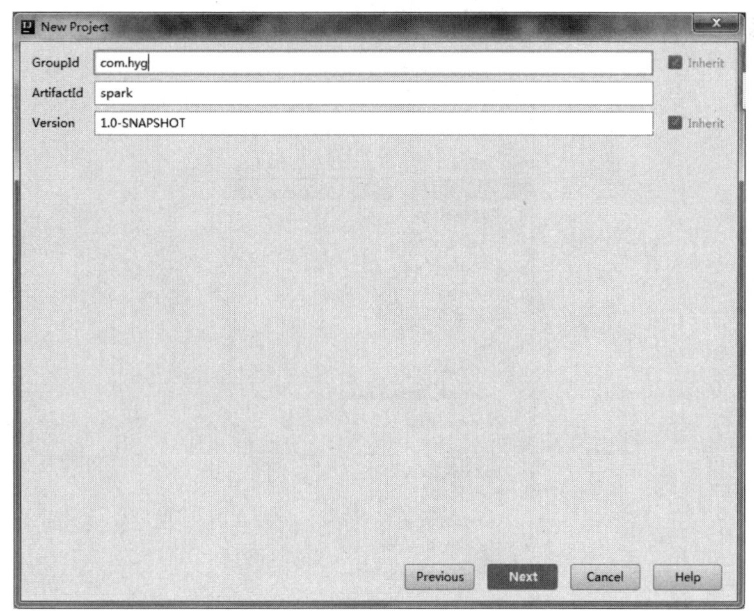

图 11-15　设置 Maven 项目坐标

在接下来出现的窗口中，将【Project name】(项目名称)设置为“HelloScala”，将【Project location】(项目位置)设置为自定义路径，然后单击【Finish】按钮，等待 Maven 项目创建完成，如图 11-16 所示。

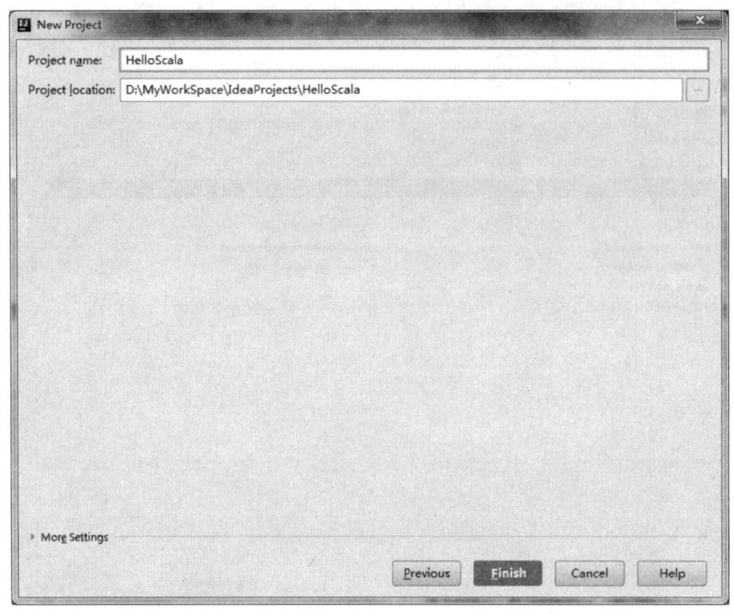

图 11-16　设置 Maven 项目的名称和路径

(5) 项目创建完成后会进入 IntelliJ IDEA 的主界面，单击主界面导航栏中的【File】按钮，在下拉菜单中选择【Project Structure…】命令，配置新建 Maven 项目的 SDK 环境，如图 11-17 所示。

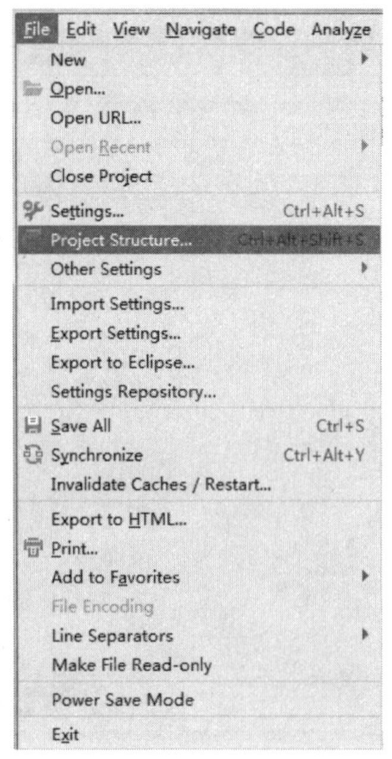

图 11-17　配置 Maven 项目的 SDK 环境

(6) 在弹出的【Project Structure】窗口中，选择左侧边栏中的【Global Libraries】命令，然后选择右侧【New Global Library】列表框中的【Scala SDK】项，为新建的 Maven 项目添加 Scala SDK，如图 11-18 所示。

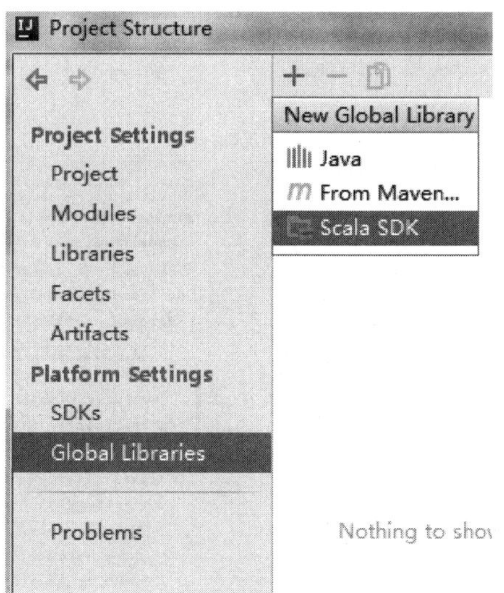

图 11-18　为 Maven 项目添加 Scala SDK

选择已经安装在系统中的 Scala SDK，注意版本是否与所使用的 Spark 相匹配，如不匹配，则单击【Browse...】按钮，指定匹配的 Scala SDK 的目录，然后单击【OK】按钮确认，如图 11-19 所示。

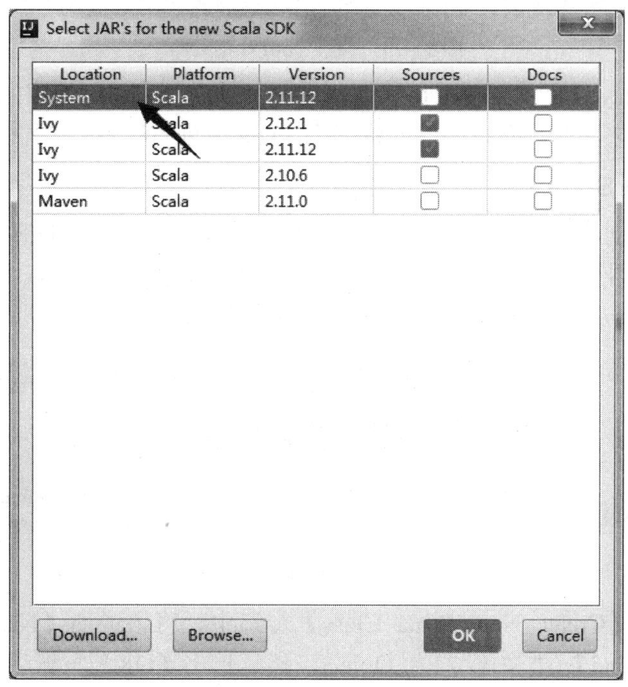

图 11-19　选择 Maven 项目使用的 SDK

(7) 退回 IntelliJ IDEA 主界面，选择界面左侧目录树中的 pom.xml 文件图标，在右侧编辑该文件的内容，将其中的 scala.version 项改为当前所使用的 Scala 版本号 2.11.12，如图 11-20 所示。

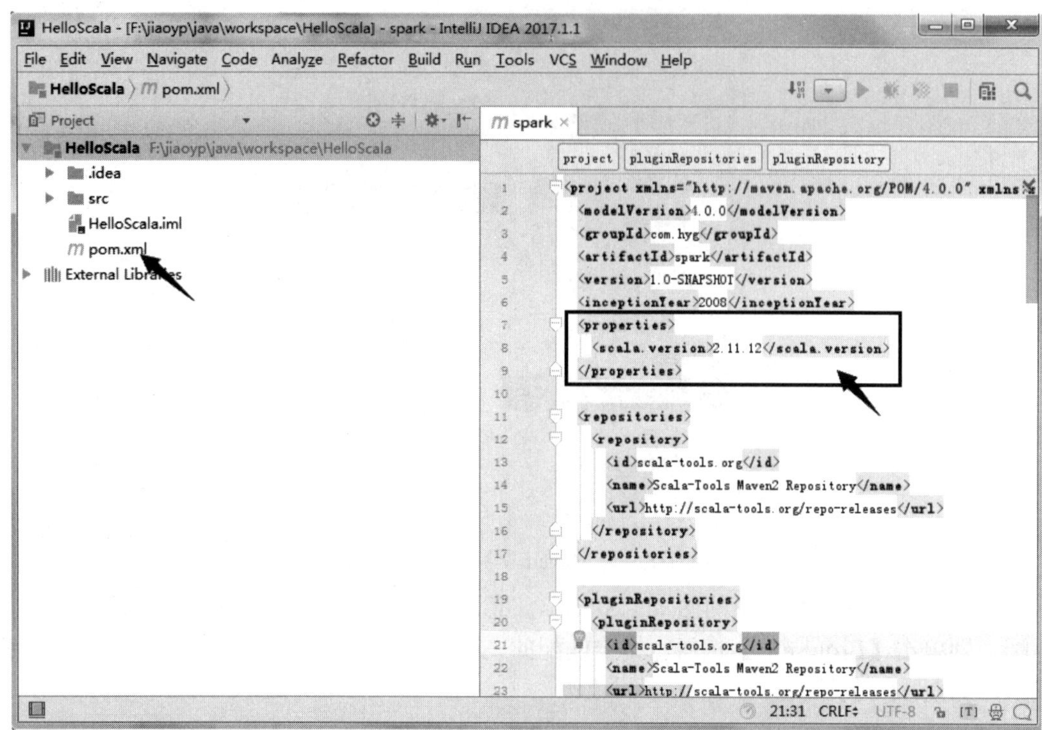

图 11-20　修改 pom.xml 文件

至此，基于 Maven 的 Scala 项目就创建完成了，同时本章所使用的 Scala 开发环境也搭建完成了，接下来我们将介绍如何创建一个 Scala 项目的程序。

5. 创建并测试 Scala 程序

下面介绍如何创建一个可执行的 Scala 程序，以输出结果“Hello Scala!”。

(1) 在窗口左侧目录树中的 com.hyg 包的图标上单击鼠标右键，在弹出窗口中选择【New】/【Scala Class】命令，新建一个 Scala 类，如图 11-21 所示。

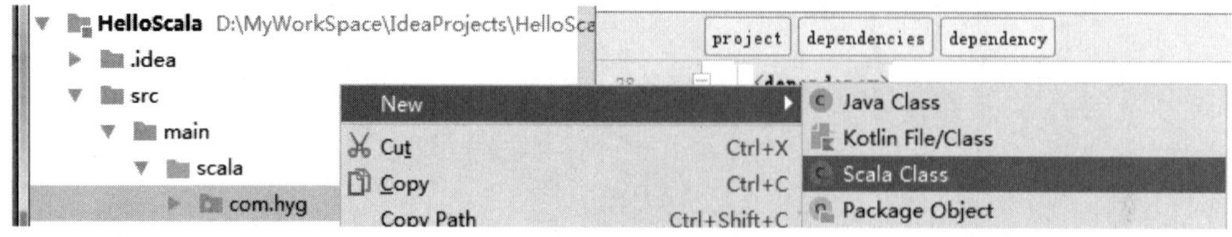

图 11-21　新建 Scala 类

(2) 在弹出的【Create New Scala Class】窗口中，将该类的【Name】(名称)设置为“HelloScala”，【Kind】(类型)设置为 Object，然后单击【OK】按钮，完成类的创建，如图 11-22 所示。

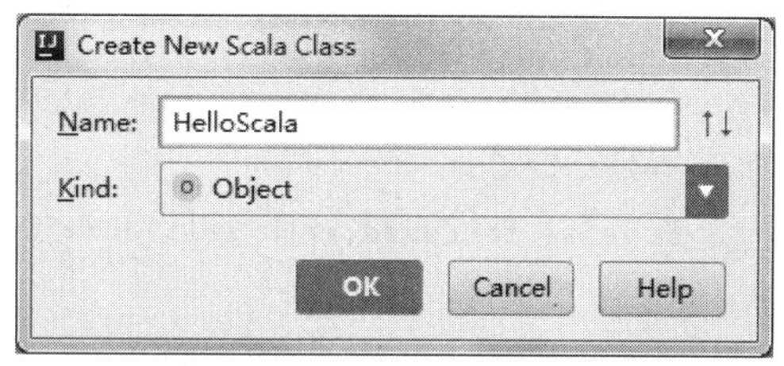

图 11-22　设置 Scala 类的名称和类型

(3) 新创建的 Scala Class 会默认包含以下代码：

```
object HelloScala {
  def main(args: Array[String]) {
    print("Hello Scala!")
  }
}
```

(4) 在代码的空白处单击鼠标右键，在弹出的菜单中选择【Run 'HelloScala'】命令，测试该 Scala 程序，如图 11-23 所示。

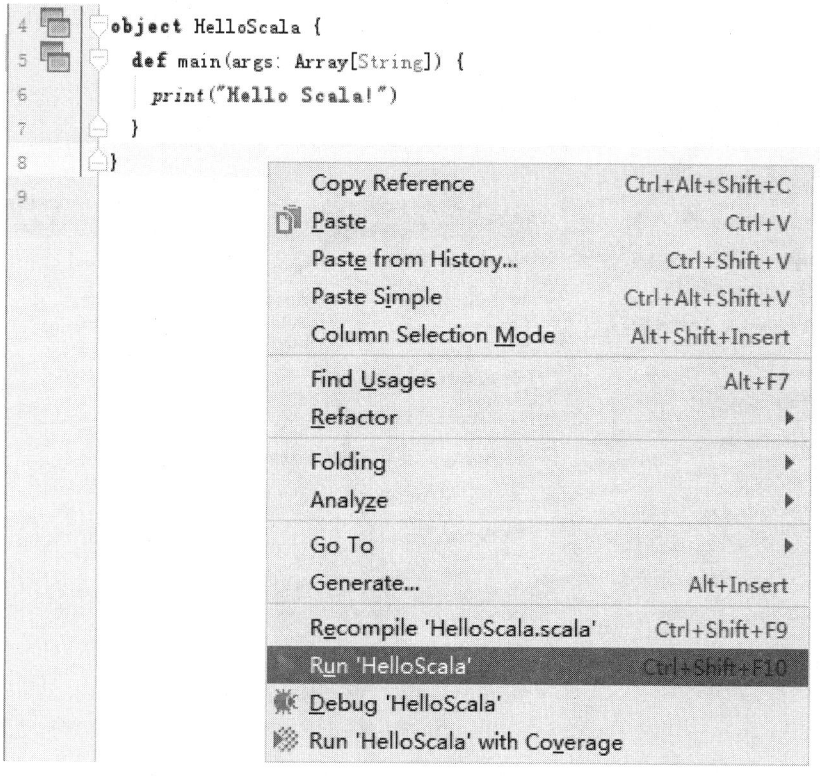

图 11-23　测试 Scala 程序

若看到输出结果“Hello Scala!”，表明程序测试成功，如图 11-24 所示。

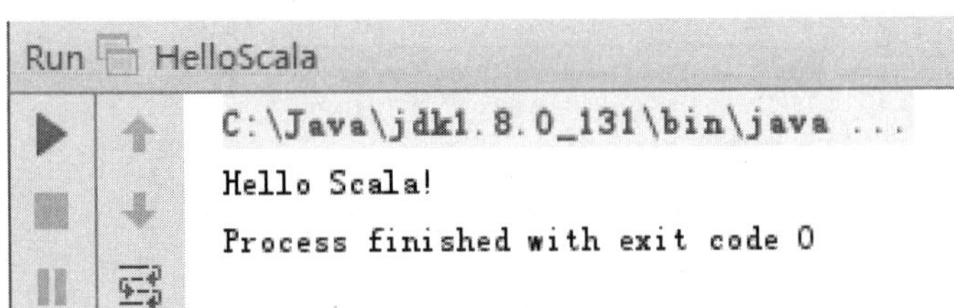

图 11-24　测试结果

注意：如果测试过程中报错，可以将 test 目录中的类删除后再行测试。

上述 Scala 程序测试成功，标志着 IntelliJ IDEA +Maven+ Scala 环境已经安装成功。

6. 运行 Scala 程序

正式运行 Scala 程序时，要在 IntelliJ IDEA 中使用插件 Assembly，将程序本身及所有依赖包打入同一个 jar 包中，这样在运行程序时就不需考虑当前系统的 CLASSPATH 环境变量中是否已经准备好相关依赖包。

Assembly 插件的安装配置方法与 eclipse 中的 Java 项目安装配置方法完全相同，此处不再赘述。但 IntelliJ IDEA 的打包操作方式与 eclipse 有所不同，下面进行详细介绍。

(1) 单击 IntelliJ IDEA 主界面导航栏中的【Help】按钮，在下拉菜单中选择【Find Action…】命令，在弹出的【Enter action or option name:】窗口的搜索栏中输入“maven”，选择搜索结果中的【Maven Projects】(Maven 项目)，如图 11-25 所示。

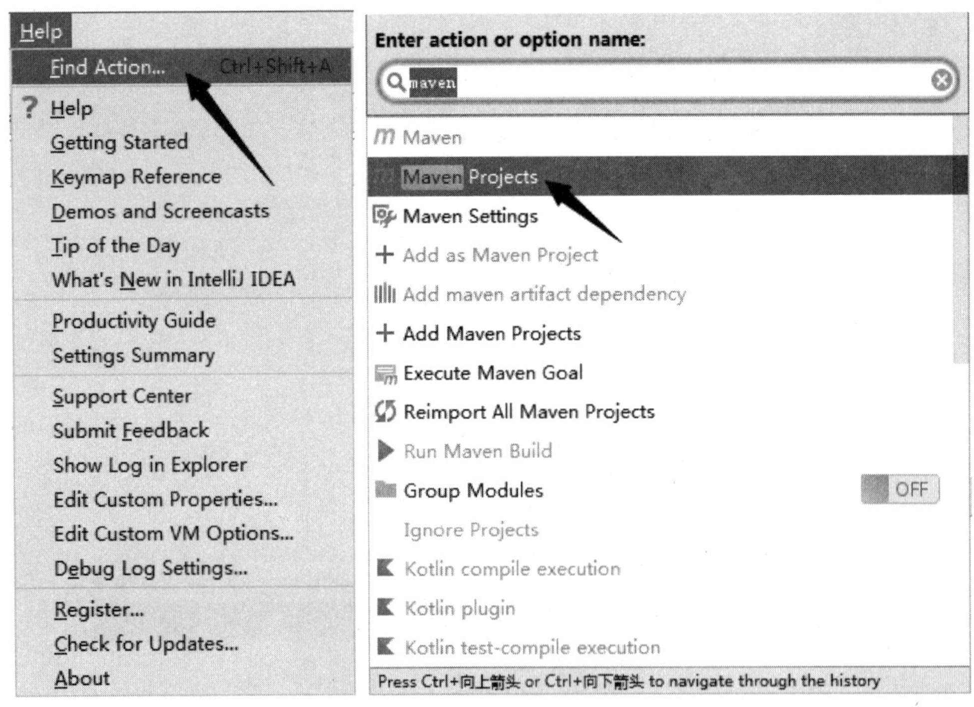

图 11-25　查找 Maven 项目

(2) 在出现的【Maven Projects】窗口中，单击目录树中的【Lifecycle】图标，在展开目录中的【install】项上单击鼠标右键，在弹出的菜单中选择【Run 'spark [install]'】命令，开始打包 Maven 项目，如图 11-26 所示。

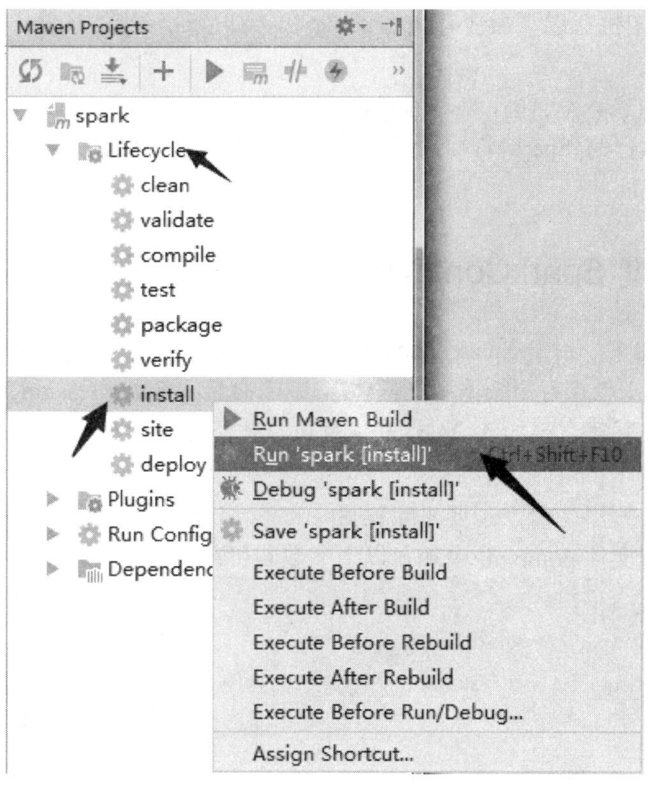

图 11-26　打包 Maven 项目

打包完成后，在主界面右侧目录树中的 target 目录下会出现生成的 jar 包，如图 11-27 所示。

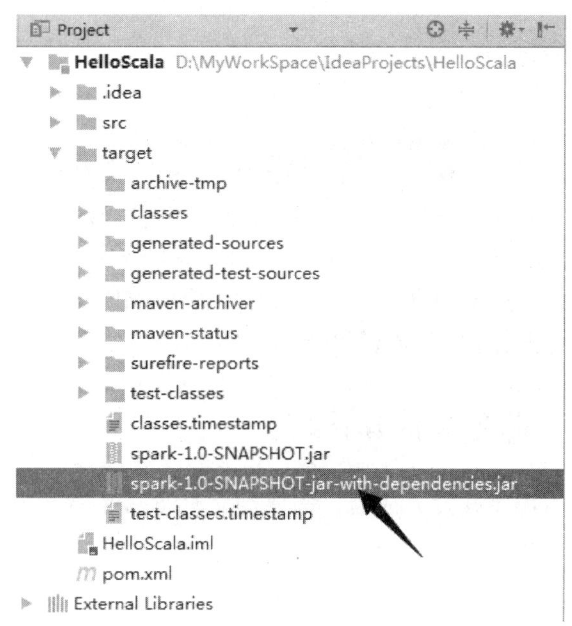

图 11-27　打包完成的 jar 包所在目录

(3) 在 CMD 中执行以下命令，运行该 jar 包，如果能输出“Hello Scala!”，则说明打包成功：

```
java -cp .\target\spark-1.0-SNAPSHOT-jar-with-dependencies.jar com.hyg.HelloScala
```

对于分布式执行的 Spark 程序而言，该 jar 包可以直接提交到集群中运行，而不用担心 Worker 找不到类。

11.4.2 初始化 SparkContext

在 Spark Shell 模式中，Spark Shell 初始化后直接提供了以 sc 命名的 SparkContext 实例供用户使用(Spark 2.0 后的版本中还提供了以 ss 命名的 SparkSession 对象)。而在独立的应用程序中，用户需要自己加入 Maven 依赖包，才能使用其中的 SparkContext 类进行相关操作。

在编写 Spark 程序之前，需要先配置 Spark 的 Maven 依赖。以前面建立的 Maven 项目为例，在其配置文件 pom.xml 中加入以下参数即可：

```
<dependency>
      roupId>org.apache.spark</groupId>
      <artifactId>spark-core_2.11</artifactId>
      <version>2.2.0</version>
</dependency>
```

对依赖包中的 SparkContext 等对象进行初始化，代码如下：

```
import org.apache.spark.SparkConf
import org.apache.spark.SparkContext

object CreateRDD extends App{
  val sparkConf = new SparkConf().setAppName("CreateRDD").setMaster("local")
  val sc = new SparkContext(sparkConf)
}
```

上述代码中，首先构建了一个 SparkConf 对象，并通过该对象的 setAppName()方法和 setMaster()方法告诉 Spark 该独立应用程序的名称和需要连接到的集群 URL。本例中，将应用程序的名称设置为“CreateRDD”，将 Spark 集群的 URL 设置为“local”(即让应用在本机单线程中运行，主要用于开发测试等情况)。

11.4.3 向 Spark 提交应用程序

当一个独立的应用程序开发完成后，需要提交给 Spark 来运行。提交应用有两种方式：命令行提交和远程提交。

1. 命令行提交应用

使用命令行方式提交应用需要掌握如下要点：

(1) spark-submit 命令。可以使用 bin/spark-submit 命令向所有 Spark 支持的集群管理器提交 Spark 应用，这样就不需要专门配置集群管理器的类型。bin/spark-submit 命令的基本格式如下所示：

```
./bin/spark-submit \
  --class <main-class> \
  --master <master-url> \
  --deploy-mode <deploy-mode> \
  --conf <key>=<value> \
  ... # other options
  <application-jar> \
  [application-arguments]
```

该命令的常用选项解析如下：

- ✧ --class：应用程序的入口(例如 org.apache.spark.examples.SparkPi)。
- ✧ --master：集群主节点的 URL(例如 spark://23.195.26.187:7077)。
- ✧ --deploy-mode：指定该应用程序的 Driver 是部署在集群中(cluster)还是作为远程客户端部署在本地(client)。如果提交应用程序操作所在的节点离工作节点较远，则应该将 Driver 部署在集群中，反之则应部署在本地(部署在本地时，应用程序的输入和输出将与当前控制台直接相连)。该选项默认为 client。
- ✧ --conf：以<key>=<value>形式定义的 Spark 自定义配置属性。如果 value 包含空格，则需要使用外加引号的形式，即“<key>=<value>”。
- ✧ application-jar：独立应用程序包的路径。路径的 URL 必须在集群内是全局可见的，例如一个 hdfs://路径或者已经在所有节点部署的 file://路径。
- ✧ application-arguments：如果需要的话，可以使用该选项向主程序的主函数传递参数。

此外，使用--help 选项可以列出 spark-submit 命令的所有可用选项及其含义。

(2) Master URLs。可以向--master 选项传入的参数如表 11-4 所示。

表 11-4　--master 选项参数说明

参数形式	说　明
local	本地启动，且仅有一个 Worker 进程
local[K]	本地启动，且有 K 个 Worker 进程
local[K,F]	本地启动，有 K 个 Worker 进程，参数 F 用于指定配置项 spark.task.maxFailures 的值
local[*]	本地启动，Worker 进程数与本机的逻辑内核数相同
local[*,F]	本地启动，Worker 进程数与本机的逻辑内核数相同，参数 F 用于指定配置项 spark.task.maxFailures 的值
spark://HOST:PORT	连接到以独立模式部署的 Spark 集群，HOST 为集群中节点的 IP 或主机名，PORT 为节点连接集群所用的端口号，默认为 7077

续表

参数形式	说　明
spark://HOST1:PORT1, HOST2:PORT2	连接到基于 ZooKeeper 的高可用 Spark 集群(含有备用 Master 且以独立模式部署)。HOST 为该集群所有 Master 节点的 IP 或主机名，PORT1、PORT2 为每个 Master 节点连接集群的端口号，默认为 7077
mesos://HOST:PORT	连接到 Mesos 管理的 Spark 集群(略)
yarn	连接到 YARN 管理的 Spark 集群(略)

(3) 通过文件加载配置 spark-submit 命令可以从配置文件中加载 Spark 的配置项，并将它们传递到应用之中。默认情况下，spark-submit 会读取 Spark 目录下的配置文件 conf/spark-defaults.conf 中的配置项，通过这种方式，可以避免使用 spark-submit 重复配置一些配置文件中已有的配置项。例如，如果 spark.master 属性已在配置文件中配置，spark-submit 命令的--master 选项就可以省略。通常，在 SparkConf 对象中设置的配置项优先级最高，其次是通过 spark-submit 命令传递的，最后是存在于默认配置文件中的。如果不确定配置的来源是哪里，可以在 spark-submit 命令后面加上--verbose 选项，以打印详细的 debug 信息，查看其配置来源。

(4) 依赖包管理。在使用 spark-submit 命令提交应用程序时，所提交应用程序的 jar 包及该命令的--jars 选项所指示的依赖包都会被自动传送至 Spark 集群。--jars 选项指示的多个 URL 之间要以逗号分隔，这些 URL 会被纳入应用程序的 Driver 和 Executor 节点的 CLASSPATH 环境变量中。

事实上，每个应用的 jar 包和文件都会被复制到相应 Executor 节点的本地工作目录中(默认为 SPARK_HOME/work)，而一段时间后，这些 jar 包和文件会占用相当多的本地磁盘空间，因此需要对其进行清理。基于 YARN 的任务会自动完成清理工作，而基于 Spark 独立模式的任务，可在 SPARK_HOME/conf/spark-env.sh 中配置 spark.worker.cleanup.app DataTtl 选项，使其自动进行清理。

用户也可以通过--packages 选项设置由逗号分隔的 Maven 坐标，将需要的依赖包引入，同时所有传递性依赖包也将基于此选项传递。可以使用--repositories 选项指定依赖仓库的位置，各仓库的路径之间用逗号分隔。pyspark、spark-shell 和 spark-submit 命令皆可使用上述选项来引入依赖包。

2. 远程提交应用

上面介绍了如何使用 Spark 提供的命令 spark-submit 提交应用，本节将介绍如何在 IntelliJ IDEA 中远程提交应用。

远程提交应用的实质是在构建 SparkContext 时增加一个配置项，示例代码如下：

```
import org.apache.spark.SparkConf
import org.apache.spark.SparkContext

object CreateRDD extends App{
```

```
  val sparkConf = new SparkConf()
    .setAppName("CreateRDD")
    .setMaster("spark://node1:7077")
    .setJars(List("/path/to/your/spark/app/jar"))

  val sc = new SparkContext(sparkConf)
}
```

上述代码在构建 sparkConf 对象时调用了 setJars()方法，需要在其中传入储存在本地文件系统中的 jar 包的路径，SparkContext 对象会根据该路径找到 jar 包并提交给集群。因此在远程提交应用之前要将 jar 包打好。

如果应用提交成功，可以在 Spark 监控界面的【Running Applications】一栏中看到应用的运行情况以及日志，应用运行完毕后会被移入【Completed Applications】一栏。

11.4.4 RDD 编程

本小节将介绍 RDD 的常用操作接口及使用方法。

1．创建 RDD

创建 RDD 有两种方式：一种是在 Driver 中分发已存在的数据集合(也可理解为对已存在的数据集合进行并行化)；另一种是与外部存储系统(如 HDFS、HBase 等)中的数据相关联。下面分别介绍这两种方式。

1) 对数据集进行并行化

数据集的并行化可以通过对 Driver 程序中已经存在的数据集调用 SparkContext 的 parallelize()方法来创建，数据集中的元素会被复制，以构造一个可以并行处理的分布式数据集。例如，下面的命令就将一个由 1 到 5 数字组成的数组进行了并行化，创建了分布式数据集 distData：

```
val data = Array(1, 2, 3, 4, 5)
val distData = sc.parallelize(data)
```

分布式数据集(即上面代码中的 distData 变量)被创建后，就可以对它进行并行式的操作。例如，可以使用以下命令，求得数组中元素的和：

```
distData.reduce((a, b) => a + b)
```

集合的并行化过程中有一个重要参数，用来指定数据集被分区的数量。Spark 针对每一个分区启动一个 Task，集群中的每个 CPU 一般可以处理 2～4 个分区。通常情况下，Spark 会根据集群的情况自动设置分区的数量，此时分区方法 parallelize()只有一个参数 data，用来指定被分区的数据集；而如果需要手动设置分区数量，则需向分区方法传递第二个参数，示例代码如下：

```
sc.parallelize(data, 10)
```

2) 关联外部数据集

Spark 可以从任何 Hadoop 支持的外部数据源创建分布式数据集，包括本地文件系统、HDFS、Cassandra、HBase、Amazon S3 等。Spark 支持 text 文件、序列化文件和任何其他 Hadoop InputFormat 所包含的文件类型。

text 文件的 RDD 可以通过 SparkContext 的 textFile()方法创建。这个方法以文件的 URI(可以是本地路径，也可以是 hdfs://、s3n://等 URI 协议的格式)作为参数，读取后可以获得一个以文件的行为元素的集合，示例代码如下：

```
scala> val distFile = sc.textFile("data.txt")
distFile: org.apache.spark.rdd.RDD[String] = data.txt MapPartitionsRDD[10] at textFile at <console>:26
```

在 Spark 读取数据时需注意以下几点：

(1) 当使用本地文件系统路径时，数据文件应事先放置在每个 Worker 节点的相应路径中。可以用复制的方式，也可以使用挂载到网络的共享文件系统。

(2) Spark 中所有基于文件的数据读取方式(包括 textFile)可接收的参数都支持目录、压缩文件和通配符，示例代码如下：

```
val distFile = sc.textFile("/my/directory")
val distFile = sc.textFile("/my/directory/compressedFile.gz")
val distFile = sc.textFile("/my/directory/*.txt")
```

(3) textFile()方法具有第二个可选参数，用来控制文件的最小分区数量。默认情况下，Spark 会将每个块作为一个分区(HDFS 中默认一个块的大小为 128 MB)，可以传入较大的值来提高分区的数量，但要注意分区数不能小于块的数量。

除了 text 类型的文件以外，Spark 的 Scala API 还支持以下几种数据类型：

✧ SparkContext.wholeTextFiles()方法会读取目录中所有 text 类型的文件，并把每个文件以(文件名,内容)对的形式返回，而 textFile()方法是将文件中的每个行作为一条数据记录返回。分区的数量由数据记录的位置决定，但有时候可能会出现分区过少的情况，所以 wholeTextFiles()方法提供一个可选的参数来控制最小分区数量。

✧ 可以使用 SparkContext.sequenceFile[K, V]()方法读取序列化文件(对应于 Hadoop 的 SequenceFileInputFormat 类)，其中的 K 和 V 对应文件中的 Key 和 Value 类型，这些类型应当是 Hadoop 中 Writable 接口的子类，例如 IntWritable 和 Text。对于一些常用的 Writable 子类，Spark 允许用户直接指定基本数据类型，例如 sequenceFile[Int, String]就可以自动读取 IntWritables 和 Texts 类型的数据。

✧ 对于其他的 Hadoop InputFormat 文件，可以使用 SparkContext.hadoopRDD()方法来读取。该方法可以接收 JobConf、inputFormatClass、keyClass、valueClass 等参数，这些参数的设置方式与设置一般 Hadoop 任务输入源的方式是相同的。而对于新一代 MapReduce API(org.apache.hadoop.mapreduce)，则可以使用 SparkContext.newAPIHadoopRDD()方法来调用。

✧ 可以使用 RDD.saveAsObjectFile()和 SparkContext.objectFile()方法将 RDD 储存为 Java 序列化文件。

2. RDD 操作

前面已经提到，RDD 被创建后是只读的，无法被修改，因此一个创建完成的 RDD 只支持两种操作：转化操作和行动操作。

转化操作会返回一个新的 RDD，而行动操作则会向 Driver 返回一个或一组结果，并将这些结果写入存储系统。可以通过查看某个操作的返回对象的类型来判断它是哪一种操作：如果返回的是 RDD 则是转化操作，否则就是行动操作。

下面分别介绍 RDD 的转化操作和行动操作。

1) 转化操作

转化操作其实就是 RDD 的一个成员方法，该方法会对 RDD 中的元素进行相应的操作，然后生成一个新的 RDD 对象。RDD 的常用转化操作如表 11-5 所示。

表 11-5　RDD 常用转化操作

转化操作	说　明
map(func)	返回一个新 RDD，该 RDD 的每个元素是原 RDD 中每个元素经过函数参数 func 处理后的返回值
filter(func)	返回一个新 RDD，该 RDD 的元素由原 RDD 中使函数参数 func 的返回值为 True 的元素组成
flatMap(func)	与 map 操作类似，但每个输入给函数参数 func 的元素会返回 0 到多个 RDD 元素(因此 func 的返回值应当是 Seq 类型)
mapPartitions(func)	与 map 操作类似，但该操作会在 RDD 的各个分区(分块)上分别执行，因此当该操作在一个元素为 T 类型的 RDD 中执行时，函数参数 func 的形式必须是 Iterator<T> => Iterator<U>
mapPartitionsWithIndex(func)	与 mapPartitions()方法类似，但这里需要向函数参数 func 提供一个整型变量来代表分区(分块)的索引，因此 func 的形式必须是(Int, Iterator<T>) => Iterator<U>
sample(withReplacement, fraction, seed)	对 RDD 数据集进行抽样。其中，参数 withReplacement 指定是否使用有放回的抽样，设置为 True 时为放回，采样服从泊松分布，设置为 False 时为不放回，采样服从伯努利分布；参数 fraction 指定抽样比例，取值在(0,1]之间；参数 seed 指定随机数生成器的种子
union(otherDataset)	返回源 RDD 数据集和参数 otherDataset 指向的数据集的并集

续表

转化操作	说　明
intersection(otherDataset)	返回源 RDD 数据集和参数 otherDataset 指向的数据集的交集
distinct([numTasks]))	返回源 RDD 数据集去重后的数据集。可选参数 numTasks 用于指定并行度
cartesian(otherDataset)	求笛卡尔积。将该方法应用到 T 和 U 形式的数据集之间，会返回一个值为(T,U)对形式的全排列数据集
pipe(command, [envVars])	管道操作，将 RDD 中的每个分区转向一个 Shell 命令(如 Perl 或 Bash 脚本)。RDD 中的元素会被写入该 Shell 命令进程的标准输入通道，进程的标准输出会以字符串类型的 RDD 返回
coalesce(numPartitions)	将 RDD 的分区数减少为设定值，主要用在对大型数据集进行过滤操作后，可以优化后续操作执行的效率
repartition(numPartitions)	对 RDD 中的数据随机进行再分发，该操作会对这些数据进行负载均衡，产生的分区数可能更多，也可能更少。该操作通常会跨越整个集群网络进行分发
repartitionAndSortWithinPartitions(partitioner)	根据设定的值对 RDD 重新分区，同时依据 Key 值对记录进行排序。该操作会将排序工作与分区工作同时进行，因此要比 repartition()操作方法效率更高

表 11-5 中的 map 和 filter 是较为常用的两个操作：map 可以接收一个函数，并将该函数应用于 RDD 中的每个元素，函数的返回结果作为新 RDD 中对应的每个元素的值；filter 操作接收一个布尔函数，并将 RDD 中使该函数返回值为 True 的元素放入返回的 RDD 中。

使用 map 与 filter 转化 RDD 的示例如下：

```
import org.apache.spark._

object CreateRDD extends App{

  val sparkConf = new SparkConf().setAppName("RDDmap").setMaster("local")
  val sc = new SparkContext(sparkConf)

  val rdd = sc.parallelize(1 to 4)   //创建 RDD
```

```
 val newrdd1 = rdd.map(x => x * x) //对 RDD 中的每个元素乘方，得到 newrdd1
 newrdd1.foreach(x => print(x+" "))

 val newrdd2 = newrdd1.filter(x => x%2 == 0)   //筛选出 newrdd1 中的偶数，得到 newrdd2
 newrdd2.foreach(x => print(x+" "))

 sc.stop()
}
```

上述代码中，首先生成了一个由序列(1,2,3,4)组成的 RDD 对象 rdd；然后使用 map 操作将 rdd 中的各元素求平方，得到由序列(1,4,9,16)组成的对象 newrdd1；最后使用 filter 操作筛选出 newrdd1 中的偶数元素，得到由序列(4,16)组成的对象 newrdd2。

2) 行动操作

RDD 的常用行动操作如表 11-6 所示。

表 11-6　RDD 常用行动操作

行动操作	说　明
reduce(func)	使用函数参数 func(接收两个参数返回一个参数)将 RDD 中的元素进行聚合
collect()	向 Driver 程序返回由 RDD 所有元素所组成的数组。在执行了一个过滤操作或是执行了对数据集的一个足够小的子集的返回操作后，执行该操作通常很有用
count()	返回数据集中元素的数量
first()	返回数据集的第一个元素
take(n)	返回由数据集的前 n 个元素组成的一个数组
takeSample(withReplacement, num, [seed])	取样(可以设置放回或不放回)，从数据集中随机取出 n 个元素成为一个数组。可选的 seed 参数是随机数生成器的种子
takeOrdered(n, [ordering])	返回 RDD 中的前 n 个元素，并以自然顺序或自定义的比较器顺序进行排序
saveAsTextFile(path)	将数据集中的元素持久化为一个或一组 text 类型文件，并将文件存储在本地文件系统、HDFS 或其他 Hadoop 支持的文件系统中。Spark 会对每个元素调用 toString()方法，将每个元素转为 text 文件中的一行

续表

行动操作	说　明
saveAsSequenceFile(path)	将数据集中的元素持久化为一个 Hadoop 序列化文件，并将文件储存在本地文件系统、HDFS 或其他 Hadoop 支持的文件系统中。实现了 Writable 接口方法的键值对形式的 RDD 可以使用该操作，Scala 中被隐式地转化为 Writable 的类型也可以使用该操作
saveAsObjectFile(path)	用 Java 自带的序列化类型将数据集中的元素持久化为一个普通的文件，该文件可以使用 SparkContext.objectFile()方法再次被加载
foreach(func)	将函数参数 func 传入的方法应用到数据集中的每个元素

Spark 的 RDD API 还提供了行动操作的异步接口，如与 foreach()相对应的 foreachAsync()接口。这类接口会使得行动操作不会立即执行，但它并非是阻塞了行动的完成，而是立刻向调用者返回一个 FutureAction 对象，然后通过这个对象管理行动的执行，或等待行动的异步执行。

默认情况下，每个被转化过的 RDD 都有可能在行动操作时被重复计算，因此我们可以使用 persist()(或 cache())方法将 RDD 持久化到内存中，这样 Spark 就可以将这些 RDD 中的数据保留在集群中，下次使用它们的效率就会高得多。Spark 同时也支持将 RDD 持久化到硬盘中，或者复制到多个节点上。

3. Pair RDD 操作

Pair RDD 即键值对 RDD(注意：这里所说的键值对是 Scala 中的二元元组，务必要将其与映射类型相区别)，是许多数据处理模式的基本要素，因为它可以提供并行操作各个键的或跨节点重新进行数据分组操作的接口。例如，Pair RDD 提供的 reduceByKey()方法可以将键相同的数据进行归约，join()方法则可以将两个 RDD 中键相同的元素组合到一起，生成一个新的 RDD。Spark 提供了许多针对 Pair RDD 的操作，详细介绍如下：

1) 创建 Pair RDD

在对 Pair RDD 进行操作前，首先要知道如何创建 Pair RDD。基于 Scala 语言有两种常用的 Pair RDD 创建方式：

(1) 以键值对格式存储数据的数据源，在被读取时会自动返回由其键值对数据构成的 Pair RDD。

(2) 将一个普通的 RDD 转为 Pair RDD，具体思路是使用 map()方法。示例代码如下：

```
val pairRDD = lines.map(x => (x.split(" ")(0), x))
```

上述代码将一个由英文文本行组成的 RDD 转化为 Pair RDD，该 Pair RDD 中的 Key 为每行第一个单词，Value 为这一行的文本。

当然，若要将一个已经存在于内存中的普通键值对数据集转化为 Pair RDD，只需要调用 SparkContext.parallelize()方法即可。

2) Pair RDD 操作

作为一类特殊的 RDD，Pair RDD 同样也是只读的，在被创建后只能进行转化操作和行动操作。Pair RDD 操作包括所有 RDD 的操作，但也有一些 Pair RDD 专用的操作。

专用于 Pair RDD 的转化操作如表 11-7 所示。

表 11-7 Pair RDD 专用转化操作

转化操作	说　明
groupByKey([numTasks])	在一个(K,V)Pair RDD 数据集上调用，该操作返回一个基于 K(即 key)进行分组的(K,Iterable<V>)。通过可选参数 numTasks 可以设置调用时所使用的任务数。 注意：如果分组是为了在每一个 key 上执行聚合操作(例如 sum 或 average)，此时使用 reduceByKey()或 aggregateByKey()来计算，性能会更好
reduceByKey(func, [numTasks])	在一个(K,V)Pair RDD 数据集上调用，该操作会返回一个(K,V)对形式的数据集。其中，V 是每个相同的 key 所对应的 value 的类型，也是使用函数 func 进行聚合后得到的结果，func 必须是(V,V) => V 的形式。与 groupByKey()方法一样，任务的数量可以通过可选参数 numTasks 来设置
aggregateByKey(zeroValue)(seqOp, combOp, [numTasks])	在一个(K,V)Pair RDD 数据集上调用，该操作会对每个 key 进行聚合，返回一个(K,U)对形式的数据集，每个 key 的聚合结果 U 的类型不需要和源 RDD 中 V 的类型一致。其中，参数 zeroValue 是针对每个 key 调用聚合函数时给定的初始值；参数 seqOp 是在每个分区内进行的聚合方法；参数 combOp 是对各个分区聚合结果进行的聚合方法。与 groupByKey()方法一样，任务的数量可以通过可选参数 numTasks 来设置
sortByKey([ascending], [numTasks])	该操作返回一个按 key 排序的(K,V)对的 Pair RDD，布尔类型的参数 ascending 用于指定是按升序还是降序排序
join(otherDataset, [numTasks])	将(K,V)和(K,W)类型的两个 Pair RDD 进行连接(内连接)，返回一个(K,(V,W))类型的(K,V)Pair RDD，它拥有每个 key 中所有的元素对
cogroup(otherDataset, [numTasks])	将该方法应用到(K,V)和(K,W)形式的数据集，会得到一个(K,(Iterable<V>,Iterable<W>))形式的元组型数据集

专用于 Pair RDD 的行动操作如表 11-8 所示。

表 11-8 Pair RDD 专用行动操作

行动操作	说　明
countByKey()	返回一个(K,int)形式的 hashmap 来指示每个 K 的数量。该操作仅对键值对类型的 RDD 有效
collectAsMap()	将键值对以 Map 对象的形式返回
lookup(key)	返回 key 的所有 value

Pair RDD 的转化与行动操作还有很多，读者可以进一步查看 API 文档。

11.5 Spark 数据读写

Spark 基于 Hadoop 生态圈构建，它在底层实现了通过 Hadoop MapReduce 中的 InputFormat 类和 OutputFormat 类来访问数据的接口，因此，Hadoop 所支持的文件格式与存储系统(包括 S3、HDFS、Cassandra 和 HBase 等)Spark 也全部支持。

但对于用户而言，基于底层接口所封装的高级 API 才是更经常用到的，因此，本小节将介绍如何使用 Spark API 从本地文件系统和数据库中读写常用格式的数据。

11.5.1 Spark 文件的读取与保存

Spark 支持多种常用的文件格式，如表 11-9 所示。

表 11-9 Spark 常用文件格式及说明

名称	类型	说明
文本	非结构化	普通的文本文件，以换行符为标志，每一行为一条数据记录
JSON	半结构化	一种基于文本的半结构化数据类型，与键值对形式相似，在开发工作中被普遍使用
CSV	结构化	一种基于文本的分隔符格式，常见于电子表格中
SequenceFiles	结构化	一种基于键值对数据的 Hadoop 文件格式
Protocol buffers	结构化	一种开源的、快速的、高效的跨语言格式
对象文件	结构化	将 Spark 作业中的对象持久化，通常用于数据共享。该类型文件依赖于 Java 序列化，因此当序列化类发生改变时会失效

表 11-9 中的前三项是平时最常用到的文件类型，下面逐一介绍这三种类型文件的读写方法。

1. 文本文件

读取文本文件时，Spark 会将文件的每一行作为 RDD 中的一个元素。例如，读取一个本地文本文件，代码如下：

```
val input = sc.textFile("/path/to/textfile")
```

Spark 也支持将多个文本文件读取为一个 Pair RDD，其中 key 为文件名，value 为文件内容。例如，从一个本地目录中读取多个文件组成 Pair RDD，代码如下：

```
val input = sc.wholeTextFiles("/path/to/textfiles/dir/")
```

需要说明的是，Spark 支持读取一个目录中的所有文件，也支持以星号(*)作为通配符来读取目录中的任意多个文件。

将 RDD 中的数据保存为文本文件，代码如下：

```
input.saveAsTextFile("/path/to/savefiles/dir/")
```

saveAsTextFile()方法指向一个目录，该目录必须为尚未建立的目录，Spark 会自动创建该目录，如果该目录已经存在，则会报错。并行环境下，Spark 会在这个目录中创建多个文件来保存数据，但现在用户还无法控制将哪些数据输出到哪个文件中。

2. JSON 文件

读取 JSON 数据的最直观方法，是先将 JSON 作为文本文件读取，再用 JSON 解析器将其转为数据对象。这样做的前提是读取的文本文件每一行都是一个完整的 JSON 记录。

读取到 JSON 字符串后，可以使用第三方 JSON 解析库对其进行解析。常用的解析库包括 Java 的 Gson(Google 开发的针对 Java 语言的 JSON 处理库)或 Scala 的 Json4s(Scala 也可以使用 Java 的库)，当然也可以根据实际需要选择其他的第三方库。

以下为一个使用 Gson 对 JSON 字符串进行处理的示例：

```
import org.apache.spark.{SparkConf, SparkContext}
import com.google.gson.Gson

//定义一个 Person 类
case class Person(firstName: String, lastName: String)

object Json_opra extends App{

  val sparkConf = new SparkConf().setAppName("Json_opra").setMaster("local")
  val sc = new SparkContext(sparkConf)

  //读取 JSON 文件
  val input = sc.textFile("/path/to/json.txt")
  //将 JSON 转为对象
  val person = input.map(line => {
    gson.fromJson(line, classOf[Person])
  })

  println("从JSON中获取的对象：")
  person.foreach( a => {
    println(a.firstName+" "+a.lastName)
  })
  //将对象转为 JSON 字符串
  val json = gson.toJson(Person("Michael","Jordan"))
  println("从对象中获取的JSON：")
  println(json)
}
```

文件 json.txt 中包括以下 JSON 数据：

```
{"firstName":"John","lastName":"Smith"}
{"firstName":"Tim","lastName":"Williams"}
```

使用示例代码读取 json.txt 中的数据，输出的处理结果为：

```
从JSON中获取的对象：
John Smith
Tim Williams
从对象中获取的JSON：
{"firstName":"Michael","lastName":"Jordan"}
```

注意：如果要处理的对象中包含了集合类型，由于 Java 与 Scala 的集合类型无法直接兼容，会导致 Gson 在调用过程中出错。此时通常要将 Scala 的集合类型与 Java 的集合类型进行转换，然后再行处理。

3. CSV 文件

CSV 即逗号分隔符类型。在 Spark 中处理 CSV 文件时，首先要将文件以文本的方式读取进来，再使用第三方库来解析其中的数据。这里我们使用 OpenCSV 来进行解析，示例代码如下：

```
import java.io.{StringReader, StringWriter}

import com.opencsv.{CSVReader, CSVWriter}
import org.apache.spark.{SparkConf, SparkContext}

import scala.collection.JavaConverters
import scala.collection.mutable.Seq

object csv_opra extends App{

  val sparkConf = new SparkConf().setAppName("csv_opra").setMaster("local")
  val sc = new SparkContext(sparkConf)

  val input = sc.textFile("/path/to/data.csv")
  //读取文本中的数据
  val result = input.map(line => {
    val reader = new CSVReader(new StringReader(line))
    reader.readNext()
  })

  //将一个 List 以 CSV 的格式写入文本
  val scalaList:List[String] = List("ab","bd","ce","du")
  val rdd = sc.parallelize(scalaList)
```

```
rdd.mapPartitions( x => {
    val stringWriter = new StringWriter()
    val csvWriter = new CSVWriter(stringWriter)
    csvWriter.writeNext(x.toArray)
    Iterator(stringWriter.toString)
  } ). saveAsTextFile("/path/to/saveFiles")

}
```

注意：OpenCSV 是 Java 类库，其相关方法所接收的参数皆为 Java 中定义的类型，如果接收的参数是 Scala 类型，则有时需要先对其进行转化。

11.5.2　文件系统和数据库简介

Spark 可与多种文件系统和数据库进行数据交换。

Spark 支持与本地文件系统中的数据进行交互，但当它从本地中读取数据时，要求该数据在每个节点的相同路径下都能被找到。使用 Spark 访问本地文件系统时，只需将以 file://为头部标识的文件路径输入 Spark 即可。另外，也可以在驱动程序所在节点读取本地数据，再调用 parallelize()方法将数据分发到各个节点。

Amazon S3 是一种目前比较流行的大数据存储系统，当计算节点部署在 Amazon EC2 上时，使用 S3 来存取数据的速度会相当快。在 Spark 中访问 S3 数据首先要将环境变量 AWS_ACCESS_KEY_ID 和 AWS_SECRET_ACCESS_KEY 配置为 S3 的访问凭据，然后将以 s3n://开头的文件路径传递给 Spark 即可。

Spark 完全兼容 Hadoop 文件系统 HDFS。当 Spark 与 HDFS 部署在同一个集群中时，可以使用以 hdfs:// 开头的文件路径来访问 HDFS 中的数据。

Spark 还可以使用 JDBC 来访问 MySQL、Postgre 等关系型数据库。借助 Spark 所提供的 org.apache.spark.rdd.JdbcRDD 类，并配置好它的链接参数，即可使用这些关系型数据库中的数据直接构建 RDD。

Spark 可以使用 org.apache.hadoop.habase.mapreduce.TableInputFormat API 类访问 HBase 中的数据。使用 SparkContext.newAPIHadoopRDD 类可以从 HBase 中构建 RDD。

另外，Spark 还为与 Cassandra 数据库和 ElasticSearch 搜索引擎的数据交互操作提供了支持。

本 章 小 结

最新更新

- ✧ Spark 是一款基于内存的分布式计算框架，相比于传统的 MapReduce 计算框架，它具有快速、易用、综合和兼容等特点。
- ✧ Spark 是一个由诸多组件构成的软件栈，包括综合计算引擎 Spark Core、集群管理器 Cluster Manager、面向结构化数据的查询接口

Spark SQL、流式处理模块 Spark Streaming、机器学习模块 MLlib 以及图计算模块 GraphX。

✧ RDD 全称为弹性分布式数据集，是 Spark 数据操作的基本单位。

✧ RDD 被创建后是不能被改变的，只能执行转化操作和行动操作。

本 章 练 习

1. 简述 Spark 的核心组件及其功能。
2. 搭建 Spark 集群环境。
3. 编写一个 Scala 程序，并输出字符串“Hello Scala”。

第 12 章　ElasticSearch

本章目标

- 了解 ElasticSearch 的功能特性和应用场景
- 掌握 ElasticSearch 的基本概念
- 掌握与 ElasticSearch 进行交互的基本方式
- 能搭建一个 ElasticSearch 集群
- 掌握 ElasticSearch 中数据的操作方式
- 掌握 ElasticSearch 的常用 Java API

ElasticSearch(简称 ES)是一个分布式的、高度可扩展的、开源的全文搜索与分析引擎，它能以近实时的速度存储、搜索和分析大型数据集，因此被广泛用做底层引擎或技术，来为具有复杂搜索特征和需求的应用场景提供服务。

本章将首先介绍 ElasticSearch 的基本概念与集群搭建方法，然后介绍它的基本操作，如索引、搜索和对数据的修改操作等，最后介绍其常用的 Java API 接口。

12.1 简介

作为时下最流行的分布式搜索引擎之一，ES 基于 Apache 的开源搜索引擎库 Lucene 衍生而来，它可以被看做是 Lucene 的一个高级封装，对外提供用于搜索业务的 RESTful(一种软件架构风格，主要用于客户端和服务器交互类的软件)高级 API。ES 将全文搜索、结构化搜索以及数据分析三大功能整合在了一起，能够以前所未有的速度存储和处理大型数据集。当前，Wikipedia、Stack Overflow 和 Github 等世界知名的 IT 公司都在使用 ES。

12.1.1 ES 的起源

关于 ES 的起源，网络上流传着这样一个浪漫又搞笑的故事：

许多年前，有一个叫 Shay Banon 的软件工程师，他同他的新婚妻子来到伦敦，准备共同开始一段全新的生活。他的妻子希望通过自学成为一位厨师，于是 Shay 决定利用 Lucene 的一个早期版本为自己的妻子开发一个能方便地搜索菜谱的应用程序。

Lucene 只是一个代码库，由于它过于贴近底层，直接用它构建搜索功能会产生大量的重复劳动，于是 Shay 便使用 Java 对 Lucene 进行抽象和封装，从而能够更加方便地将 Lucene 构建的搜索功能嵌入到各种 Java 程序当中。

一段时间之后，Shay 的第一个开源作品诞生了，他给自己的这个作品起名叫“Compass”。但是，此时的 Compass 仍然仅仅是 Lucene 的一个高级封装接口，还不能称之为一个“服务”或者“引擎”。

后来，Shay 找到了一份新工作，他在工作中得到启发，开始觉得一个易用的、高性能的、实时的、分布式的搜索服务才是未来所需要的。于是他决定重写 Compass，将它从一个库打造成了一个独立的引擎，并将其改名为“ElasticSearch”。

2010 年 2 月，Shay 发布了 ES 的第一个公开版本。从那之后，ES 便成了 Github 上最受人瞩目的项目之一，贡献者的人数很快便突破了 300 人。

如今，Shay 组建了一家公司对 ES 进行了一些商业化的包装和支持，但是他承诺 ES 本身将永远是开源并且免费的。

然而，Shay 妻子的菜谱搜索程序至今没有完成。

12.1.2 ES 的功能特性

作为一种分布式的 RESTful 搜索和分析引擎，ES 能够为当前不断增加的应用场景提

供解决方案，且具有以下功能特性。

1．搜索

ES 能够基于各种类型的数据实施各种方式的搜索——结构化的、非结构化的、地理的、度量的，等等。

2．聚合

与最多只能找到十条最匹配查询条件的文档不同，ES 的聚合功能可以轻松分析出 10 亿行日志的含义，帮助用户探索数据中所隐含的趋势和模式。

3．速度

ES 为全文查询提供了基于 FST(Finite State Transducers，有穷状态转换器)的倒排索引、基于 BKD 树的数值与地理数据的存储、用于分析的列式存储。

由于一切都被索引了，因此用户永远不需要再为索引问题操心，并能够用难以置信的速度来操作和访问所有数据。

4．扩展性

无论是便携式计算机，还是数百台处理 PB 级数据的服务器，ES 都可以在其中运行。

通过自动地管理和分配索引和查询在整个集群中的负载，ES 可以稳定地处理大量的并发事务，使得各项操作都能流畅地执行。

5．稳定性

ES 在一个分布式的环境中运作，这个环境拥有永久的稳定性。如果某个硬件“叛变了”，或者网路“分裂了”，ES 会及时检测到故障，并保证集群和数据的安全性和可用性。

6．灵活性

ES 不仅可以使用结构化的数据类型，而且还可以使用非结构化的数据类型。

全球许多公司都在使用 ES 解决各种各样的问题，应用程序搜索、证券分析和日志记录仅仅是其中的一小部分。

7．客户端编程库

ES 使用标准的 RESTful API 和 JSON 来传送数据，它提供了多种语言的客户端，包括 Java、Python、.NET 和 Groovy。同时，其活跃的社区也在不断贡献着新的内容。

12.1.3　ES 的应用场景

ES 的常见应用场景示例如下：

场景一：假设你正在经营一家网店，希望让顾客能够搜索到网店中正在销售的商品。此时，你可以用 ES 存储网店的商品目录和库存信息，以此向顾客提供商品搜索和自动填充表单服务。

场景二：假设你要收集交易日志数据，并通过对这些数据的分析和挖掘来查看未来趋势、统计信息、摘要汇总和异常。此时，你可以使用 Logstash 工具来收集、聚合和解析这些数据，并将数据注入到 ES。数据进入到 ES 后，就可以通过搜索和聚合等操作来挖掘数据中感兴趣的信息。

场景三：假设你想运行一个价格报警平台，该平台允许对价格敏感的用户声明一个规则。例如“我想要购买某个电子产品，在未来一个月里，当有任何一个卖家以低于￥X 的价格出售该产品时，就向我发送通知提醒”。此时，你可以先抓取卖家的价格信息，并将这些信息注入到 ES，然后使用 ES 的反向搜索功能来匹配客户期望价格，在取得匹配后将警报推送给客户。

场景四：假设你有一个商业智能分析需求，并希望实现快速的调查、分析以及可视化，从而在海量数据中(比如数百万或数十亿的记录)寻找一些特别的答案。此时，你可以使用 ES 存储你的数据，然后用 Kibana 工具来构建自定义仪表盘，从而直观地从各个角度了解你的数据。另外，你还可以使用 ES 的聚合函数来实现更加复杂的商业智能查询。

12.2 基础知识

本节将对 ES 的基本概念、面向文档特性和交互方式进行介绍。

12.2.1 基本概念

本小节介绍有关于 ES 的基本概念，理解这些概念将有助于我们简化学习过程，更好地学习和掌握 ES。

1. 近实时(Near Realtime, NRT)

ES 是一个近实时的搜索引擎，也就是说，一个文档从被执行索引到可以被搜索，仅仅会经历一个极短的潜伏期，通常为一秒钟左右。

2. 集群(Cluster)

一个集群由一个唯一的名称来标识，默认为“elasticsearch”。进一步地可以通过设定不同的名称来拥有多个独立集群。

确保在不同环境中使用的集群名称是不同的，否则会导致节点加入错误的集群中。例如，可以使用“logging-dev”、“logging-stage”和“logging-prod”分别作为开发环境、测试环境和生产环境的集群名称。

3. 节点(Node)

一个节点是指一个集群中的一个单独的服务，用于存储数据、参与集群索引并提供搜索能力。与集群一样，一个节点也由一个唯一的名称来标识，名称的默认值为集群启动时指定的一个随机的 UUID(Universally Unique IDentifier)。如果不想使用这个名称，用户也可以自行定义。这个名称非常重要，因为它可以帮助用户确定网络中的哪些服务器对应于 ES 集群中的哪些节点。

一个节点通过指定集群名称来加入特定的集群。默认情况下，每个节点被设置为加入名为“elasticsearch”的集群，这意味着如果在同一个网络中启动了许多节点(假定它们可以找到对方)，它们会自动组成一个名为“elasticsearch”的集群。

ES 的节点包括 Master-eligible Node、Data Node、Ingest Node 和 Tribe Node 四种。这

里仅对 Master-eligible Node 与 Data Node 两种常用节点进行说明：

- ✧ Master-eligible Node 简称 Master 节点，又称为主节点，是整个集群的主控节点，节点配置文件中的 node.master 选项被设置为 true(默认)的节点，为主节点候选节点，ES 会从所有主节点候选节点中选举出一个作为主节点。
- ✧ Data Node 即数据节点，负责存储数据和承担相关的数据操作，当 node.data 被设置为 true(默认)时，该节点即为数据节点。
- ✧ 根据用户的不同设置，同一个 ES 节点可能同时成为主节点和数据节点。

4. 索引(Index)

索引是 ES 中非常重要的一个概念，因为 ES 每个索引中的数据在物理上是存放在一起的，因此 ES 的索引不仅仅是一个逻辑上的概念。

一个 ES 的索引是一些具有某些相似特征的文档的集合。例如，可以为客户数据定义一个索引、为产品目录定义一个索引，或者为订单数据定义一个索引。每个索引由一个唯一的名称作为标识(名称必须为小写)，当需要对 ES 中的文档进行增、删、改、查等操作时，就需要通过索引的名称来将这些操作指向相应的数据。

一个集群中可以定义任意多个索引。

5. 类型(Type)

类型是对索引中文档的逻辑分类或划分，从而使不同类型的文档可以存储在同一个索引中。例如，用一个类型来代表用户名，另一个类型则代表该用户所写的博客文章内容。

在 ES 的后续版本中，将会完全取消类型的概念。

6. 文档(Document)

一个文档是可被索引信息的基本单位。例如，可以把一个客户作为一个文档、一个产品作为一个文档，当然一个订单也是一个文档。文档信息会被压缩到一个 JSON(JavaScript Object Notation，一种通用的互联网数据交换格式)之中。利用索引和类型，我们可以存储任意多的文档。

注意：一个文档在物理上被放置在一个索引中，同时它也需要在逻辑上被指定为一个类型。

7. 分片和副本(Shards & Replicas)

1) 分片

一个索引可以存储大量的数据，这些数据可以超过单个节点的硬件限制。例如，一个具有数十亿条文档的索引需要占用 1 TB 的磁盘空间，可能单个节点的磁盘无法满足空间需求，或者导致存取速度过慢而无法满足搜索请求的要求。

为了解决这个问题，ES 将一个索引细分为多个部分——分片。创建索引时可以自定义所需的分片数量，而每个分片本身都是一个具有完整功能且独立的“索引”，可以托管在集群中的任何节点上。

分片之所以重要，主要有两个原因：

- ✧ 它允许横向分割或伸缩容量。
- ✧ 它允许在各个分片(可能分布在多个节点上)上分配和并行化各种操作，从而提高性能或吞吐量。

事实上，每个 ES 分片都是一个 Lucene 索引，一个 Lucene 索引中可以容纳的文档数量是有上限的，根据规范文档《LUCENE-5843》所述，最多可以容纳 2 147 483 519(= Integer.MAX_VALUE - 128)个文档。可以使用_cat/shards API 来查看分片的大小。

2) 副本

在一个网络或云环境中，故障在任何时候都可能发生，为了防止分片或节点由于某种原因脱机或消失，一个故障转移机制是非常必要的。为此，ES 允许将索引的分片进行复制，生成所谓的副本分片，简称副本。

副本之所以重要，主要有两个原因：

✧ 它提供了高可用性，可以防止分片或节点失效。需要特别注意的是，出于这个目的，一个副本分片永远不会被分配到与它所复制的原始分片(也叫主分片，Primary Shard)相同的节点上。

✧ 由于 ES 可以在所有副本上并行搜索，因此副本可以扩展搜索的容量或吞吐量。

总而言之，每个索引都可以分成多个分片。每个分片也可以被复制零次(意味着没有副本)或更多次。一旦生成了副本，每个索引将有主分片(原始分片)和副本分片(主分片的副本)。分片和副本的数量可以在创建索引时定义，而在索引被创建之后，副本的数量可以随时动态更改，但分片的数量无法被更改。

默认情况下，ES 的每个索引会被分配 5 个分片和 1 个副本。这意味着集群中至少应当有两个节点，集群的每个索引拥有 5 个主分片和另外 5 个副本分片(即 1 个完整副本)，总共有 10 个分片。

12.2.2 面向文档

应用程序中的对象数据很少只是一个简单的键值列表，大多数情况下，它们拥有更复杂的数据结构，例如日期、地理位置等。如果用传统的关系型数据库以行和列的方式来存储这些对象数据，相当于把这些具有丰富的、表现力的对象挤压进一个非常大的电子表格中，不仅必须将这些对象扁平化以适应表的模式(通常一个字段对应一列)，而且必须在每次查询时重新构造这些对象。

而 ES 是面向文档的，它可以储存整个对象或文档，并能够对每个文档的内容进行索引，使之可以被搜索。也就是说，在 ES 中可以对文档(而非对行列数据)进行索引、搜索、排序和过滤，这是一种完全不同的理解对象数据的方式，也是 ES 能够支持复杂全文搜索的原因之一。

ES 使用 JSON 作为文档的序列化格式，其格式简单、整洁且易于阅读，被大多数编程语言所支持，已逐渐成为 NoSQL 数据库的标准格式。例如，下面这段 JSON 文档就代表了一个 user 对象：

```
{
    "email":        "john@smith.com",
    "first_name": "John",
    "last_name":   "Smith",
```

```
    "info": {
        "bio":         "Eco-warrior and defender of the weak",
        "age":         25,
        "interests": [ "dolphins", "whales" ]
    },
    "join_date": "2014/05/01"
}
```

从上述文档中可以看出：一个比较复杂的 user 对象的各种信息可以通过 JSON 文档来完整地体现和保留。

12.2.3　与 ES 交互

与 ES 交互的常用方式有两种：RESTful API 方式和 Java Client API 方式。

1. RESTful API 方式

ES 允许用户使用 HTTP 协议通过 9200 端口与其进行交互，比如使用我们非常熟悉的 Web 客户端。当然，我们甚至可以使用 curl 命令与 ES 进行交互，此时用户需要使用 Query DSL 来构建请求命令。

以 curl 为例，一个基于 HTTP 协议的 ES 请求可以表示为以下格式：

```
curl -X<VERB> '<PROTOCOL>://<HOST>:<PORT>/<PATH>?<QUERY_STRING>' -d '<BODY>'
```

被“< >”标记部分的含义如表 12-1 所示。

表 12-1　curl ES 请求命令含义

名称	说　明
VERB	HTTP 请求方法(又称谓语)，取值为 GET、POST、PUT、HEAD 或 DELETE
PROTOCOL	请求协议，取值为 http 或者 https
HOST	ES 集群中任意节点的主机名，值为 localhost，代表本地机器上的节点
PORT	ES 的 HTTP 服务端口号，默认值为 9200
PATH	API 端点(例如，其组件为_count 时，将返回集群中文档的数量)。PATH 可能包含多个组件，例如_cluster/stats 或_nodes/stats/jvm
QUERY_STRING	查询字符串参数(例如，值为?pretty 时，将格式化地输出返回的 JSON 值，使该值更易阅读)
BODY	一个 JSON 格式的请求体(可根据需要添加)

例如，下面这条 curl 命令可以返回 ES 集群中文档的数量：

```
curl -XGET 'http://localhost:9200/_count?pretty' -d '
{
    "query": {
        "match_all": {}
    }
}
'
```

执行以上命令，ES 集群会返回一个 HTTP 状态码(如 200)和一个 JSON 格式的返回体(HEAD 请求除外)，代码如下：

```
{
    "count" : 0,
    "_shards" : {
        "total" : 5,
        "successful" : 5,
        "failed" : 0
    }
}
```

从以上结果中看不到 HTTP 请求的头部，因为我们没有要求 curl 命令返回它们。若需要返回请求的头部，可以使用 curl 命令的-i 选项，代码如下：

```
curl -i -XGET 'localhost:9200/'
```

在本章的后续部分，我们将以简化格式来表示这些 curl 命令。所谓简化格式，就是省略各个请求中重复的部分，如主机名、端口号以及 curl 命令本身。

以下面的 curl 命令为例：

```
curl -XGET 'localhost:9200/_count?pretty' -d '
{
    "query": {
        "match_all": {}
    }
}'
```

上述 curl 命令可被简化为：

```
GET /_count
{
    "query": {
        "match_all": {}
    }
}
```

2．Java Client API 方式

我们已经知道，ES 提供多种语言的 API 支持，而 Java 作为当前最流行的语言之一，是 ES 优先推荐使用的 API 语言，也是本书所使用的语言。

ES 提供了三种 Java 客户端：

(1) 传输客户端(Transport Client)。传输客户端相当于应用与 ES 集群的直接通信层，可以将请求发送到远程集群。它本身处在集群外部，不会加入集群，但它可以将请求转发到集群中的一个节点上，并且能够嗅探集群、在节点之间轮循等。

(2) 节点客户端(Node Client)。节点客户端能够以一个非数据节点的身份加入到本地集群中。因此虽然它本身不保存任何数据，但能够获取整个集群的状态(每个节点的位置、数据所在节点和分片的位置等)，并且可以把请求转发到正确的节点上。

(3) REST 客户端(REST Client)。ES 提供低级和高级两种 REST 客户端：低级客户端仅提供使用 HTTP 协议与集群交互的功能，请求编组和响应解组的管理则由用户进行，它对于 ES 的所有版本都是兼容的；高级客户端是低级客户端的高级封装，它对外暴露了许多高级方法，并且帮助用户管理请求编组和响应解组。

在实际使用时，需要根据以下情况对上面的客户端进行选择：

(1) 如果需要将应用与集群分离，并且应用需要被快速创建和销毁的，那么传输客户端会显得更加灵活轻便。或者，如果应用需要创建数百上千个与 ES 交互的链接，与其使用节点客户端去建立数百上千个节点，传输客户端显然是更好的选择。

(2) 如果应用需要长期绑定到集群，并且对象需要与集群保持持久通信，那么节点客户端的效率会更高，因为它更了解集群的结构。但此时需要留意安全问题，因为它会把整个应用嵌入到集群中。

(3) REST 客户端提供了更加方便、统一和高效的 ES 访问方式，同时 REST 客户端是向下兼容的，这意味着一个 REST 客户端可与所有低于其版本的 ES 集群进行通信。但使用 REST 客户端需要用户对 HTTP 协议和 Query DSL(Domain Specific Language，领域专用语言)有一定的了解。

12.3　环境搭建

本节将建立具有三个节点(node1、node2、node3)的 ES 集群，且不对各节点的角色进行专门配置(ES 集群中节点的角色可以不指定，也可以根据用户需要进行配置)。

1. 下载安装 ES

安装 ES 之前需要安装好 JDK。JDK 的安装在第 2 章中已详细讲解，此处不再赘述。

(1) 从官网(https://www.elastic.co/downloads/elasticsearch)下载 ES 的二进制安装文件，版本为 5.6.x(本书以 5.6.5 版本为例)，并将下载后的文件上传到目录/bigdata 中。

(2) 将下载的安装文件 elasticsearch-5.6.5.tar.gz 解压缩到目录/bigdata 下，并重命名为“elasticsearch”，命令如下：

```
tar -zxvf elasticsearch-5.6.5.tar.gz
mv elasticsearch-5.6.5 elasticsearch
```

2. 创建新用户

执行以下命令，创建 elasticsearch 用户组以及 es_user 用户：

```
groupadd elasticsearch
useradd es_user -g elasticsearch -p es
```

3. 创建相关目录

在 ES 安装目录下创建 data、logs 和 pid 三个文件夹，命令如下：

```
cd /bigdata/elasticsearch
mkdir data
mkdir logs
mkdir pid
```

更改 elasticsearch 目录及其子目录的操作权限，所属用户为 es_user，所属用户组为 elasticsearch，命令如下：

```
chown -R es_user:elasticsearch /bigdata/elasticsearch
```

4. 修改系统配置

为了防止 ES 在运行过程中系统内存超出限制而报错，需要将系统的允许打开文件最大数(nofile)、允许启动进程最大数(nproc)和最大锁定内存(memlock)进行修改，步骤如下：

(1) 执行以下命令，修改 limits.conf 文件：

```
vim /etc/security/limits.conf
```

将相应内容修改如下：

```
* soft nofile 65536
* hard nofile 131072
* soft nproc 2048
* hard nproc 4096
* soft memlock unlimited
* hard memlock unlimited
```

(2) 执行以下命令，修改 20-nproc.conf 文件：

```
vim /etc/security/limits.d/20-nproc.conf
```

将相应内容修改如下：

```
* soft nproc 4096
```

(3) 执行以下命令，修改 sysctl.conf 文件中单个 JVM 支持的最大线程数：

```
vim /etc/sysctl.conf
```

将相应内容修改如下：

```
vm.max_map_count=262144
```

(4) 执行以下命令，加载 sysctl.conf 文件中的参数：

```
sysctl -p
```

至此，系统相关配置修改完成。

5. 修改 ES 配置

ES 的配置文件统一存放在 ES 安装目录下的 config 目录中。修改步骤如下：

(1) 首先修改 ES 的 JVM 选项，将虚拟内存数设置为 5 G(这里需要根据自己实际情况设置，太少会使得 ES 的运行内存不足，太多会拖累系统的运行速度，通常不要超过系统总内存的一半)。执行以下命令，修改 jvm.options 文件：

```
vim jvm.options
```

修改内容如下：

```
-Xms5g
-Xmx5g
```

(2) 执行以下命令，修改每个 ES 节点上的配置文件 elasticsearch.yml：

```
vim elasticsearch.yml
```

以 node1 节点为例，修改内容如下：

```
cluster.name: es_cluster          # 自定义的集群名称，如果不指定则默认为 elasticsearch
```

```
node.name: es-node1   # 当前节点在 ES 集群中所显示的唯一节点名，每个节点要分别配置
path.data: /bigdata/elasitcsearch/data     #数据存储目录
path.logs: /bigdata/elasticsearch/logs     #日志存储目录
bootstrap.memory_lock: true   #锁住 ES 进程所使用的系统内存，避免 swap 导致效率降低
network.host: 192.168.1.75    #当前节点的 IP 地址，每个节点要分别配置
http.port: 9200                    #对外服务的 HTTP 端口，默认为 9200
discovery.zen.ping.unicast.hosts: ["node1", "node2", "node3"]  #集群节点列表
discovery.zen.minimum_master_nodes: 2   #具有成为 Master 资格的节点数量的最小值
```

6. 启动 ES 集群

在每个节点中执行以下命令，使用新建的 es_user 用户启动 ES 集群：

```
su es_user #切换账户
elasticsearch -d -p /bigdata/elasticsearch/pid/es.pid #启动并指定 pid 存放位置
```

7. 查看 ES 是否启动成功

首先使用 jps 命令，查看 ES 后台进程是否启动。若正常启动，则 jps 命令会输出以下 elasticsearch 进程：

```
16445 Elasticsearch
```

然后执行以下命令，向 ES 发送一个查看集群状态的请求：

```
curl -Xget 'http://node1:9200/_cluster/health?pretty'
```

返回结果如下，可以看到该 ES 集群的基本状态信息：

```
{
  "cluster_name" : "es_cluster",
  "status" : "green",
  "timed_out" : false,
  "number_of_nodes" : 3,
  "number_of_data_nodes" : 3,
  "active_primary_shards" : 0,
  "active_shards" : 0,
  "relocating_shards" : 0,
  "initializing_shards" : 0,
  "unassigned_shards" : 0,
  "delayed_unassigned_shards" : 0,
  "number_of_pending_tasks" : 0,
  "number_of_in_flight_fetch" : 0,
  "task_max_waiting_in_queue_millis" : 0,
  "active_shards_percent_as_number" : 100.0
}
```

至此，ES 集群搭建完毕。

8. 关闭 ES 集群

分别在每个节点中执行以下命令，关闭 ES 的后台进程，从而关闭 ES 集群：

```
kill `cat /bigdata/elasticsearch/pid/es.pid`
```

12.4　RESTful API 简介

本节将介绍基于 HTTP 协议与 ES 集群进行交互的基本操作。

在本节的示例中，ES 集群的名称为“elasticsearch”，所有操作使用 curl 命令完成(读者也可以使用自己喜欢的工具来执行 HTTP/REST 请求)，并且以简化的形式给出(简化形式详见 12.2.3 小节)。

12.4.1　集群操作

ES 集群搭建完成后，我们可以通过一些操作来了解集群的基本情况，并向集群中添加和删除索引。

1. 查看集群健康信息

查看 ES 集群的基本健康信息，可以使我们了解该集群当前的运行情况。

使用_cat/health API，可以查看 ES 集群健康信息，命令如下：

```
GET /_cat/health?v
```

返回结果如图 12-1 所示。

```
epoch      timestamp cluster       status node.total node.data shards pri relo init unassign pending_tasks max_task_wait_time active_shards_percent
1521449712 16:55:12  elasticsearch green           5         5     16   8    0    0        0             0                  -                100.0%
```

图 12-1　ES 集群健康信息

集群健康信息中的 status 字段是我们最关心的，其取值有三种，如表 12-2 所示。

表 12-2　status 字段取值及含义

值	含　义
green	所有的主分片和副本分片都正常运行
yellow	所有的主分片都正常运行，但不是所有的副本分片都正常运行
red	存在至少一个主分片没能正常运行

使用_cat/nodes API，可以查看 ES 集群节点信息，命令如下：

```
GET /_cat/nodes?v
```

返回结果如图 12-2 所示。

```
ip           heap.percent ram.percent cpu load_1m load_5m load_15m node.role master name
192.168.1.76            6          33   0    0.00    0.01     0.05 mdi       -      es-node2
192.168.1.77            8          31   0    0.00    0.01     0.05 mdi       *      es-node3
192.168.1.79            7          31   0    0.00    0.01     0.05 mdi       -      es-node5
192.168.1.78            5          34   0    0.04    0.03     0.05 mdi       -      es-node4
192.168.1.75            9          34   0    0.00    0.01     0.05 mdi       -      es-node1
```

图 12-2　ES 集群节点信息

2. 查看索引

执行以下命令，可以列出 ES 集群中存在的索引：

```
GET /_cat/indices?v
```

返回结果如图 12-3 所示。

```
health status index uuid pri rep docs.count docs.deleted store.size pri.store.size
```

图 12-3　ES 集群索引信息字段名列表

可以看到，由于该 ES 集群中还未创建索引，所以结果中只列出了索引信息的字段名列表。

3. 创建索引

执行以下命令，为 ES 集群创建一个索引 customer：

```
PUT /customer?pretty
```

执行以下命令，再次查看 ES 集群中的索引信息：

```
GET /_cat/indices?v
```

返回结果如图 12-4 所示。

```
health status index      uuid                    pri rep docs.count docs.deleted store.size pri.store.size
green  open   customer   qR0i_dC4T6e4EAST-LQKQQ   5   1          0            0.       0kb            0kb
```

图 12-4　ES 集群索引信息

图 12-4 中的第二行显示：当前集群中有一个名为“customer”的索引，其中包括 5 个主分片，且每个主分片有 1 个副本分片，索引中的文件数量为 0。

4. 索引和查询一个文档

执行以下命令，向刚建立的 customer 索引中加入一个文档(这个动作也被称为“对这个文档进行索引”，此时的“索引”作动词用，要与 12.2.1 小节中提到的名词“索引”区分)：

```
PUT /customer/external/1?pretty
{
  "name": "John Doe"
}
```

上述命令将 name(名称)为“John Doe”的文档添加到了 customer 索引中，该文档的 type(类型)为 external，ID 为 1，执行结果如下：

```
{
  "_index" : "customer",
  "_type" : "external",
  "_id" : "1",
  "_version" : 1,
  "result" : "created",
  "_shards" : {
    "total" : 2,
    "successful" : 1,
    "failed" : 0
  },
  "created" : true
}
```

上述结果中，_version 字段表示当前文档的版本号，每次对文档进行修改(包括删除)时，版本号会递增。

执行以下命令，可以对当前文档进行查询：

```
GET /customer/external/1?pretty
```

返回结果如下：

```
{
  "_index" : "customer",
  "_type" : "external",
  "_id" : "1",
  "_version" : 1,
  "found" : true,
  "_source" : { "name": "John Doe" }
}
```

上述结果中，_source 字段为所查询文档的完整的 JSON，该文档即上一步索引的文档。

5. 删除索引

执行以下命令，可以删除已建立的 customer 索引：

```
DELETE /customer?pretty
```

此时如果再次查看索引，会发现 ES 集群已经恢复到最初状态。

综合上述 1～5 步操作，我们发现，可以通过以下命令访问 ES 集群中的文档：

```
<REST Verb> /<Index>/<Type>/<ID>
{
  "field": "value",
  ...
}
```

上面这种 REST 访问模式在所有 API 命令中都非常普遍，如果能够牢记它，对后续的 ES 学习会很有帮助。

12.4.2 文档操作

在建立了索引并将数据索引到 ES 集群中后，就可以对数据进行修改，包括对数据进行索引(替换)、更新、删除和批处理等操作。

1. 索引(替换)文档

执行以下命令，将名为“John Doe”的文档索引到 ES 集群中，其索引为 customer，类型为 external，ID 为 1：

```
PUT /customer/external/1?pretty
{
  "name": "John Doe"
}
```

然后执行以下命令，将名为“Jane Doe”的文档索引到文档 John Doe 所在的位置，即

索引为 customer，类型为 external，ID 为 1 的位置：

```
PUT /customer/external/1?pretty
{
  "name": "Jane Doe"
}
```

返回结果如下：

```
{
    "_index": "customer",
    "_type": "external",
    "_id": "1",
    "_version": 2,
    "result": "updated",
    "_shards": {
        "total": 2,
        "successful": 2,
        "failed": 0
    },
    "created": false
}
```

从返回结果中可以看到，_version 变成了 2。此时执行以下命令，取出该文档：

```
GET /customer/external/1?pretty
```

返回结果如下：

```
{
    "_index": "customer",
    "_type": "external",
    "_id": "1",
    "_version": 2,
    "found": true,
    "_source": {
        "name": "Jane Doe"
    }
}
```

从返回结果中可以看到，客户的名称发生了变化，由“John Doe”变成了“Jane Doe”。

事实上，在对文档进行索引的时候，_id 字段是可选的，如果没有指定_id 字段，ES 集群会随机生成一个 ID 来对这个文档进行索引。例如，使用 POST 谓语进行索引操作，命令如下：

```
POST /customer/external?pretty
{
  "name": "Jane Doe"
```

```
}
```

返回结果如下：

```
{
    "_index": "customer",
    "_type": "external",
    "_id": "AWJM3DaM6fo4GSkW2kji",
    "_version": 1,
    "result": "created",
    "_shards": {
        "total": 2,
        "successful": 2,
        "failed": 0
    },
    "created": true
}
```

从返回结果中可以看到，该文档的 ID 已经自动建立，并储存在_id 字段中。

2. 更新文档

ES 除了可以对文档进行索引、替换操作之外，还可以对文档进行更新。但 ES 集群中的文档是只读的，因此所有的 ES 更新操作实际上是先删除了原有文档，然后将新文档重新进行索引。

例如，对 ID 为 1 的文档进行更新，命令如下：

```
POST /customer/external/1/_update?pretty
{
  "doc": { "name": "Jane Doe", "age": 20 }
}
```

上述命令与替换文档命令的不同在于：使用了 POST 谓语，并且调用了_update 接口。

在更新文档的同时，用户还可以使用简单的命令来实现一些功能。例如，可以使用以下命令，使 age 字段的值增加 5：

```
POST /customer/external/1/_update?pretty
{
  "script" : "ctx._source.age += 5"
}
```

上述代码中，ctx._source 为当前需要更新的文档。执行上述脚本后再取出该文档，就会发现 age 字段变成了 25。

此外，ES 还可以使用类似 SQL 的 UPDATE-WHERE 语句的方式来批量更新文档，这里不再详述。

3. 删除文档

删除 ES 集群中文档的方法非常简单。例如，删除一个 ID 为 2 的文档，命令如下：

```
DELETE /customer/external/2?pretty
```

ES 也提供了批量删除符合某些条件的文档的 API，但需要注意的是，如果通过删除索引来批量删除文档，效率会更高。

4. 批处理

除了可以对单独的文档进行索引、更新和删除操作外，ES 还通过_bulk API 为这些操作提供了批量处理模式。_bulk API 非常重要，因为它提供了一种以尽可能少的网络带宽和时间开销来完成多重操作的高效机制。

例如，以下命令对 ID 为 1 和 ID 为 2 的两个文档进行了索引：

```
POST /customer/external/_bulk?pretty
{"index":{"_id":"1"}}
{"name": "John Doe" }
{"index":{"_id":"2"}}
{"name": "Jane Doe" }
```

以下命令对 ID 为 1 的文档进行了更新操作，对 ID 为 2 的文档进行了删除操作：

```
POST /customer/external/_bulk?pretty
{"update":{"_id":"1"}}
{"doc": { "name": "John Doe becomes Jane Doe" } }
{"delete":{"_id":"2"}}
```

注意：在上面这个例子中，删除操作不需要在命令后面声明源文档的内容，因为删除操作只需获取要删除的文档的 ID 就足够了。

批量操作 API 不会因为其中一个操作的失败而全部失败。如果单个操作由于某种原因失败，后续的操作仍将继续执行。批量操作按照与执行操作时相同的顺序返回操作结果，以便检查某个具体操作是否失败。

12.4.3 数据操作

在前面我们介绍了一些 ES 的基本操作方法，下面我们将尝试对 ES 集群中的实际数据进行操作(搜索、过滤和聚合等)。

1. 导入数据

下面是一个 JSON 格式的虚拟客户银行账户信息文档，其中各个字段的具体值都是随机生成的：

```
{
    "account_number": 0,
    "balance": 16623,
    "firstname": "Bradshaw",
    "lastname": "Mckenzie",
    "age": 29,
    "gender": "F",
    "address": "244 Columbus Place",
    "employer": "Euron",
```

```
    "email": "bradshawmckenzie@euron.com",
    "city": "Hobucken",
    "state": "CO"
}
```

执行以下 wget 命令，可以通过其中的网址获得一个包含 1000 条上述类型数据的 JSON 文件，文件名默认为“accounts.json”：

```
wget https://raw.githubusercontent.com/elastic/elasticsearch/master/docs/src/test/resources/accounts.json
```

执行以下命令，将该 JSON 文件导入 ES 集群：

```
curl -H "Content-Type: application/json" -XPOST "node3:9200/bank/account/_bulk?pretty&refresh" --data-binary "@accounts.json"
```

执行以下命令，查看导入数据后的集群索引信息：

```
curl "node3:9200/_cat/indices?v"
```

返回结果如图 12-5 所示，可以看到在当前的 ES 集群中出现了一个名为“bank”的索引。

```
health status index   uuid                   pri rep docs.count docs.deleted store.size pri.store.size
green  open   bank    YP5ydUKQRx6Hhzo44o9zpw   5   1       1000            0      1.2mb        667.7kb
```

图 12-5　bank 索引信息

2. 搜索数据

使用 ES 搜索数据的基本方式有两种：一种是通过 REST 的 URI 请求发送搜索参数；另一种是通过 REST 的请求体发送搜索参数。其中，通过 REST 请求体发送参数的方式具有更强的表述能力，而且可以使用可读性更强的 JSON 格式定义搜索。以下分别对这两种方式进行介绍。

1) URI 请求

首先以 URI 请求方式为例，使用_search 端点访问 REST 的搜索接口，然后返回所有 bank 索引中的文档，请求命令如下：

```
GET /bank/_search?q=*&sort=account_number:asc&pretty
```

上述请求中，_search 端点表示这是一个在 bank 索引中的搜索请求；参数 q=*表示匹配其中的所有文档；参数 sort=account_number:asc 表示让搜索结果基于 account_number 字段升序排列；参数 pretty 在表 12-1 中已经讲过，可以让 ES 以美化的 JSON 格式返回数据。

上述请求执行后的返回结果如下(节选)：

```
{
  "took": 139,
  "timed_out": false,
  "_shards": {
    "total": 5,
    "successful": 5,
    "skipped": 0,
    "failed": 0
```

```
},
"hits": {
    "total": 1000,
    "max_score": null,
    "hits": [
        {
            "_index": "bank",
            "_type": "account",
            "_id": "0",
            "_score": null,
            "_source": {
                "account_number": 0,
                "balance": 16623,
                "firstname": "Bradshaw",
                "lastname": "Mckenzie",
                "age": 29,
                "gender": "F",
                "address": "244 Columbus Place",
                "employer": "Euron",
                "email": "bradshawmckenzie@euron.com",
                "city": "Hobucken",
                "state": "CO"
            },
            "sort": [
                0
            ]
        },
        {
            "_index": "bank",
            "_type": "account",
            "_id": "1",
            "_score": null,
            "_source": {
                "account_number": 1,
                "balance": 39225,
                "firstname": "Amber",
                "lastname": "Duke",
                "age": 32,
                "gender": "M",
                "address": "880 Holmes Lane",
```

```
                "employer": "Pyrami",
                "email": "amberduke@pyrami.com",
                "city": "Brogan",
                "state": "IL"
            },
            "sort": [
                1
            ]
        }, ...
    ]
  }
}
```

返回结果中的各字段含义如下：

✧ took：执行本次搜索所花费的时间，单位为毫秒。

✧ timed_out：搜索操作是否超时。

✧ _shards：本次搜索涉及的分片数量，包括搜索成功/失败的分片数量。

✧ hits：搜索结果。

✧ hits.total：满足搜索条件的文档的数量。

✧ hits.hits：实际搜索结果列表(默认显示 10 个)。

✧ hits.sort：显示以结果中某一字段排序的序号(如果以 score 进行排序则不显示该字段)。

✧ hits._score 和 max_score：搜索匹配度得分(暂时不需要了解)。

2) 请求体请求

下面以使用 REST 的请求体发送搜索参数的方式，实现与上面 URI 请求相同的功能：

```
POST /bank/_search
{
  "query": { "match_all": {} },
  "sort": [
    { "account_number": "asc" }
  ]
}
```

与前面的 URI 请求不同的是：上述代码使用了 POST 谓语，并且使用一个 JSON 风格的请求体来代替 q=*参数。

值得注意的是，一旦 ES 将搜索结果返回给请求端，它就完成了本次请求，不会在返回结果中包含任何类型的服务器端资源或活动的游标，这是 ES 与许多平台(诸如 SQL)的非常重要的区别。在那些平台中，开始查询数据时会预先获取返回结果的一个子集，在此之后，如果需要获取更多数据，必须再次回到服务器中，使用某些服务器端游标来拉取(或翻阅)剩下的结果。

3. Query DSL

ES 提供了一种 JSON 风格的查询语言，称为 Query DSL。这是一种十分全面的查询语言，下面我们通过几个基本的例子对它进行简单了解：

1) Query DSL 基本操作

再次回到上面通过请求体方式搜索数据的例子中，执行以下查询命令：

```
POST /bank/_search
{
  "query": { "match_all": {} }
}
```

从上述例子中可以知道：query 字段指示了查询的定义；match_all 字段则指示了查询的类型(搜索指定索引中的所有文档)。

除了 query 参数之外，也可以传入其他参数来改变查询结果。上面的例子中传入了 sort 参数，接下来我们传入 size 参数，命令如下：

```
POST /bank/_search
{
  "query": { "match_all": {} },
  "size": 1
}
```

当没有传入 size 参数时，命令默认返回 10 条结果，而传入后则会返回 1 条结果。

执行以下命令，会返回 match_all 查询结果中的第 10～19 条结果：

```
POST /bank/_search
{
  "query": { "match_all": {} },
  "from": 10,
  "size": 10
}
```

上述代码中，from 参数指示了从哪个文档开始返回(基于 0，默认为 0)，而 size 参数则指示了返回多少个文档。这两个参数的功能在实现搜索结果分页时非常有用。

以下示例使用 match_all 方式，按降序对结果进行排序，最后返回前 10(默认值)名文档：

```
POST /bank/_search
{
  "query": { "match_all": {} },
  "sort": { "balance": { "order": "desc" } }
}
```

2) 使用 Query DSL 进行搜索

接下来让我们深入研究 Query DSL 的高级搜索操作。

默认情况下，作为搜索结果的一部分，文档的完整 JSON 数据都会被返回，该数据被称为源(即 hits 中的_source 字段)。如果不需要返回文档的完整源，可以请求只返回文档源中的部分字段，示例如下：

执行以下命令，可以(在_source 中)仅返回 account_number 和 balance 两个字段：

```
POST /bank/_search
{
  "query": { "match_all": {} },
  "_source": ["account_number", "balance"]
}
```

执行以下命令，可以返回 address 字段中包含字符串“mill”的账户：

```
POST /bank/_search
{
  "query": { "match": { "address": "mill" } }
}
```

执行以下命令，可以返回 address 字段中包含关键词“mill”或者“lane”的账户：

```
POST /bank/_search
{
  "query": { "match": { "address": "mill lane" } }
}
```

执行以下命令，可以通过 match 查询(match_phrase)的方式来获取 address 字段中包含关键词“mill lane”的账户：

```
POST /bank/_search
{
  "query": { "match_phrase": { "address": "mill lane" } }
}
```

接下来再介绍一下 bool 查询。bool 允许用户使用布尔逻辑将较小的查询组合成更大的查询。例如，以下代码将两个 match 查询组合在一起，从而返回所有 address 字段中包含“mill”和“lane”的账户：

```
POST /bank/_search
{
  "query": {
    "bool": {
      "must": [
        { "match": { "address": "mill" } },
        { "match": { "address": "lane" } }
      ]
    }
  }
}
```

上述代码中使用了 must 子句，表示与其中所有 match 查询都匹配的文档才可以被返回。

相对应地，以下示例则可以返回所有 address 字段中包含“mill”或“lane”的账户：

```
POST /bank/_search
{
  "query": {
    "bool": {
      "should": [
        { "match": { "address": "mill" } },
        { "match": { "address": "lane" } }
      ]
    }
  }
}
```

上述代码中使用了 should 子句，表示与其中 match 查询列表中的一个相匹配的文档可以被返回。

除了 must 子句和 should 子句，ES 还提供了 must_not 子句，而且还可以根据需要将这些布尔逻辑语句嵌套组合使用。这部分内容留给读者自行探索，这里不再赘述。

4．过滤

在前面“搜索数据”中提到了文档得分(搜索结果中的_score 字段)，文档得分是一个数值，它是文档与查询的匹配程度的一个相对度量。分数越高，相关性越高；分数越低，相关性越小。

但是，查询并不总是需要计算得分，特别是当查询仅仅需要“过滤”文档时。而 ES 会检测出这些情况并自动优化查询的执行过程，从而避免不必要的得分计算。

上一部分介绍的 bool 查询也支持过滤子句。过滤子句可以在不改变得分计算方式的前提下，限制允许参与匹配子句的查询文档。比如，范围(range)子句允许用户通过一组范围值来过滤所查询的文档，这种方式通常用于数字或日期筛选，示例如下：

以下 bool 查询可以返回余额在 20 000～30 000 之间(闭区间)的所有账户，或者说找到余额大于等于 20000 且小于等于 30000 的所有账户：

```
POST /bank/_search
{
  "query": {
    "bool": {
      "must": { "match_all": {} },
      "filter": {
        "range": {
          "balance": {
            "gte": 20000,
            "lte": 30000
          }
        }
      }
```

```
    }
  }
}
```

上述代码中，bool 查询中包含一个 match_all 查询(query 部分)和一个 range 查询(filter 部分)。在本例中，范围查询具有重要意义，因为落入范围内的文档都被认为是“equally”(即“相等”)的，没有哪个文件比另外一个更相关。

除了 match_all、match、bool 和 range 查询之外，还有很多其他查询方式可用，本书不在这里逐一讨论。因为读者已经对查询的工作方式有了基本的了解，学习和尝试其他查询类型应该并不困难。

5. 聚合

聚合的作用是将数据分组并从中提取统计数据。可以将聚合理解为一种 SQL GROUP BY 操作或 SQL 聚合函数。ES 可以在一次搜索请求中同时返回查询的命中数和基于命中数的聚合结果，通过使用这种简洁的 API 可以同时执行查询和多重聚合操作，并在一次请求中就返回这两个操作(或其中一个操作)的结果，从而避免网络往返(减少网络带宽占用)。

例如，以下操作基于状态对所有的账户进行分组，然后返回按组内数据量降序排列(默认)的前 10 个(默认)结果：

```
POST /bank/_search
{
  "size": 0,
  "aggs": {
    "group_by_state": {
      "terms": {
        "field": "state.keyword"
      }
    }
  }
}
```

上述代码可用 SQL 命令表述为以下形式：

```
SELECT state, COUNT(*) FROM bank GROUP BY state ORDER BY COUNT(*) DESC
```

部分返回结果如下：

```
{
  "took": 29,
  "timed_out": false,
  "_shards": {
    "total": 5,
    "successful": 5,
    "skipped" : 0,
    "failed": 0
  },
```

```
"hits" : {
  "total" : 1000,
  "max_score" : 0.0,
  "hits" : [ ]
},
"aggregations" : {
  "group_by_state" : {
    "doc_count_error_upper_bound": 20,
    "sum_other_doc_count": 770,
    "buckets" : [ {
      "key" : "ID",
      "doc_count" : 27
    }, {
      "key" : "TX",
      "doc_count" : 27
    }, {
      "key" : "AL",
      "doc_count" : 25
    }, {
      "key" : "MD",
      "doc_count" : 25
    }, {
      "key" : "TN",
      "doc_count" : 23
    }, {
      "key" : "MA",
      "doc_count" : 21
    }, {
      "key" : "NC",
      "doc_count" : 21
    }, {
      "key" : "ND",
      "doc_count" : 21
    }, {
      "key" : "ME",
      "doc_count" : 20
    }, {
      "key" : "MO",
      "doc_count" : 20
    } ]
```

```
    }
  }
}
```

由结果可知，聚合后生成了 27 个状态为 ID 的账户，接下来是 27 个状态为 TX 的账户，然后是 25 个状态为 AL 的账户，等等。

注意：size 被设置为 0，代表在本次请求中不需要返回命中数量，只需要返回聚合结果。

在上述聚合操作的基础上，以下操作计算了每组的平均账户余额(仍然返回按组内数据量降序排列的前 10 个结果)：

```
POST /bank/_search
{
  "size": 0,
  "aggs": {
    "group_by_state": {
      "terms": {
        "field": "state.keyword"
      },
      "aggs": {
        "average_balance": {
          "avg": {
            "field": "balance"
          }
        }
      }
    }
  }
}
```

聚合与聚合之间可以任意进行嵌套，以从数据中提取出所需的核心摘要。在请求体中的 average_balance 聚合被嵌套进 group_by_state 聚合中的方式是一种常用的聚合嵌套模式。

以上面的聚合操作为基础，以下操作将账户余额进行降序排列：

```
POST /bank/_search
{
  "size": 0,
  "aggs": {
    "group_by_state": {
      "terms": {
        "field": "state.keyword",
        "order": {
          "average_balance": "desc"
        }
```

```
      },
      "aggs": {
        "average_balance": {
          "avg": {
            "field": "balance"
          }
        }
      }
    }
  }
}
```

以下示例展示了如何先通过年龄段(20～29，30～39，40～49)、再通过性别进行分组，最终得到每个年龄段中不同性别的平均账户余额：

```
POST /bank/_search
{
  "size": 0,
  "aggs": {
    "group_by_age": {
      "range": {
        "field": "age",
        "ranges": [
          {
            "from": 20,
            "to": 30
          },
          {
            "from": 30,
            "to": 40
          },
          {
            "from": 40,
            "to": 50
          }
        ]
      },
      "aggs": {
        "group_by_gender": {
          "terms": {
            "field": "gender.keyword"
          },
```

```
          "aggs": {
            "average_balance": {
              "avg": {
                "field": "balance"
              }
            }
          }
        }
      }
    }
  }
}
```

关于聚合还有许多细节，在此不一一详细讲解，读者可自行查阅官网等相关资料进一步学习。

12.5 Java API 简介

在 12.2.3 小节中，本书简单介绍了三种 Java Client API，本节将重点介绍其中的传输客户端的相关 API(关于 Java Client API 的详细内容可查阅 Javadoc：https://artifacts.elastic.co/javadoc/org/elasticsearch/client/transport/5.6.8/index.html.)。

注意：在 Maven 项目中使用 Java API，需要在 pom.xml 文件中添加以下配置项：

```
<dependency>
    <groupId>org.elasticsearch.client</groupId>
    <artifactId>transport</artifactId>
    <version>5.6.8</version>
</dependency>
```

12.5.1 传输客户端简介

TransportClient 类即 ES 的传输客户端类，它可以通过传输模块远程连接到一个 ES 集群。正如前文所述，它并不加入集群，而是通过获取一个或多个初始传输地址，在后续操作发生时以(在初始传输地址所指向的节点之间)轮询的方式与集群进行通信，示例如下：

```
//启动
TransportClient client = new PreBuiltTransportClient(Settings.EMPTY)
        .addTransportAddress(new InetSocketTransportAddress(InetAddress.getByName("host1"), 9300))
        .addTransportAddress(new InetSocketTransportAddress(InetAddress.getByName("host2"), 9300));


//关闭
client.close();
```

注意：如果该类所连接的集群名称不是默认的“elasticsearch”，则需要预先声明：

```
Settings settings = Settings.builder()
        .put("cluster.name", "myClusterName").build();
TransportClient client = new PreBuiltTransportClient(settings);
```

传输客户端附带一个集群嗅探器，允许其动态地添加新节点和删除旧节点。开启嗅探器的方法如下：

```
Settings settings = Settings.builder()
        .put("client.transport.sniff", true).build();
TransportClient client = new PreBuiltTransportClient(settings);
```

如果嗅探器被启动，传输客户端将与"内部节点列表"中的节点建立连接，该列表是通过调用 addTransportAddress()方法构建的。在此之后，传输客户端会调用这些节点上的"内部集群状态 API"来发现可用的数据节点，然后传输客户端的内部节点列表(以及其中的节点)将被这些数据节点替换。默认情况下，该列表每隔 5 秒刷新一次。注意：嗅探器所连接到的 IP 地址是各个节点的发布地址，该地址通过每个节点的 ES 配置文件进行声明。

如果连接到的原始节点不是一个数据节点，最终的连接列表可能不会包括这个节点。例如，如果最初连接到的是一个纯主节点(即该节点被配置为仅允许成为主节点)，在嗅探之后，后续的请求将不会进入该主节点，而是进入任意数据节点。这样做的原因是为了避免将搜索流量引入纯主节点。

其他常用的传输客户端配置如表 12-3 所示。

表 12-3　传输客户端常用配置

参　数	说　明
client.transport.ignore_cluster_name	设置为 true 时，可以忽略连接节点时的集群名称验证
client.transport.ping_timeout	节点回应 ping 的超时时间，默认为 5 s
client.transport.nodes_sampler_interval	对连接列表或已经连接的节点进行取样(/ping 操作)的频率，默认为 5 s 一次

12.5.2　文档 API

本小节将介绍 ES 的 CRUD API。使用这些 API，可以对 ES 集群中的文档进行 Create、Retrieve、Update 和 Delete 等操作。

1. 单文档 API

1) Index API

Index API 允许将一个 JSON 格式的文档索引至集群中，使其可以被搜索到。

构建 JSON 格式文档的常用方式有以下几种：

✧ 使用传统的 byte[]或 String 类自行构建。

✧ 使用 Map 类构建文档，ES 会自动将其转化为等价的 JSON 文档。

✧ 使用第三方库(如 Jackson)将 bean 文档序列转化为 JSON 文档。

✧ 使用 ES 内建的辅助工具 XContentFactory。

以下是使用 XContentFactory 构建 JSON 文档的一个示例：

```
import static org.elasticsearch.common.xcontent.XContentFactory.*;

XContentBuilder builder = jsonBuilder()
    .startObject()
        .field("user", "kimchy")
        .field("postDate", (new Date()).toString())
        .field("message", "trying out Elasticsearch")
    .endObject()
```

注意：可以通过 startArray(String)方法和 endArray()方法，给该 JSON 文档添加数组。

使用 string()方法可以查看已构建的 JSON 文档的内容：

```
String json = builder.string();
```

以下示例将一个 JSON 格式的文档索引至一个名为“twitter”的索引中，该索引类型为 tweet，ID 为 1：

```
import static org.elasticsearch.common.xcontent.XContentFactory.*;

IndexResponse response = client.prepareIndex("twitter", "tweet", "1")
        .setSource(jsonBuilder()
                    .startObject()
                        .field("user", "kimchy")
                        .field("postDate", (new Date()).toString())
                        .field("message", "trying out Elasticsearch")
                         .endObject()
                  )
        .get();
```

也可以将 JSON 文档转换成 String 形式，然后进行索引，同时索引的 ID 也并非必须提供：

```
String json = "{" +
        "\"user\":\"kimchy\"," +
        "\"postDate\":\"2013-01-30\"," +
        "\"message\":\"trying out Elasticsearch\"" +
    "}";

IndexResponse response = client.prepareIndex("twitter", "tweet")
        .setSource(json, XContentType.JSON)
        .get();
```

使用 IndexResponse 类可以获取索引结果的报告，代码如下：

```
//索引名
String _index = response.getIndex();
//类型名
String _type = response.getType();
```

```
//文档 ID
String _id = response.getId();
//版本
long _version = response.getVersion();
//本次请求的语句类型
RestStatus status = response.status();
```

2) Get API

Get API 用于从指定索引中获取一条 JSON 格式的文档。

例如，以下代码可以从 twitter 索引中获取类型为 tweet、ID 为 1 的 JSON 文档：

```
GetResponse response = client.prepareGet("twitter", "tweet", "1").get();
```

3) Delete API

Delete API 用于从指定索引中删除一条 JSON 格式的文档。

例如，以下代码可以删除 twitter 索引中类型为 tweet、ID 为 1 的 JSON 文档：

```
DeleteResponse response = client.prepareDelete("twitter", "tweet", "1").get();
```

4) Update API

Update API 用于对指定索引中的某一条文档进行更新，可以使用以下两种方式完成更新操作：

(1) 使用 UpdateRequest 类创建一个更新请求，然后将其发送给客户端：

```
UpdateRequest updateRequest = new UpdateRequest();
updateRequest.index("index");
updateRequest.type("type");
updateRequest.id("1");
updateRequest.doc(jsonBuilder()
        .startObject()
            .field("gender", "male")
        .endObject());
client.update(updateRequest).get();
```

(2) 使用客户端的 prepareUpdate()方法：

```
//基于 script 来更新
client.prepareUpdate("ttl", "doc", "1")
        .setScript(new Script("ctx._source.gender = \"male\""  , ScriptService.ScriptType.INLINE, null, null))
        .get();

//基于 doc 来更新
client.prepareUpdate("ttl", "doc", "1")
        .setDoc(jsonBuilder()
            .startObject()
                .field("gender", "male")
            .endObject())
```

```
        .get();
```

注意：不能同时使用 script 方式和 doc 方式对文档进行更新。

2. 多文档 API

1) Multi Get API

Multi Get API 可以基于多个 Index、type 和 ID 来取得一个由多个文档组成的文档集合，示例如下：

```
MultiGetResponse multiGetItemResponses = client.prepareMultiGet()
    //添加单个 ID
     .add("twitter", "tweet", "1")
    //添加一组 ID
     .add("twitter", "tweet", "2", "3", "4")
    //可以获取其他 Index 中的文档
     .add("another", "type", "foo")
    .get();

//从结果集中迭代出结果
for (MultiGetItemResponse itemResponse : multiGetItemResponses) {
      GetResponse response = itemResponse.getResponse();
      //检查结果是否存在
      if (response.isExists()) {
            //获取_source 字段
          String json = response.getSourceAsString();
      }
}
```

2) Bulk API

Bulk API 可以通过一次请求来对多个文档进行 CRUD 操作，示例如下：

```
import static org.elasticsearch.common.xcontent.XContentFactory.*;

BulkRequestBuilder bulkRequest = client.prepareBulk();
//可以使用 prepare 相关接口，也可以使用 request 相关接口

//添加一个索引操作
bulkRequest.add(client.prepareIndex("twitter", "tweet", "3")
        .setSource(jsonBuilder()
                    .startObject()
                        .field("user", "kimchy")
                        .field("postDate", new Date())
                        .field("message", "trying out Elasticsearch")
                    .endObject()
```

```
            )
        );
//添加一个删除操作
bulkRequest.add(new DeleteRequest("twitter", "tweet", "2"));

//发送请求
BulkResponse bulkResponse = bulkRequest.get();
if (bulkResponse.hasFailures()) {
    //bulk 请求中的每一项失败时，会运行此处代码
}
```

3) Reindex API

Reindex 会将一个索引中的数据复制到另一个已存在的目标索引中，但并不会复制原索引中的 mapping(映射)、shard(分片)、replicas(副本)等配置信息。因此，在运行 Reindex 操作之前，应先将目标索引的配置信息设置完成。

例如，以下代码将索引名为“twitter”的数据复制到了一个名为“new_twitter”的新索引中：

```
BulkByScrollResponse response = ReindexAction.INSTANCE
        .newRequestBuilder(client)
        .source("twitter")
        .destination("new_twitter")
        .get();
```

4) Update By Query API 和 Delete By Query API

这两个 API 可以对一个索引中的全部文档执行指定操作。其中，Update By Query API 用于执行更新操作；Delete By Query API 用于执行删除操作。用户可以通过一个 query 查询(使用 QueryBuilders 构建，其内部提供了多种查询 API)从索引中筛选出部分文档来执行操作。

以下是一个使用 Update By Query API 的示例。其中，Script 用来声明更新的内容：

```
UpdateByQueryRequestBuilder updateByQuery =
UpdateByQueryAction.INSTANCE.newRequestBuilder(client);
//构建 script
Script script = new Script("ctx._source.List = [\"Item 1\",\"Item 2\"]");
updateByQuery
         //要进行更新的索引
        .source("source_index")
         //设置要执行的 query
         .script(script)
         //忽略版本冲突(关于版本冲突本章暂不做介绍)
        .abortOnVersionConflict(false);
//执行操作
```

```
BulkByScrollResponse response = updateByQuery.get();
```

以下是一个使用 Delete By Query API 的示例，用来删除 person 索引中 gender 字段名为“male”的文档：

```
BulkByScrollResponse response = DeleteByQueryAction.INSTANCE.newRequestBuilder(client)
    .filter(QueryBuilders.matchQuery("gender", "male"))
    .source("persons")
     .get();
//获取删除文档的数量
long deleted = response.getDeleted();
```

12.5.3 搜索 API

搜索 API 用于执行查询并返回与查询匹配的搜索结果，可以跨越多个索引执行，也可以跨越多个类型执行。查询请求可以使用 query Java API 构建，搜索请求的主体可使用 SearchSourceBuilder 类构建。

以下为一个使用搜索 API 执行查询操作的示例：

```
import org.elasticsearch.action.search.SearchResponse;
import org.elasticsearch.action.search.SearchType;
import org.elasticsearch.index.query.QueryBuilders.*;

SearchResponse response = client.prepareSearch("index1", "index2")
        .setTypes("type1", "type2")
        .setSearchType(SearchType.DFS_QUERY_THEN_FETCH)
         //Query 构建
        .setQuery(QueryBuilders.termQuery("multi", "test"))
        //进行过滤
        .setPostFilter(QueryBuilders.rangeQuery("age").from(12).to(18))
        .setFrom(0).setSize(60).setExplain(true)
        .get();
```

实际上，上述代码中的许多选项是可选的。一个最简单的查询操作如下：

```
//使用默认选项查询集群中的所有文档
SearchResponse response = client.prepareSearch().get();
```

1. Scroll API

一个搜索请求返回的往往是一个结果集合。Scroll API 可以从单个搜索请求中获取大量的(或全部)结果，这与在传统数据库中使用游标类似。

注意：Scroll API 请求所返回的结果仅仅反映了搜索请求执行时的索引状态，类似于该时间点的快照，在此之后对文档的更改(索引、更新或删除)只会影响后续的 Scroll API 请求。

一个 Scroll API 的使用示例如下：

```
import static org.elasticsearch.index.query.QueryBuilders.*;

QueryBuilder query = termQuery("multi", "test");

//使用 prepareSearch 来生成 Scroll 请求
SearchResponse scrollResp = client.prepareSearch(test)
          //配置排序规则
        .addSort(FieldSortBuilder.DOC_FIELD_NAME, SortOrder.ASC)
          //该方法会将本次搜索配置为 Scroll 搜索，参数为搜索会话的持续时间
        .setScroll(new TimeValue(60000))
        .setQuery(query)
          //每个 Scroll 请求最多返回 100 个符合条件的结果
        .setSize(100)
          .get();

//使用 prepareSearchScroll 直接创建一个 Scroll 搜索请求
do {
    //将结果集中的文档迭代处理
    for (SearchHit hit : scrollResp.getHits().getHits()) {
        //Handle the hit...
    }

    scrollResp = client.prepareSearchScroll(scrollResp.getScrollId())
            .setScroll(new TimeValue(60000))
            .execute()
            .actionGet();
//命中数为 0 时结束循环
} while(scrollResp.getHits().getHits().length != 0);
```

2．MultiSearch API

MultiSearch API 允许在同一个 API 中执行多个搜索请求。示例如下：

```
//构造第一个搜索请求
SearchRequestBuilder srb1 = client
    .prepareSearch()
    .setQuery(QueryBuilders.queryStringQuery("elasticsearch"))
    .setSize(1);
//构造第二个搜索请求
SearchRequestBuilder srb2 = client
    .prepareSearch()
    .setQuery(QueryBuilders.matchQuery("name", "kimchy"))
    .setSize(1);
```

```
//将两个请求加入到 MultiSearch API 中
MultiSearchResponse sr = client.prepareMultiSearch()
        .add(srb1)
        .add(srb2)
        .get();

//通过 MultiSearchResponse#getResponses()获取每个返回结果
long nbHits = 0;
for (MultiSearchResponse.Item item : sr.getResponses()) {
    SearchResponse response = item.getResponse();
    nbHits += response.getHits().getTotalHits();
}
```

3. 使用聚合

关于聚合的概念在 12.4.3 小节中已经做了简单介绍，这里给出以下示例：

```
SearchResponse sr = client.prepareSearch()
    .setQuery(QueryBuilders.matchAllQuery())
    //添加聚合
    .addAggregation(
            AggregationBuilders
                        .terms("agg1")
                        .field("field")
    )
    .addAggregation(
            AggregationBuilders
                        .dateHistogram("agg2")
                    .field("birth")
                    .dateHistogramInterval(DateHistogramInterval.YEAR)
    )
    .get();

//获取每个聚合的结果
Terms agg1 = sr.getAggregations().get("agg1");
Histogram agg2 = sr.getAggregations().get("agg2");
```

4. TerminateAfter API

该 API 用于指定单个分片中允许查询到的文档数量最大值，当达到这个值时，查询请求会被提前终止。可以通过 SearchResponse 对象的 isTerminatedEarly()方法获知本次查询是否被提前终止。

该 API 的示例代码如下：

```
SearchResponse sr = client.prepareSearch(INDEX)
```

```
    //每个分片中最多可查询得到 1000 个文档
    .setTerminateAfter(1000)
    .get();

if (sr.isTerminatedEarly()) {
    //提前被终止
}
```

本 章 小 结

最新更新

- ✧ ES 是一种分布式的 RESTful 搜索和分析引擎。该引擎是近实时的，即一个文档从被执行索引到可以被搜索，仅仅会经历一个极短的潜伏期，通常为一秒钟左右。
- ✧ 一个索引是一些具有某些相似特征的文档的集合。一个文档是可被索引信息的基本单位。
- ✧ ES 使用 JSON 作为文档的序列化格式。
- ✧ 与 ES 交互的常用方式有 RESTful API 和 Java Client API 两种。ES 提供三种 Java 客户端：传输客户端、节点客户端和 REST 客户端。

本 章 练 习

1. ES 有哪些功能特性？
2. ES 的三种 Java 客户端各有哪些功能特点？
3. 什么是分片？什么是副本？它们的作用分别是什么？